W0259870

Die Fortschritte der chemischen Forschung

erscheinen zwanglos in einzeln berechneten Heften, die zu Bänden vereinigt werden. Ihre Aufgabe liegt in der Darbietung monographischer Fortschrittsberichte über aktuelle Themen aus allen Gebieten der chemischen Wissenschaft. Die „Fortschritte" wenden sich an jeden interessierten Chemiker, der sich über die Entwicklung auf den Nachbargebieten zu unterrichten wünscht.

In der Regel werden nur angeforderte Beiträge veröffentlicht, doch sind die Herausgeber für Anregungen hinsichtlich geeigneter Themen jederzeit dankbar. Beiträge können in deutscher, englischer oder französischer Sprache veröffentlicht werden.

Anschriften:

Prof. Dr. E. Heilbronner, Zürich 6, Universitätsstraße 6 (Organische Chemie).

Prof. Dr. U. Hofmann, 69 Heidelberg, Tiergartenstraße (Anorganische Chemie).

Prof. Dr. Kl. Schäfer, 69 Heidelberg, Tiergartenstraße (Physikalische Chemie).

Prof. Dr. G. Wittig, 69 Heidelberg, Tiergartenstraße (Organische Chemie).

Dipl. Chem. F. Boschke, 69 Heidelberg, Neuenheimer Landstraße 28–30 (Springer-Verlag)

Springer-Verlag

69 Heidelberg 1, Postfach 3027
Fernsprecher 4 91 01
Fernschreib-Nr. 04-61 723

New York, Fifth Avenue 175
Fernschreib-Nr. 0023-222 235

1 Berlin-Wilmersdorf, Heidelberger Platz 3
Fernsprecher 83 03 01
Fernschreib-Nr. 01-83 319

Inhaltsverzeichnis

6. Band — 2. Heft

Reduktion von Kohlenwasserstoffen durch Metalle in flüssigem Ammoniak

Professor Dr. Walter Hückel

em. Direktor des Pharmazeutisch-Chemischen Instituts der Universität Tübingen

Inhaltsübersicht

Einleitung

Über Reaktionen in flüssigem Ammoniak gibt es zahlreiche zusammenfassende Übersichten (*46, 80, 23, 77, 77a, 15, 9, 12*). Die neueste stammt von *H. Smith* aus der Schule von *A. J. Birch* (*68*) und gibt nahezu lückenlos die beobachteten Tatsachen wieder. Diesen gegenüber treten die theoretischen Gesichtspunkte, obwohl auch sie behandelt werden, zurück. Die vorliegende Darstellung ist dagegen dahin ausgerichtet, daß eine geeignete Auswahl von Tatsachen auf theoretische Probleme hinleitet, die sich aus den Reduktionen in flüssigem Ammoniak ergeben. Auch hierin legt sie sich insofern eine Beschränkung auf, als sie in der Hauptsache Reduktionsvorgänge an Kohlenwasserstoffen heranzieht. Bei diesen entfallen verwickeltere Fragestellungen, die sich aus der Wechselwirkung von Substituenten und Kohlenwasserstoffrest sowohl für letzteren wie auch für erstere ergeben. In dieser Richtung ist nur das von *A. J. Birch* eingehend bearbeitete Gebiet der Phenoläther gestreift.

Diese Einstellung bringt es mit sich, daß der prinzipielle Unterschied der am meisten benutzten Reduktionsverfahren, des Verfahrens von *Hückel-Bretschneider* und des von *Birch* sowohl vom Standpunkt der experimentellen Ergebnisse wie von dem der Theorie aus scharf herausgearbeitet wird, was bisher in keiner zusammenfassenden Darstellung geschehen ist.

I. Lösungen von Metallen in flüssigem Ammoniak

Alkali- und Erdalkalimetalle wirken in flüssigem Ammoniak dadurch als Reduktionsmittel, daß sie die für eine Reduktion notwendigen Elektronen aus dem Metall zur Verfügung stellen. Ob dabei die Reduktionen verschiedener Verbindungen stets auf dem gleichen Wege vor sich gehen oder nicht, läßt sich von vornherein nicht sagen. Eine Vorstellung, die einfach mit „freien Elektronen" in der blauen Lösung der Metalle in flüssigem Ammoniak arbeitet, ist zu primitiv, wenn sie auch manchen Beobachtungen gerecht wird. Man muß sich daher Rechenschaft über den Zustand dieser Lösungen geben. Aber noch sind hierüber nicht alle Einzelheiten bekannt. Das liegt daran, daß es noch keine Theorie gibt, welche alle Eigenschaften solcher Lösungen zusammen verwertet, und an den experimentellen Schwierigkeiten, die Eigenschaften exakt zu messen, besonders im Gebiet sehr hoher und sehr niedriger Konzentrationen. Beispielsweise werden Leitfähigkeitsmessungen durch geringe Amidbildung verfälscht, die beim Kalium bereits bei –78 °C, beim Natrium bei –33 °C (Schmelz- und Siedepunkt des Ammoniaks) nicht ganz zu vermeiden ist.

Eine umfassende theoretische Behandlung des Problems hat *W. A. Bingel* durchgeführt, sich dabei freilich bewußt auf die Ergebnisse magnetischer Messungen unter Einbeziehung der Beobachtungen über die erheblichen Volumvermehrungen bei der Bildung der Lösungen beschränkt. Er verzichtet also auf eine ins einzelne gehende Modellvorstellung, weil ihm das Durchrechnen einer solchen recht problematisch erscheint. Die magnetischen Suszeptibilitätsmessungen (*37, 25*) versprechen deswegen wesentlichen Aufschluß zu geben, weil Einzelelektronen sich mit ihrem Spin durch einen paramagnetischen Beitrag bemerkbar machen müssen, der sich in der im ganzen diamagnetischen Suszeptibilität der Lösung bemerkbar machen muß. Messungen der Elektronenspinresonanz lagen *Bingel* noch nicht vor; spätere (*37a, 60*) geben keine Veranlassung, das von ihm entworfene Bild grundsätzlich zu ändern.

Aus der Suszeptibilität der Lösungen bei verschiedenen Konzentrationen und Temperaturen lassen sich folgende Schlüsse ziehen.

Völlig freie Elektronen können nicht vorhanden sein. Zwar berechnet sich für sehr große wie für sehr kleine Metallkonzentrationen ein normaler, nicht entarteter Paramagnetismus für den Metallanteil, wie er für das feste Metall dem Curieschen Gesetz entspricht. Er nimmt aber mit abnehmender Temperatur ab anstatt zuzunehmen. Außerdem ist bei mittleren Konzentrationen eine Lösung von Na/NH_3 mit etwa 10^{-2} Mol/l sogar diamagnetischer als das Lösungsmittel selbst, woraus sich unter Voraussetzung der Additivität der Suszeptibilitäten für das Metall ein Diamagnetismus ergeben würde.

Solvatisierte Elektronen können dies wenigstens im Prinzip verständlich machen. Solche sollen sich nach der alten „Hohlraum"-(*cavity*)-Theorie von *C. A. Kraus* (*47*) in Löchern (*holes*) zwischen den Molekülen des Lösungsmittels befinden. Der scheinbare Diamagnetismus errechnet sich dabei infolge der durch die Solvatation eintretenden Ausdehnung der Elektronenwolken, welche sich gleichzeitig in der Volumvermehrung bei der Auflösung des Metalls bemerkbar macht. Zusätzlich zur alten, einfachen Theorie der Hohlräume sind zwei Fälle bei deren Ausfüllung mit Elektronen zu unterscheiden. Entweder geschieht dies durch ein Elektron e mit dem Spinmoment $\sqrt{3}\mu_B$ (im Grundzustand besitzt dieses kein Bahnmoment), oder aber auch durch ein Elektronenpaar mit bindendem, antiparallelem Spin. Bei der Besetzung eines Loches durch 1e ist die Erhöhung des Diamagnetismus infolge der Ausdehnung der Elektronenwolke nur gering, weil das Spinmoment im Sinne eines Paramagnetismus entgegenwirkt. Dies ist dagegen nicht der Fall, wenn die Besetzung durch 2e erfolgt, und die Erhöhung des Diamagnetismus ist hier erheblich.

Dies Bild von der Lösung entspricht nunmehr in charakteristischen Zügen dem eines heteropolaren Ionenkristalls, in welchem an Stelle des Anions das infolge der Solvatation räumlich ausgedehnte Elektron und Elektronenpaar getreten sind. Da nicht alle Hohlräume als besetzt anzusehen sind, gleicht es Alkalimetallhalogeniden mit Fehlstellen in den Anionplätzen. Dabei sind in den sogenannten F- und F'-Zuständen (*44*) solcher Kristalle die Fehlstellen mit einem (F-) bzw. zwei (F'-)Elektronen besetzt, welche die blaue Farbe bewirken. Die Analogie dieses Blaus mit dem Blau der Lösungen der Metalle in Ammoniak geht so weit, daß sich die Lagen der Absorptionsbanden im Sichtbaren, Extinktionskoeffizienten und Oscillatorenstärke weitgehend entsprechen. Nur entspricht die Elektronenpaarbande F' im Kristall niedrigerer Energie als die Einzelelektronbande F, während es bei den Metall-Lösungen umgekehrt ist.

Die Abhängigkeit der Suszeptibilität von der Konzentration und der daraus für das Metall berechnete Paramagnetismus wird aber durch diese einfache Analogie zum Ionenkristall nicht richtig wiedergegeben. Diese trägt nämlich den Wechselwirkungen zwischen dem kationischen Metall und den Elektronen und Elektronenpaaren nicht Rechnung, wie sie in Lösung bestehen und damit eine Analogie zu Ionenpaaren in Elektrolytlösungen herstellen. *Bingel* unterscheidet daher solche Zustände als „induzierte" von den „genuinen", bei welch letzteren Kation und solvatisierte Ionen wegen weiter Entfernung als unabhängig voneinander betrachtet werden dürfen. Die induzierten Zustände spielen gerade bei „mittleren" Konzentrationen von 0,1 bis 1-molar, mit denen bei den Reduktionsversuchen gearbeitet wird, eine beträchtliche Rolle.

Von den zwei Arten induzierter Zustände — Ionenpaar mit einfach und doppelt elektronenbesetztem Loch — vernachlässigt *Bingel* für den Vergleich mit den experimentellen Daten zur Vereinfachung die erstere, weil dieser Vergleich auch unter Verzicht darauf befriedigend ausfällt; gleichwohl fordert er grundsätzlich auch den induzierten Zustand mit einfach besetztem Loch.

Der qualitative Verlauf der verhältnismäßigen Besetzungszahlen für die einzelnen Arten von Zuständen in Abhängigkeit von der Konzentration der Lösung, mit dem sich der Verlauf der Suszeptibilitäten verständlich machen läßt, wird durch folgendes Bild wiedergegeben.

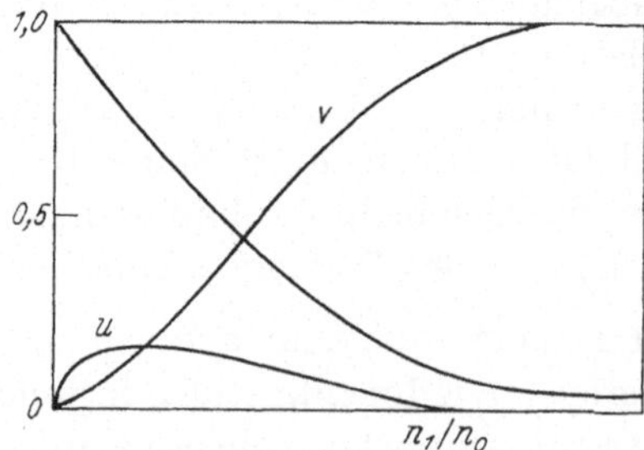

Als Abszisse ist das Verhältnis $n_1 : n_0$ = Atome Metall : Mol NH_3 aufgetragen, in der Ordinate bedeuten: u = Zahl der doppelt besetzten genuinen, v = der doppelt besetzten induzierten Zustände, 1 — u — v = Zahl der einfach besetzten genuinen Zustände.

Mit steigender Konzentration ergibt sich folgende bildliche Darstellung, in der jedes Gebilde mit Solvathülle umgeben zu denken ist:

a) **Sehr stark verdünnt:**	$Na^+ \quad e\uparrow^-$	**nur genuine Zustände**
b) **stark verdünnt:**	$Na^+ \quad e\uparrow^- + e\downarrow^- \rightleftharpoons 2e\uparrow\downarrow^{--}$	
c) **mittlere Konzentration:**	$Na^+ \ldots 2e\uparrow\downarrow^{--}$	**induzierter Zustand mit Paar hauptsächlich**
	$\upharpoonleft\downharpoonright$	
d)	$Na^+ \ldots e\uparrow^- + Na^+ \ldots e\downarrow^-$	**mit Einzelelektron**

Über dieses qualitative Bild hinaus ergeben die quantentheoretischen Rechnungen, bei welchen für die Verteilung der Elektronen die Fermi-Statistik angewandt wird, noch folgendes.

Die Energieniveaus der induzierten Zustände liegen um so tiefer gegenüber denen der genuinen, je kleiner der Ionenradius des Metallions und je größer dessen Ladung ist. Hiermit ist der Bedeutung der Natur des Metalls Rechnung getragen. Bei gleichen molaren Konzentrationen sind also die induzierten Zustände um so begünstigter, je kleiner der Radius des Ions und je höher die Ladung ist. Deshalb verhält sich Calcium in flüssigem Ammoniak ähnlich wie Natrium.

Bei der Herstellung der induzierten Zustände mit negativ geladenem Ionenpaar (Fall c) kann höchstens die Hälfte aller vorhandenen Löcher mit einem Elektronenpaar besetzt sein.

Für hochkonzentrierte Lösungen stimmen die Rechnungen nicht mehr. Die Gründe dafür sollen hier nicht weiter erörtert werden, weil das betreffende Konzentrationsgebiet für den Chemiker ohne Bedeutung ist.

Über die bei Reduktionen in Funktion tretenden Elektronen und ihre Zustände gibt die Theorie von *Bingel* wesentlich präzisere Auskunft als eine Hohlraumtheorie, welche Metallionen und Elektronen als unabhängig voneinander behandelt (*42*). Aber bei ihrer bewußten Beschränkung auf im wesentlichen Suszeptibilitäten und Volumeffekte erfaßt sie nicht andere, zur vollständigen Beschreibung der Metall-Lösungen gehörenden Vorgänge, vor allem nicht die Wechselwirkungen der Elektronen mit dem Lösungsmittel, die sich in den von *Bingel* gewählten Eigenschaften nicht sichtlich widerspiegeln. Sie umfassen, mit anderen Worten, nicht die eigentlichen Solvatationsvorgänge beim Elektron bzw. Elektronenpaar, dem Metallion und den Ionenpaar-ähnlichen induzierten Zuständen. Die experimentelle Erfahrung weist darauf hin, daß hierbei die Wasserstoffatome des Ammoniaks eine entscheidende Rolle spielen müssen, denn Trimethylamin löst Alkalimetalle nicht, während Methylamin wie Ammoniak dazu befähigt ist.

Ein Modell, welches den Solvatationsvorgängen Rechnung trägt, haben *E. Becker, R. H. Linquist* und *B. J. Alder* entworfen (*2*). Dieses ist später von *M. C. R. Symons* als Theorie des „aufgeblähten Metalls" (expanded metal theory) hingestellt, und in eine etwas andere Form – ohne Änderung des wesentlichen Inhalts — gegossen worden; z.B. finden sich die schematischen Bilder von *Symons* (*72*) in der Originalarbeit nicht. Ältere Formen der Hohlraumtheorie (*42, 53*) mit Recht als unzureichend beanstandend, aber ohne sich mit der diese Mängel nicht aufweisenden Theorie von *Bingel* auseinanderzusetzen, haben *Becker, Linquist* und *Alder* ihr Modell durch die Beobachtungen besonders an Dichte, Spektrum und Magnetismus der Lösungen zu stützen versucht. Dies geschieht vielfach nur qualitativ, was erheblichen Einwänden Raum gibt (*72*, S. 112f.).

Wesentlich für das Modell ist die hohe Aufenthaltswahrscheinlichkeit für die Valenzelektronen des gelösten Metalls am positiven Ende des solvatisierenden Ammoniaks, also in der Nähe von dessen Wasserstoffatomen. Mit anderen Worten sollen sie sich in einem Orbital bewegen, dessen Radius mindestens dem der Solvathülle entspricht. Das ist das Monomere des „aufgeblähten" (expanded) Metalls, für dessen Ion in Analogie zu den festen Metall-Ammoniakaten eine Koordinationszahl zwischen 4 und 6 eingesetzt wird. Dieses Monomere soll zum Dimeren mit noch größerem Orbital zusammentreten, wobei der Zusammenhalt durch Spinkompensation bewirkt wird: „To calculate the dimerisation energy, the dimer was considered as a very large hydrogen molecule in which the nuclei are forced apart to about 7 Å."

Zweifellos arbeitet die sog. „expanded metal-theory" mit einem zu weitgehend spezifizierten Modell, das zu vielen Gesichtspunkten auf einmal Rechnung tragen will. Ohne es a limine abzulehnen, kann man es mit der Hohlraumtheorie im Sinne von *Bingel* einigermaßen auf einen Nenner bringen. Dazu hat man im „Monomeren" ein Abbild für den elektroneutralen induzierten Zustand von Metallion und solvatisiertem Elektron (Fall d des Bildes S. 201), im Dimeren von Metallion und solvatisiertem Elektronenpaar (Fall c) zu erblicken. Beim Dimeren kann dabei aber nicht übersehen werden, daß dieses Gebilde mit Spinkompensation in der expanded metal-theory ein elektroneutrales Teilchen, nach *Bingel* aber negativ geladen ist.

Über weitere theoretische Betrachtungen und die solchen zugrunde gelegten experimentellen Anhaltspunkte – auch magnetische Kernresonanz, Elektronenspektren u.a. siehe die Zusammenfassung von *Symons* (*72*), in der freilich die Arbeit von *Bingel* nur als Literaturzitat erscheint, mit vielen Literaturzitaten und *W. L. Jolly*, Solvated electron (*41a*).

Der Vollständigkeit halber darf ein Hinweis auf die Arbeiten von *L. Paolini* (60) über die Lösungen von Alkalimetallen in flüssigem Ammoniak nicht fehlen, obwohl diese mit dem Problem der Reduktion organischer Verbindungen wenig zu tun haben und die in ihnen entwickelte Theorie keine Hinweise auf diese enthält. Sie erscheint im Vergleich mit anderen Theorien abseitig und willkürlich, enthält aber doch einige Gesichtspunkte, die sonst nicht zur Geltung gebracht worden sind und deswegen der Erwähnung wert erscheinen.

Paolini schafft sich zunächst eine breite experimentelle Grundlage durch thermodynamische, elektrische, magnetische und spektroskopische Messungen an den Lösungen. Anschließend betrachtet er deren chemische Eigenschaften am Beispiel einiger Reaktionen, in erster Linie solchen mit Nickelsalzen, Sauerstoff und Kohlendioxyd, aber auch die Reduktion des Benzophenons, die freilich wegen der Metallketylbildung einen Sonderfall darstellt; die reduzierende Spaltung von Phenoläthern wird behandelt und die Bildung metallorganischer Verbindungen wie Fluorenlithium erwähnt.

Die in nachfolgenden Arbeiten diskutierte Theorie der Metallösungen basiert auf der Koordinationslehre. Dabei wird von der Beobachtung ausgegangen, daß Natriumion und Guanidiniumion bei Membrangleichgewichten ein analoges Verhalten („quasi equivalenza") zeigen; mithin liege die Hypothese nahe, daß das Natriumion mit drei Molekülen Wasser in ebener Anordnung koordiniert sei wie der Kohlenstoff mit den drei NH_2-Gruppen im Guanidiniumion. Diese Vorstellung der Dreierkoordination wird nun auch für das Natriummetall in Lösungen kleiner Konzentrationen in Anspruch genommen; dabei soll das dem Wasser isoelektronische Amidion NH_2^- der Ligand sein. Seine Entstehung ist mit der Bildung einer äquivalenten Menge Ammoniumion NH_4^+ verbunden. (Das Modell von *Becker, Linquist* und *Alder* rechnet mit einer Verteilung der Ladung über sechs Ligandenmoleküle NH_3.)

Das „Monomere" genannte paramagnetische Gebilde $Na(NH_2^-)_3$ soll sich über ein labiles „Dimeres" $[Na(NH_2^-)_3]_2$ mit einem Na...Na-Abstand von etwa 8–10 Å zu einem bimolekularen diamagnetischen „Solvat" $(H_3N)_3Na–Na(NH_3)_3$ mit einer etwa 4 Å langen Na–Na-Bindung unter Rückbildung von NH_3 aus NH_2^- und NH_4^+ umwandeln. Die Abstände sind nicht willkürlich angenommen, sondern aus empirischen Kriterien über Ionisationspotentiale und Überschneidung der Orbitale abgeschätzt, da eine strenge Behandlung der Modellvorstellung zu keinen „attendibili risultati" führe.

Aus den zwei Gleichgewichten 2 Monomere $\rightleftharpoons$ Solvat und der Selbstionisierung des Ammoniaks und ihrer Temperaturabhängigkeit sollen sich folgende Erscheinungen befriedigend erklären lassen: Zunahme des spezifischen Volumens bei der Auflösung des Metalls, Auftreten einer Mischungslücke, unterschiedliche Löslichkeit der verschiedenen Metalle nebst Temperaturabhängigkeit und das besondere Verhalten des Lithiums. Als chemischer Vorgang wird lediglich die spontane Zersetzung der Lösung genannt.

Zu einer erhöhten Elektronenbeweglichkeit führt im wesentlichen der Vorgang der Verwandlung von „Dimerem" in Solvat mit seiner großen Abstandsänderung und das erhöhte Energieniveau von mindestens 2 Elektronen in der „kompakten" Struktur des Solvats.

Bedenken gegen die weit hergeholte Analogie und die schematische Anwendung der Koordinationslehre bei der Aufstellung des Modells lassen sich nicht verschweigen. Doch berücksichtigt dies Modell einen Umstand, dem die anderen Theorien nicht oder kaum Rechnung tragen, nämlich die Beeinflussung des Lösungsmittels durch das gelöste Metall und seine Elektronen. Diese besteht danach in einer Verstärkung der sonst minimalen Selbstionisierung des Ammoniaks; eine solche kann sehr wohl, wie angenommen, die Selbstzersetzung der Lösung unter Amidbildung erklären.

Die Kinetik der Amidbildung in durch Druck bei gewöhnlicher Temperatur verflüssigtem Ammoniak ist für Natrium (*22c*) und Kalium (*68a, 17a*) untersucht worden; eine Theorie dazu hat *M. Podlaha* (*61b*) entwickelt. Der Wasserstoffaustausch ist mit Hilfe von trityliertem Ammoniak im System $NH_3/Na/C_2H_5OH$ verfolgt worden (*42a*).

Dagegen kommt die Reaktionsfähigkeit der Elektronen, die für die Reduktionen entscheidend ist, in *Paolini*s Modell nur untergeordnet zum Ausdruck. Wenn auch versucht wird, sie verständlich zu machen, so gewinnt man dabei doch den Eindruck, daß, um die Elektronen voll funktionsfähig zu machen, eine nicht zu vernachlässigende Aktivierungsenergie erforderlich sei, die jedenfalls höher sein muß als bei den anderen Theorien, wo sie freilich, wie ausgeführt, auch nicht ganz vernachlässigt werden darf. Alles in allem ist daher das Modell, mag man sich zu ihm und der aus ihm heraus entwickelten Theorie stellen, wie man will, nicht zur Erklärung der Reduktionswirkung gegenüber organischen Verbindungen geeignet, und sein Schöpfer hat es in dieser Richtung auch nicht nutzbar zu machen versucht.

II. Die Reduktionsverfahren

Die Reduktion durch Alkali- oder Erdalkalimetall in flüssigem Ammoniak kann nach zwei grundsätzlich verschiedenen Verfahren geschehen, zwischen denen in der Literatur nicht immer deutlich unterschieden worden ist. Es sind dies:

A: Reduktion der in flüssigem Ammoniak, gegebenenfalls unter Zusatz eines indifferenten Lösungsmittels, gelösten oder in feiner Verteilung suspendierten Substanz. Die blaue Lösung des Metalls in flüssigem Ammoniak wird zugegeben; es gibt sich durch Farbänderung die Bildung einer metallorganischen Verbindung zu erkennen. Diese wird durch einen Protonenlieferanten zersetzt. Verfahren von *Hückel-Bretschneider* 1938 bis 1939 (*H I*).

B: Reduktion der Substanz durch gleichzeitige Einwirkung von Alkalimetall und eines Protonenlieferanten, meistens eines Alkohols, in flüssigem Ammoniak, erforderlichenfalls unter Zusatz eines indifferenten Lösungsmittels. Verfahren von *Birch* ab 1942 (*B I*).

Variationen dieses Verfahrens ergeben sich durch Änderung in der Reihenfolge des Zusammengebens der Reaktionspartner (S. 221).

Die Notwendigkeit einer getrennten Behandlung beider Verfahren ergibt sich aus dem verschiedenen Mechanismus (S. 235, 236), den manchmal unterschiedlichen Ergebnissen, sowie aus dem Umstand, daß sich das Zweistufenverfahren A zu reduzierenden Synthesen, besonders Alkylierungen, eignet (S. 220), was beim Einstufenverfahren B naturgemäß nicht möglich ist. Die reduzierenden Synthesen werden daher im Anschluß an das Verfahren A behandelt.

Geschichtliches

Die erste Beobachtung über die reduzierende Wirkung von Alkalimetall in flüssigem Ammoniak ist von *H. Moissan* bereits 1898 beim Acetylen gemacht worden (*56*). Weiter ausgedehnt hat diese Beobachtung die französische Schule von *P. Lebeau* und *M. Picon* ab 1913 und dabei die Reduzierbarkeit mehrkerniger aromatischer Kohlenwasserstoffe entdeckt (1914 und ab 1921) (*49, 50, 51, 52*). Über die Ergebnisse dieser älteren Arbeiten ist, zusammen mit neueren, in mehreren zusammenfassenden Darstellungen berichtet worden (*46, 80, 23, 77a, 15, 77, 9, 12, 68*), so daß sich näheres Eingehen darauf erübrigt.

Systematische Untersuchungen sind jedoch erst mit der Entwicklung des Verfahrens von *Hückel-Bretschneider* und des Verfahrens von *Birch* verbunden; sie sollen hier allein berücksichtigt werden. Sie gehen in beiden Fällen von verschiedenen Problemstellungen aus.

A. Das Verfahren von *Hückel-Bretschneider* sollte bei polycyclischen aromatischen Kohlenwasserstoffen Aufschluß über den Ort der größten Elektronenaffinität geben und einen Vergleich der Aussagen der Theorie hierüber, soweit solche zu machen waren, mit den Reduktionsergebnissen zu ermöglichen. Nach jahrelanger Unterbrechung infolge des Krieges sollte es später, über dieses nächste Ziel hinaus, zum Ausgangspunkt für Synthesen alkylierter Kohlenwasserstoffe dienen, wobei der erste Schritt in einer reduzierenden Alkylierung an Stelle einer partiellen Hydrierung besteht. Auf diesem Wege ist vor allem eine Reihe methylierter Dihydronaphthaline gewonnen worden; aus diesen können weiter durch Dehydrierung methylierte Naphthaline und durch Hydrierung methylierte Tetrahydronaphthaline erhalten werden. Die Möglichkeit der Alkylierung der metallorganischen Verbindung haben bereits *P. Lebeau* und *M. Picon* beim Naphthalin erkannt, das sie mit Äthylbromid umgesetzt haben, ohne jedoch das Äthylierungsprodukt näher zu untersuchen (*51*).

Als Vorläufer des Verfahrens der reinen Reduktion nach A kann die Reduktion des Isoprens zu 2-Methylbuten (*55*) angesehen werden; bei dieser hatte man sich auf die Feststellung beschränkt, wieviel Penten und wieviel höher molekulare Kohlenwasserstoffe entstehen. Naphthalin war auf die gleiche Weise zu 1,2,3,4-Tetrahydronaphthalin reduziert worden (*84*).

B. *A. J. Birch* hat das heute nach ihm benannte Verfahren in weitestem Umfange präparativen Zwecken nutzbar gemacht. Daraus erklärt sich, daß er sich häufig mit der Charakterisierung der Hauptprodukte und deren Verwendung zu Synthesen begnügt. Zumal in der ersten Zeit tragen viele dieser Reduktionen orientierenden Charakter; ja, es wird auf die Gewinnung absolut reiner Reaktionsprodukte verzichtet. An den Reaktionsmechanismus denkt er erst in zweiter Linie und entwickelt darüber verschiedene, im Laufe der Zeit wechselnde Vorstellungen. Die manchmal recht summarischen Angaben über die Ergebnisse der mit verschiedenen Stoffklassen durchgeführten Reduktionen erklären sich aus dieser Einstellung. Freilich nötigte dazu oft das Fehlen einer einigermaßen exakt arbeitenden Analysenmethode für die Reduktionsprodukte vor den Zeiten der Gaschromatographie und IR-Spektroskopie.

Die große allgemeine Bedeutung des *Birch*-Verfahrens besteht auf der Möglichkeit der Reduktion monocyclischer aromatischer Verbindungen, zumal der Kohlenwasserstoffe der Benzolreihe, denen gegenüber sowohl das Verfahren von *Hückel-Bretschneider* wie auch andere Verfahren, wie die Methode der Reduktion mit Natrium und Alkohol oder mit Natriumamalgam versagen. Die Basis seines Prinzips der gleichzeitigen Einwirkung von Elektronen- und Protonenlieferant bilden die Beobachtungen von *C. B. Wooster* (*82, 81*) über die Reduzierbarkeit der Benzolkohlenwasserstoffe, die mit Natrium und flüssigem Ammoniak erst bei Gegenwart von Wasser oder Alkohol gelingt. Das diesbezügliche Patent aus dem Jahre 1938 ist in Deutschland erst 1940 bekannt geworden (*81*). Vorher war lediglich eine kurze Mitteilung über die Reduzierbarkeit von Toluol ohne Angabe experimenteller Einzelheiten erschienen (*82*). Die Grundlage des Verfahrens stammt also im Prinzip von *Wooster*. Die allgemeine Bedeutung für die präparative Chemie hat aber erst *Birch* erkannt und, seinen synthetischen Zielen entsprechend, hat er das Verfahren hauptsächlich auf Phenoläther übertragen. Es ist daher mit Recht unter seinem Namen zu einem Begriff für den Chemiker geworden.

III. Sekundärreaktionen bei den Reduktionen nach Hückel-Bretschneider und nach Birch

Aus den Reduktionsprodukten ist ein einigermaßen sicherer Schluß auf die Orte größter Elektronendichte nur dann erlaubt, wenn sie Primärprodukte sind. Nachträgliche Umwandlungen müssen daher vermieden werden, was oft durch Arbeiten bei tiefen Temperaturen, bei etwa –70 °C, erreicht werden kann. Nach Möglichkeit muß die Bildung von Metallamid unterdrückt werden, denn dieses kann nach verschiedenen Richtungen hin die Primärprodukte verändern.

Amidbildung kann auf verschiedene Weisen eintreten. Langsam geht sie beim Lithium, Natrium und Calcium in der Nähe des Siedepunktes des Ammoniaks vor sich, bleibt aber bei –70 °C praktisch aus, bei welcher Temperatur aber Kalium doch schon langsam reagiert. Dieses ist also dort, wo Isomerisationen zu befürchten sind, ungeeignet und deshalb auch praktisch kaum verwendet worden.

Eine zweite Möglichkeit der Amidbildung ist gegeben, wenn als Protonenlieferant bei der Reduktion das Ammoniak selbst wirkt. Damit ist bei höherer Temperatur, also etwa in siedendem Ammoniak wegen des mit steigender Temperatur zunehmenden p_H desselben zu rechnen, ferner bei besonders hoher Protonenaffinität des Anions der metallorganischen Verbindung.

Drittens kommt Amidbildung bei einem geringen Feuchtigkeitsgehalt des Ammoniaks zustande.

Unterschiedliche Ergebnisse bei scheinbar gleichen Ansätzen sind oft durch einen Amidgehalt der Reduktionsmischung bedingt, der sich um so stärker auswirkt, je länger die Reduktionsdauer ist. Die Ergebnisse älterer Reduktionsversuche, bei denen meist beim Siedepunkt des Ammoniaks gearbeitet worden ist und dieser selbst als Protonenlieferant gewirkt hat, unterscheiden sich daher manchmal nicht unwesentlich von denen eines unter allen Kautelen durchgeführten Verfahrens nach *Hückel-Bretschneider*.

Bei der *Birch-Reduktion* kommt, da sie gewöhnlich mit Alkohol als Protonenlieferant durchgeführt wird, ein Einfluß von Amid nicht in Betracht, da das Gleichgewicht zwischen Amid-ion und Alkohol ganz auf der rechten Seite liegt:

$$NH_2^- + C_2H_5OH \rightleftarrows NH_3 + C_2H_5O^- .$$

An Stelle des Amid-ions tritt das Alkoholat-ion. Dessen isomerisierende Wirkungen sind wegen seiner kleineren Protonenaffinität geringer. Doch ist schon lange bekannt, daß Alkoholat isolierte Doppelbindungen in die energetisch günstigere konjugierte Lage verschieben kann, so bei der Isomerisierung $\Delta^2 \rightarrow \Delta^1$-Dihydronaphthalin (*69*), wo die Konjugationsenergie 4,5 kcal beträgt (*64*). Eine solche Bindungsverschiebung erfolgt aber merklich erst bei wesentlich höheren Temperaturen, als sie bei der *Birch*-Reduktion herrschen. Empfindliche Reaktionsprodukte können aber auch bei dieser schon verändert werden.

Amid- und Alkoholat-Ion wirken im Prinzip gleich infolge ihrer Protonenaffinität, die beim Amidion größer ist. Die möglichen Wirkungen sind:

1. Verschiebung von Doppelbindungen
2. Dehydrierung unter gleichzeitiger Bildung von Hydrid-Ion:

$$ArH_2 + NaNH_2 \rightleftarrows Ar + NaH + NH_3$$

3. Disproportionierung von Dihydroprodukten in Tetrahydroprodukt und Ausgangsmaterial.

Systematisch ist die Einwirkung von Kaliumamid auf eine Reihe von Cycloolefinen studiert worden (*H VII*). Ihre Lösungen in flüssigem Ammoniak färben sich nach Zusatz von Amid blutrot oder braun. Bei Abwesenheit von Amid bleibt die rote Lösung der Dinatriumverbindung des Naphthalins bei –70 °C während mehrerer Stunden unverändert; ihre Zersetzung mit Ammoniumchlorid gibt dann immer noch reines Δ^2-Dihydronaphthalin. Daraus folgt für das Eintreten einer Isomerisierung zu Δ^1- die Notwendigkeit der Gegenwart von Amid-ion.

Im allgemeinen ruft Kaliumamid folgende Veränderungen bei ungesättigten Kohlenwasserstoffen hervor (*H VII*).

Δ^1-Dihydronaphthalin wird zu Naphthalin dehydriert und geringfügig polymerisiert: – Dehydrierung.

Δ^2-Dihydronaphthalin wird zu Δ^1- unter starker Polymerisation (fast 50 %) umgelagert; etwa 10 % werden zu Naphthalin dehydriert: – Doppelbindungsverschiebung und Dehydrierung.

Isotetralin gibt zu 7 % ein konjugiertes Dien (Hexalin) und Naphthalin: – Disproportionierung und Dehydrierung.

$\Delta^{6,7,9,10}$-Hexahydronaphthalin gibt zu je 12 % konjugiertes Dien und 1,2,3,4-Tetrahydronaphthalin nebst Spuren Polymerisat; etwa $^3/_4$ des Kohlenwasserstoffes bleiben unverändert, wenn bei –70 °C 0,8 Mol Kaliumamid in flüssigem Ammoniak einwirken: – Doppelbindungsverschiebung und Dehydrierung.

Cyclohexadien-(1,4) gibt zu etwa $^1/_3$ Benzol; 1,3-Dien ist nicht nachweisbar – also Disproportionierung.

1,2-Dimethylcyclohexadien-(1,4) gibt 80% Xylol, 8% konjugiertes und 12% nicht konjugiertes Dien mit unbekannter Lage der Doppelbindung: — Dehydrierung und Doppelbindungsverschiebung.

2,5-Dihydrotoluol wird durch Natriumamid in flüssigem Ammoniak in das konjugierte 3,5-Isomere = 1-Methylcyclohexadien-(1,5) umgelagert: — Doppelbindungsverschiebung (*B V*).

2,5-Dihydro-m-Xylol gibt quantitativ m-Xylol ohne nachweisbare Menge konjugierten Diens (*B V*): — Dehydrierung.

2,5-Dihydroanisol lagert sich mit etwa $^1/_{10}$ Mol KNH_2 in ungefähr der 20-fachen Menge flüssigen Ammoniaks während 20 Minuten — die Temperatur ist nicht angegeben — quantitativ in 2,3-Dihydroanisol um; die Lösung wird auch hier tiefrot: — Doppelbindungsverschiebung (*B VII*):

H_3CO— → H_3CO— :

Zwei Enoläther von Cyclohexenon-(4).

Von den Sekundärreaktionen ist vor allem die Verschiebung der Doppelbindung präparativ wichtig, nicht nur wegen der dadurch veranlaßten Uneinheitlichkeit des Reaktionsproduktes, sondern wegen der leichten Hydrierbarkeit des konjugierten Systems, infolge derer statt Dihydro- ein Tetrahydro-Produkt entstehen kann. So hat man beim Naphthalin ohne besondere Vorsichtsmaßregeln mit Natrium in flüssigem Ammoniak, wobei dieses gleichzeitig als Protonendonator wirkte, nur 1,2,3,4-Tetrahydronaphthalin gefunden (*84*), und aus dem gleichen Grunde kann dieses auch bei der Reduktion mit Natrium und Alkohol entstehen. Und während normalerweise isolierte Doppelbindungen beim *Hückel-Bretschneider*-Verfahren nicht angegriffen werden, ist am 2,5-Dihydrotoluol (1-Methylcyclohexadien-(1,4)) mit Natrium und flüssigem Ammoniak allein bei nicht näher angegebener Temperatur während 4 Stunden ein Gemisch von 50% Δ^1- und 10% Δ^3-Methylcyclohexen mit 40% Toluol erhalten worden (*B VII*).

Die Doppelbindungsverschiebung findet ihre Erklärung durch die Abspaltung eines Protons aus der nicht-konjugierten 1,4-Dihydroverbindung durch Protonenacceptoren wie NH_2^- und $C_2H_5O^-$. Dadurch wird ein Anion gebildet, welches für das nichtkonjugierte und konjugierte Isomere gemeinsam, also mesomer ist. Bei der Wiederanlagerung eines Protons bildet sich daraus das thermodynamisch stabilere konjugierte System, infolge der Reversibilität von Protonabspaltung und -anlagerung in thermodynamisch kontrollierter Reaktion. Als Beispiel sei die Umlagerung von Δ^2- in Δ^1-Dihydronaphthalin gegeben, für welche dieser Mechanismus zuerst formuliert worden ist (*H I*, S. 168):

Δ^2-Dihydronaphthalin $\xrightarrow[(\leftarrow)]{-H^+}$ ... $\leftrightarrow$ ... $\xrightarrow[(\leftarrow)]{+H^+}$ Δ^1-Dihydronaphthalin

Außer in einer Sekundärreaktion kann eine mit der Wanderung eines Wasserstoffatoms verbundene Verschiebung der Doppelbindung auch während des Reaktionsgeschehens bis zur Fixierung des zweiten Wasserstoffatoms innermolekular stattfinden, wenn das Molekül wanderungsfähige Protonen enthält. Solche Fälle werden bei der Besprechung der Reduktion einzelner Verbindungen Erwähnung finden (S. 217), ferner auch weitergehende Hydrierung bei der *Birch*-Reduktion.

Neben- und Konkurrenzreaktionen

Eine normale Hydrierung mit Alkalimetall in flüssigem Ammoniak kann bei substituierten Kohlenwasserstoffen begleitet sein von einer bindungsspaltenden Reduktion. Als besonders eingehend studiert kann hierfür die Reduktion von Phenoläthern genannt werden, wo sowohl mit der Spaltung der Bindung Ar—O wie Alk—O zu rechnen ist. Beide Möglichkeiten kommen vor, wobei das Verhältnis stark von der Konstitution abhängt; manchmal entsteht das normale Dihydroprodukt, ein Enoläther, oder dessen Spaltungsprodukt, ein Keton, nur in geringer Menge, manchmal als Hauptprodukt. In welcher Phase der Reaktion die Spaltung erfolgt, kann nicht immer mit Sicherheit ermittelt werden. Im Falle der Spaltung der Ar—O-Bindung, also der vollständigen Entfernung der Äthergruppe, findet man Reduktionsprodukte des Stammkohlenwasserstoffes.

Für das *Hückel-Bretschneider*-Verfahren liegen nur vereinzelte Beobachtungen an Phenoläthern vor (*H VIII*): β-Naphtholmethyläther wird normal zum Δ^1-Dihydronaphthol-methyläther hydriert, der auch mit Natrium und Alkohol erhalten wird, daneben wird Tetralin und bei Anwendung von 4 Atomen Natrium auch eine geringe Menge β-Tetralon gebildet. α-Naphthol-methyläther wird hauptsächlich an der O—Ar-Bindung gespalten, denn man erhält Naphthalin und Δ^2-Dihydronaphthalin, wenig α-Naphthol und α-Tetralon, aber keinen Dihydroäther.

Für die *Birch*-Reduktion von Phenoläthern hat *Birch* umfassendes Beobachtungsmaterial beigebracht, dabei bei der neben einer normalen Hydrierung zum Dihydroprodukt einherlaufenden Spaltung Gesetzmäßigkeiten gefunden und darüber zusammenfassend berichtet (*B IV*; *9* S. 74, *12* S. 20).

Da hier sonst reduzierende Spaltungen nicht behandelt werden, sei deswegen auf andere Zusammenfassungen hingewiesen, die das Problem nicht allein für Phenoläther, sondern vom allgemeinen Standpunkt aus behandeln (besonders *68* Abschn. H 3, S. 156ff.).

IV. Das Verfahren von Hückel-Bretschneider

Aliphatische Verbindungen

Die Reduktionen aliphatischer Kohlenwasserstoffe, durchweg mit Natrium ausgeführt, liegen zeitlich meist weit zurück und können heute im wesentlichen nur als orientierende Versuche gewertet werden. Außerdem sind dabei häufig die Bedingungen des Verfahrens nicht streng innegehalten und manchmal auch nicht näher angegeben worden.

Isopren (*55*) gibt bei –33 °C 2-Methylbuten unter 1,4-Addition zu 60 % und zu 40 % höher siedende Kohlenwasserstoffe. Als Protonenspender hat hier das Ammoniak gewirkt.

Butadien (*H I*) gibt bei –70 °C eine schwarze Natriumverbindung mit anscheinend nebenherlaufender Ammonolyse bei der infolge der Reaktionswärme auf –50 °C steigenden Temperatur. Zersetzung mit Ammoniumchlorid oder Äthanol liefert nur Buten und Octadien mit unbekannter Lage der Doppelbindungen, höhere Polymerisationsprodukte fehlen.

Vergleichsweise hat *Ziegler* (*85*) aus Butadien und Natrium und Äthylanilin in ätherischer Lösung bei 20 °C cis-Buten-(2) erhalten.

Zahlreich sind die Versuche mit konjugierten Dienen der aliphatischen wie auch hydroaromatischen Reihe, wo bei nicht näher angegebener Temperatur und Reaktionsdauer meist das Ammoniak als Protonenlieferant fungiert hat. Sie lassen sich durchweg, wie nach den früheren Ergebnissen bei den Natriumamalgam- und anderen Reduktionen zu erwarten, leicht reduzieren, und nicht selten 1,4-Addition erkennen. Auch Polymerisation ist gelegentlich beobachtet worden. Für weiterreichende Schlüsse sind alle diese Ergebnisse wertlos, weil infolge möglicher Amidbildung mit nachträglicher Doppelbindungsverschiebung als Folge einer Amidbildung zu rechnen ist. Sie sind also nicht eigentlich als Resultat einer Hückel-Bretschneider-Reduktion anzusehen, weswegen nur auf eine ältere Zusammenstellung hingewiesen sei (*68*, S. 224f.). Hierzu mag die Feststellung genügen, daß unter den gleichen Bedingungen wie die konjugierten Doppelbindungen isolierte nicht reduziert werden, falls nicht eine Isomerisierung zum konjugierten System vorhergegangen ist.

Für Reduktionen von phenylierten Olefinen, Kumulenen und manchen anderen Verbindungen gilt das gleiche (*68*, S. 226f.). Die Ergebnisse haben im wesentlichen nur präparative Bedeutung.

Acetylene. Octin-(2), -(3) und -(4) geben trans-Olefine mit gleicher Lage der mehrfachen Bindung. Octin-(1) reagiert bemerkenswerterweise nicht (*32*). Vgl. dazu auch S. 225, zur trans-Addition S. 245.

Alle Undecine geben reine trans-Undecene (mit $[(CH_3)_2CH \cdot CH_2]_2AlH$ reine cis-Undecene) (*0*).

Nonadiin-(2,7) gibt trans-trans-Nonadien-(2,7) (*32*).

In einem Diin mit einer endständigen Dreifachbindung wird nur die mittelständige angegriffen. So gibt die Natriumverbindung von Decadiin-(2,7) trans-Decain-(1)-en-(7) (*20*).

Das Intaktbleiben der endständigen Dreifachbindung ist verständlich wegen der Salzbildung am aciden Acetylen-wasserstoff; die negative Ladung am Ende der Kette verhindert den Herantritt von Elektronen an die dreifache Bindung. Über das andersartige Verhalten der Acetylene bei der Reduktion nach *Birch* s. S. 225 und 246.

Wo über die Reduktion einer endständigen Acetylenbindung durch Alkalimetall allein (also ohne Zusatz von Alkohol) berichtet wird (*16*), fehlt die Angabe der Temperatur; es ist anzunehmen, daß während der Reduktion Amidbildung eingetreten ist und damit das Ammoniak als Protonenspender gewirkt hat, so daß während der Reaktion prinzipiell die Bedingungen der Birch-Reduktion geherrscht haben. Es ist dabei lediglich die Langsamkeit der Reduktion von 1-Alkinen aufgefallen (*16*).

Polycyclische aromatische Kohlenwasserstoffe

Allgemeine Arbeitsvorschrift. Der in Äther gelöste Kohlenwasserstoff wird bei –70 °C langsam zu der Lösung von Natrium in flüssigem Ammoniak gegeben, gewöhnlich etwa $^1/_{10}$ Mol auf $^2/_{10}$ Grammatome Natrium in etwa 250 cm³ flüssigem Ammoniak, Na/NH_3 also etwa 0,2 molar. In einigen Fällen wurde das Ammoniak auf die mit feingeschnittenem Natrium versetzte, mit flüssiger Luft gekühlte Lösung bzw. Suspension des Kohlenwasserstoffs aufkondensiert, wobei sich das Natrium rasch löste. Es wird in Stickstoffatmosphäre unter Feuchtigkeitsausschluß gearbeitet. An Stelle des Natriums kann die äquivalente Menge Calcium treten (Magnesium s. S. 214).

Beispiele

Naphthalin und alkylierte Naphthaline

Naphthalin lagert Natrium unter Bildung einer roten Dinatriumverbindung an, die in Lösung bleibt. Ihre Zersetzung mit NH_4Cl oder Alkohol führt zum Δ^2-Dihydronaphthalin. Diese 1,4-Anlagerung von Wasserstoff entspricht den theoretisch vorherzusehenden Stellen mit größter Elektronenaffinität.

Alkylierte Naphthaline geben gleichfalls 1,4-Addition bei zwei freien α-Stellungen im gleichen Ring. Beispielsweise addieren 1,2- wie 1,4-Dimethylnaphthalin im unsubstituierten Kern zum 5,8-Dihydro- = Δ^6-Dihydroprodukt. Die einzige bisher bekannt gewordene Ausnahme eines 1,4-Angriffs bei besetzter α-Stellung bildet das 1,4,5,8-Tetramethylnaphthalin bei der reduzierenden Methylierung (S. 220).

2-Methyl-naphthalin mit freien α-Stellungen in beiden Ringen wird ganz überwiegend, aber nicht ausschließlich, im methylierten Kern hydriert (*H XVII*).

Die 1,4-Addition in freien α-Stellungen (5 + 8) ist ferner beobachtet worden bei Monomethyl-(1) (*H XIV*), Dimethyl-(1,2) und -(1,4) (*H XVI*) sowie Trimethyl-(1,2,4)-naphthalin (*H XV*).

Die gleiche 1,4-Hydrierung findet, soweit Beobachtungen vorliegen, bei der Reduktion der Kohlenwasserstoffe durch Natrium und Alkohol statt. 2-Methylnaphthalin reagiert auch hier vorwiegend mit dem methylierten Kern, aber weniger ausgesprochen als mit Natrium in Ammoniak (*H XVII*).

Bei der relativ hohen Reduktionstemperatur läßt sich eine teilweise Isomerisierung des Δ^2- bzw. Δ^6-Kohlenwasserstoffs zu einem stabileren konjugierten Isomeren durch das bei der Reaktion entstehende Alkoholat nicht vermeiden. Sie läßt sich bei den reinen Δ^2- bzw. Δ^6-Isomeren durch Erhitzen mit Alkoholat herbeiführen und ist bei der Stammsubstanz praktisch vollständig, aber bei methylierten Dihydronaphthalinen nicht immer, und kann von der Bildung geringerer Mengen Tetrahydroprodukte begleitet sein. Vgl. S. 208.

Die gleiche Isomerisierung zum konjugierten Kohlenwasserstoff kann sich bei der Zersetzung der Dinatriumverbindung in solchen Fällen vollziehen, wo die Anlagerung des ersten Protons rascher erfolgt als die des zweiten und somit über ein eine Zeitlang beständiges Monoanion verläuft, das im Sinne einer Mesomerie reagieren kann (S. 209). Auf diese Weise dürfte der Unterschied im Ergebnis der Zersetzung der Dinatriumverbindung des Diphenyls durch NH_4Cl einerseits, durch Alkohol andererseits zu erklären sein (S. 215). Nachweislich erfolgt eine Ammonolyse durch NH_3 stufenweise bei Dinatriumverbindungen mit stark unterschiedlich negativierten Kohlenstoffatomen wie beim Dinatrium-1,2,2-Triphenyläthylen $Na_2[(C_6H_5)_2C{-}CH \cdot C_6H_5]$ (*83*). Substitution durch Benzylchlorid findet nur am tertiären Kohlenstoff statt, während der sekundäre reduziert wird:

$$\begin{array}{l}(C_6H_5)_2C{-}CH_2 \cdot C_6H_5 \\ \quad\;\; CH_2 \cdot C_6H_5\end{array} ;$$

entsprechend verläuft die Reaktion mit Äthylbromid.

Eine Weiterhydrierung des Naphthalinkerns zum Tetralin, welche die vorhergehende Isomerisierung zu einem konjugierten Dihydronaphthalin-Δ^1-, Δ^5- oder Δ^7- zur Voraussetzung hat, wird beim Hückel-Bretschneider-Verfahren nicht beobachtet, wenn die Temperatur von –70 °C eingehalten wird. Die konjugierten Dihydronaphthaline lassen sich nach diesem Verfahren hydrieren, aber wesentlich schwieriger als die Stammkohlenwasserstoffe der Naphthalinreihe. Sie verhalten sich dabei nicht gleichartig.

Δ^1-Dihydronaphthalin gibt bei der Zersetzung der nur langsam bei –50 °C – also der Temperatur beginnender Natriumamidbildung – entstehenden braunen Dinatriumverbindung neben etwa 10 % Ditetralyl einheitliches 1,2,3,4-Tetrahydronaphthalin (*H I, H XVII*), also 1,2-Addition.

2-Methyl-Δ^1-dihydronaphthalin gibt dagegen den entsprechenden 1,2,3,4-Tetrahydrokohlenwasserstoff nicht oder nur in Spuren, vielmehr wird unter 1,4-Anlagerung der unsubstituierte Kern angegriffen, so daß das 3,4,5,8-Tetrahydro-2-methylnaphthalin entsteht:

$-CH_3$ (*H XVII*),

von dessen analoger Stammsubstanz vom Δ^1-Dihydronaphthalin aus keine Spur nachzuweisen ist.

In der verhältnismäßig schwierigen Hydrierbarkeit unterscheiden sich die konjugierten Dihydronaphthaline mit ihrer 1,2-Addition oder dem Angriff auf den zur Doppelbindung konjugiert stehenden aromatischen Kern charakteristisch von den gewöhnlichen konjugierten Dienen, die unter 1,4-Addition Olefine geben.

Mit Magnesium in flüssigem Ammoniak gibt Naphthalin wie mit Natrium und Calcium eine metallorganische Verbindung, die sich mit dunkelgrüner Farbe löst. Nach Zusatz von Äther wird die Reaktion von 1 Mol:1 Grammatom nach $1^1/_2$ Stunden praktisch vollständig. Die Zersetzung mit Alkohol liefert Δ^2-Dihydronaphthalin, anscheinend ohne eine nennenswerte Menge Naphthalin. Es liegt daher das Naphthalin-Magnesium $[C_{10}H_8]^{--}Mg^{++}$ vor, ungeachtet, daß die grüne Farbe der Lösung den Lösungen von Natrium und Naphthalin in Glykoldimethyläther ähnlich ist, in denen aber eine radikalische Verbindung mit einwertigem Anion $([C_{10}H_8{}^{\times}]^{-})Na^{+}$ zugegen ist (*40*). (Das Kreuzchen [= Elektron] soll den radikalischen Charakter hervorheben).

Diphenyl

Für Diphenyl läßt die Theorie als Orte der größten Elektronenaffinität die Stellungen 4,4′ vorhersehen, denen jedoch die Stellungen 1,1′ nur wenig nachstehen. Die Elektronenanlagerung wird also in der 4-Stellung einsetzen, aber nicht genau gleichzeitig in der 4'-Stellung erfolgen. Vielmehr ist zu erwarten, daß als nächstes die 1-Stellung erfaßt wird, weil hierbei nur die Aufhebung des aromatischen Zustandes in *einem* Kern erfolgt, während beim Angriff auf die 4'-Stellung dieser Zustand in beiden Ringen aufgehoben werden müßte (*33*).

Die Einwirkung von Natrium oder Calcium mit nachfolgender Hydrolyse der tiefdunkelroten, fast schwarz aussehenden metallorganischen, kristallin ausfallenden Verbindung läßt die 1,4-Addition erkennen, wenn mit Ammonchlorid zersetzt wird (*H V*). Alkoholyse dagegen läßt bereits die Doppelbindungen in konjugierter Lage enthaltendes 3,4-Dihydrophenyl entstehen (*H I*).

C_6H_5–CH⟨CH=CH⟩CH_2 (Strukturformel)

1,4-Dihydro-diphenyl
Schmp. —5 °C bis —4 °C

C_6H_5–C⟨…⟩CH_2–CH_2 (Strukturformel)

3,4-Dihydrodiphenyl, flüssig
leicht autoxydabel.

Bei der Methanolyse lassen auch die Farberscheinungen — rote und orangerote Teilchen bei sehr langsamer Alkoholyse — und damit verbunden das Auftreten der Disproportionierungsprodukte Tetrahydrodiphenyl und Diphenyl vermuten, daß diese stufenweise über ein Monoanion verläuft, das wegen seiner Mesomerie zur Isomerisierung führt (S. 210). Bei der Zersetzung durch Ammoniumchlorid werden dagegen beide Zentren gleichzeitig oder das zweite sehr viel rascher als das erste erfaßt.

Das 3,4-Dihydrodiphenyl wird als normales konjugiertes System durch Natrium in Ammoniak rasch in 1,4-Addition zum 1-Phenylcyclohexen-(1) hydriert.

Das 1,4-Dihydrodiphenyl reagiert dagegen mit der blauen Na/NH_3-Lösung nicht sichtbar. Bei der Aufarbeitung mit Methanol stellen sich aber die Bedingungen des Birch-Verfahrens her, und es resultiert ein Tetrahydro-diphenyl ohne Konjugation, das kein 1-Phenylcyclohexen-(1) ist, in dem sonst über die Lage der Doppelbindungen aber nichts bekannt ist.

Diphenyl ist mit Natrium und Alkohol bisher nicht reduziert worden. Wegen der leichten Verschieblichkeit der Doppelbindungen in dem primär zu erwartenden Dihydroprodukt und die Möglichkeit einer nachfolgenden Weiterhydrierung dürfte der Versuch wenig aufschlußreich sein.

Terphenyl (*H I*, S. 177f.; *H II*)

Beim Terphenyl reagieren Natrium und Calcium etwas unterschiedlich. Die Zersetzung der grünen Natrium- und der schwarzgrünen Calciumverbindung liefert beidemal ein Dihydro-terphenyl vom Schmp. 70 °C, bei der Natriumverbindung daneben noch in geringerer Menge einen dem Terphenyl isomeren Kohlenwasserstoff vom Schmp. 152–153 °C, über dessen Konstitution nichts bekannt ist.

Das hydrierte Terphenyl ist wahrscheinlich das konjugierte 3,4-Dihydroterphenyl wegen der erheblichen Exaltation seiner bei 80 °C bestimmten Molrefraktionen und seiner leichten Umsetzung mit Natrium in flüssigem Ammoniak zu einer roten metallorganischen Verbindung. Jedenfalls ist ein endständiger Ring angegriffen worden, denn die katalytische Hydrierung mit Palladium liefert 4-Cyclohexyl-diphenyl. Gegenüber dem analog gebauten 3,4-Dihydrodiphenyl ist seine Luftbeständigkeit auffallend.

Die Zersetzung des Dinatrium- und Calciumterphenyls durch Ammoniumchlorid vollzieht sich normal unter Aufhellung der grünen Farbe bis zur Entfärbung. Nimmt man sie aber mit Alkohol oder Wasser vor, so tritt eine bei –70 °C stundenlang beständige tiefviolette Farbe auf.

Ähnliche Beobachtungen macht man bei der Zersetzung der Dinatrium-Verbindungen des Anthracens wie des 9,10-Diphenylanthracens, wobei die Lösung eine blaue Farbe annimmt (*H I*, S. 182).

Ob die Farben der Bildung eines Mono-anions oder eines Radikals zuzuschreiben sind, oder ob sie auf eine andere Zwischenstufe zurückzuführen sind, ist noch ungeklärt.

Phenanthren (*H I*, S. 183f.)

Beim Phenanthren ist bisher ebensowenig wie beim Terphenyl der Ort der größten Elektronenaffinität theoretisch vorausgesagt worden. Die 9,10-Stellung, die bei der Oxydation mit Chromsäure angegriffen wird, ist jedenfalls nicht ausschließlich der Ort, wo sich primär Elektronen anlagern; es wird auch ein seitlicher Ring angegriffen. Gebildetes 9,10-Dihydrophenanthren, das beobachtet wird, könnte möglicherweise aus dem ungesättigten Primärprodukt durch Wasserstoffwanderung entstanden sein, doch ist auch eine direkte Bildung aus Phenanthren nicht ausgeschlossen.

Aus *Pyren* werden, wenn seine tiefdunkelrote Natriumverbindung durch Ammoniumbromid zersetzt wird, 12% 1,2-Dihydropyren vom Schmp. 131 °C neben unverändertem Pyren erhalten; die Zersetzung mit Alkohol liefert nur letzteres zurück (*59*).

Kohlenwasserstoffe mit acidem Wasserstoff

Enthält ein ungesättigter oder aromatischer Kohlenwasserstoff „aktiven“, d.h. mehr oder weniger aciden Wasserstoff, so besteht die Möglichkeit, daß bei der Reaktion mit Natrium in flüssigem Ammoniak dieser entweder zunächst durch Natrium ersetzt wird, oder eine primär entstehende metallorganische Verbindung durch noch nicht in Reaktion getretenen Kohlenwasserstoff zersetzt wird. Als Vertreter dieses Typus sind Cyclopentadiën (*H V*), Inden (*H V*) und Fluoren (*H VI*) untersucht worden, denen noch das Cycloheptatrien (*74*) anzureihen ist, obwohl dessen CH_2-Gruppe eigentlich keine sauren Eigenschaften erkennen läßt.

Cyclopentadien entwickelt mit Natrium in flüssigem Ammoniak keinen Wasserstoff, also wird dieser gleich zur Hydrierung verbraucht. 1 Grammatom Natrium wird von 1 Mol Cyclopentadien nur zu zwei Dritteln verbraucht, die Lösung bleibt blau, ein Überschuß reagiert nicht, und die Zersetzung der Lösung durch NH_4Cl liefert rund $^1/_3$ Cyclopenten und $^2/_3$ Cyclopentadien, was der Reaktionsgleichung

$$2\,Na + 3\,C_5H_6 = C_5H_8 + 2\,C_5H_5Na$$

entspricht. Außer dem Cyclopentadiën-natrium, das farblos ist, bildet sich keine metallorganische Verbindung, und so bleibt jede Farbreaktion aus.

Inden gibt ebenfalls keine farbige metallorganische Verbindung; auch hier bleibt eine Wasserstoffentwicklung aus. Es verhält sich also anders als das ringhomologe, nicht acide Δ^1-Dihydronaphthalin. Anders als beim Cyclopentadien wird aber die Lösung von 1 Grammatom Natrium durch 1 Mol Inden entfärbt, doch die Zersetzung mit Ammoniumchlorid liefert analog wie dort den Dihydrokohlenwasserstoff und Inden im Verhältnis 1:2 neben ein wenig Polymerisat. Mit 2 Atomen Natrium bleibt die blaue Farbe bestehen, die Zersetzung liefert jetzt 85% Indan, 15% Inden nebst etwas Polymerisat. Da Indan keine Natriumverbindung liefert, hat also Weiterhydrierung stattgefunden, bei der das Ammoniak als Protonenlieferant gedient hat.

Fluoren, dessen CH_2-Gruppe schwächer acid ist als in Cyclopentadien und Inden, reagiert nicht wie diese, sondern als substituiertes Diphenyl. Es addiert ohne Wasserstoffentwicklung 2 Atome Natrium an einen aromatischen Kern, was sich durch eine tiefdunkelrote Farbe zu erkennen gibt. Wegen der leichten Oxydierbarkeit des Dinatriumfluorens muß unbedingt in Stickstoffatmosphäre gearbeitet werden, was beim Diphenyl nicht erforderlich ist. Das durch Zersetzen mit Ammonchlorid (oder auch Alkohol) erhaltene Dihydrofluoren ist ebenfalls autoxydabel

H_2

H_2H

3,10-Dihydrofluoren

$H\ H_2$

H_2

H_2H

3,4,10,11-Tetrahydrofluoren

und disproportioniert bei der Destillation, auch im Hochvakuum, zu Fluoren und 1,4,10,11-Tetrahydrofluoren. Wird nur mit der äquivalenten Menge NH_4Cl zersetzt und das in der Ammoniaklösung befindliche Dihydrofluoren nochmals mit 2 Atomen Natrium zu einer tiefbraunroten Dinatriumverbindung umgesetzt, so wird nach deren Zersetzung mit NH_4Cl das 3,4,10,11-Tetrahydrofluoren erhalten.

Die sonst bekannte Reaktionsfähigkeit des Fluorens in 9-Stellung tritt also bei dieser Reaktionsfolge nicht in Erscheinung.

Diese tritt aber hervor bei der Umsetzung des tiefroten Dinatriumfluorens mit Methylbromid zum 9,9-Dimethyldihydrofluoren (vgl. S. 221).

Cycloheptatrien (*74*)

Cycloheptatrien kann zwar kein aromatisches 6π-Elektronensystem nach Abgabe eines Protons ausbilden wie Cyclopentadien, läßt sich aber gleichwohl durch 2 Atome Natrium in flüssigem Ammoniak in ein rotes Salz überführen, das sich vom Dihydrocycloheptatriën ableitet und dessen Mono-anion enthält. Das Ammoniak hat hier als Protonenlieferant fungiert und wie bei der Einwirkung von 2 Atomen Natrium auf 1 Mol Inden gewirkt:

Na$^+$
C̈
$$+ 2\,Na + NH_3 = \quad CH_2 \; CH_2 \quad + Na\,NH_2$$

Die Struktur des Natriumsalzes wird durch die Umsetzung mit Kohlendioxyd bewiesen, die zur strukturanalogen Carbonsäure führt. Das Cycloheptadien besitzt also offensichtlich ein Wasserstoffatom von nicht zu vernachlässigender Acidität. Die Umsetzung des roten Natriumsalzes mit Ammonchlorid (oder Alkohol) liefert Cycloheptadien-(1,3) selbst, das als konjugiertes System mit Natrium in flüssigem Ammoniak glatt zu Cyclohepten hydriert werden kann.

Mehrkernige aromatische Heterocyclen: Chinolin und Isochinolin

Stickstoffhaltige Verbindungen von aromatischem Charakter besitzen in dem Stickstoffatom, dessen einsames Elektronenpaar mit den π-Elektronen des aromatischen Bindungssystems in Wechselwirkung steht und dadurch beansprucht ist, an dieser Stelle einen Anziehungspunkt für Elektronen. Es ist daher zu erwarten, daß eine Reduktion an diesem beginnt. Wohin sich dann in einem zweiten Schritt das nächste Paar begibt, läßt sich nicht vorhersehen. Beim Chinolin erscheint eine 1,2- wie eine 1,4-Addition möglich, beim Isochinolin nur erstere, nicht letztere.

Chinolin muß in der Weise reduziert werden, daß zu seiner etwas Äther enthaltenden Lösung in flüssigem Ammoniak Natrium gegeben, nicht etwa in Ammoniak gelöstes Metall verwendet wird. Es muß in Stickstoffatmosphäre gearbeitet und die rote Dinatriumverbindung mit Ammoniumchlorid, nicht mit Alkohol zersetzt werden. So ist 1,2-Dihydrochinolin vom Schmp. 72 °C in 84 % Ausbeute zu erhalten.

Isochinolin (*H XI*) ist mit einer Lösung von Natrium in Ammoniak, einmal mit 2, das andere Mal mit 4 Grammatomen auf 1 Mol, in Stickstoffatmosphäre umgesetzt worden; die Bildung der Dinatriumverbindung zeigt sich durch Umschlag der erst grünen Farbe in Rot bei genau der stöchiometrischen Menge von 2 Atomen an. Die Zersetzung muß mit Ammoniumchlorid vorgenommen werden. Das 1,2-Dihydroisochinolin ist als substituiertes Vinylamin äußerst unbeständig und deswegen nicht rein zu erhalten: Frisch dargestellt, liefert es bei der Hochvakuumdestillation fast nur Polymerisat, bei längerem Aufbewahren bei –20 °C neben einem solchen aber noch ein durch Disproportionierung entstandenes äquimolekulares Gemisch von Isochinolin und 1,2,3,4-Tetrahydroisochinolin.

Die 1,2-Addition wird durch die Reaktion des roten Dinatriumisochinolins mit Methylbromid erkannt (vgl. die reduzierenden Methylierungen, S. 220). Mit 1 Mol Methylbromid entsteht nämlich bei –60 °C das bekannte, leicht veränderliche 2-(N)-Methyl-1,2-dihydroisochinolin.

In Methanol findet eine Trimerisierung zu zwei isomeren Trimeren, die den Trimeren des Piperideïns, das als innermolekulare Schiffsche Base aufzufassen ist, entsprechen. Hierbei reagiert das 1,2-Dihydroisochinolin tautomer im Sinne des 1,4-Dihydroisochinolins, der Schiffschen Base des Amino-aldehyds:

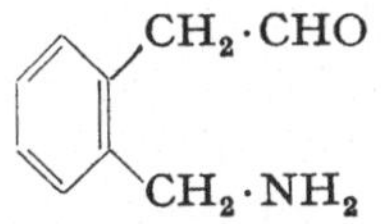

$$C_6H_4(CH_2\cdot CHO)(CH_2\cdot NH_2)$$

Das Trimere enthält einen hydrierten s-Triazinring als zentralen Kern:

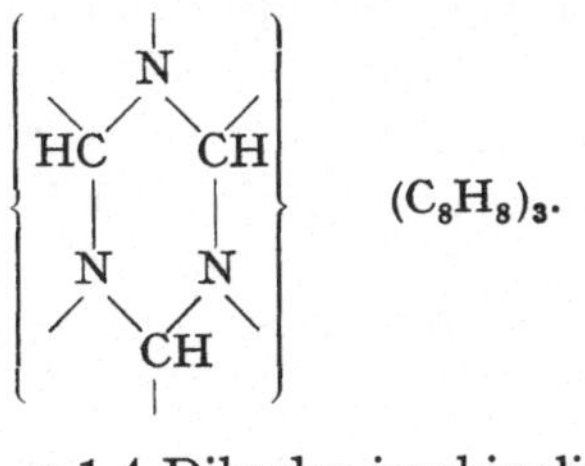

```
 {     |     }
 {     N     }
 {   /   \   }
 { HC     CH }   (C8H8)3.
 {  |     |  }
 {  N     N  }
 { /  \ /  \ }
 {     CH    }
       |
```

Die Tautomerie 1,2 ⇄ 1,4-Dihydro-isochinolin entspricht einer Enamin ⇄ Ketimid-Tautomerie; das 1,4-Isomere stabilisiert sich zum trimeren Aldehydammoniak.

Reduzierende Methylierungen

Allgemeine Arbeitsvorschrift. Zur frisch bereiteten Dinatriumverbindung des Naphthalinkohlenwasserstoffs – beispielsweise aus 4,6 g Na, 200 cm³ flüss. NH_3, 14,2 g 2-Methylnaphthalin in 100 cm³ Äther oder aus 2,8 g Na, 300 cm³ flüss. NH_3 und 10 g 1,2,4-Trimethylnaphthalin in 100 cm³ Äther – wird in Stickstoffatmosphäre ein Überschuß von Methylbromid aus einem Schlenk-Rohr destilliert. Nach eingetretener Entfärbung wird etwas Ammoniumchlorid zugegeben und aufgearbeitet. Der entstandene dimethylierte Δ^2- oder Δ^6-Kohlenwasserstoff wird jenachdem durch Fraktionieren, Kristallisieren oder über seine Quecksilberacetat-Verbindung rein erhalten.

Seine Dehydrierung mit Palladiumasbest und Chloranil zum Naphthalinkohlenwasserstoff verläuft wegen möglicher teilweiser Disproportionierung nicht immer glatt.

Folgende Alkylierungen sind ausgeführt worden:

Naphthalin:	Dihydronaphthalin:	
Naphthalin	1,4-Dimethyl-Δ^2-	(*H XVI*)
Naphthalin	1,4-Diisopropyl-Δ^2-	(*H XIII*)
2-Methyl-	1,2,4-Trimethyl-Δ^2-	(*H XVII*)
1-Methyl-	1,4,5-Trimethyl-Δ^2-	
	= 1,5,8-Trimethyl-Δ^6-	(*H XIV*)
1,4-Dimethyl-	1,4,5,8-Tetramethyl-Δ^2 (= Δ^6)	(*H XVI*)
1,2,4-Trimethyl-	1,2,4,5,8-Pentamethyl-Δ^6-	(*H XVII*)
1,4,5-Trimethyl-	1,4,5,8-Tetramethyl-Δ^2-	(*H XV*)

Mit Ausnahme des letzten Falles, in welchem auch bei Überschuß nur 1 Mol Methylbromid reagiert, werden 2 Mol verbraucht. Das Methyl tritt in dieselben Stellungen ein wie der Wasserstoff bei der Zersetzung der Natriumverbindung durch Ammoniumchlorid, wieder mit Ausnahme des Falles 1,4,5-Trimethylnaphthalin, welches dabei unter Eintritt von zwei Wasserstoffatomen 1,4,5-Trimethyl-Δ^6- und Δ^7-dihydronaphthalin im Verhältnis 65:35 gibt mit der Anomalität der Bildung erheblicher Mengen des konjugierten Δ^7-Kohlenwasserstoffs (S. 214, 232).

Das 1,4,5,8-Tetramethylnaphthalin erfährt keine weitere Methylierung. Stattdessen folgt die Bildung von hydriertem Kohlenwasserstoff aus der nur schwach hellroten Lösung der Natriumverbindung, die bereits durch 1 Mol Methylbromid entfärbt wird. Das Reaktionsprodukt besteht zur Hälfte aus etwa gleichen Teilen Δ^1- und Δ^2-Dihydrokohlenwasserstoff; die andere Hälfte ist wahrscheinlich ein Tetramethylisotetralin mit den Doppelbindungen $\Delta^{2,3}$; $\Delta^{6,7}$; $\Delta^{9,10}$ (*H XV*).

Das Δ^1-Dihydronaphthalin, dessen Dinatriumverbindung sich nur schwierig bildet, wird ungeachtet deren Entfärbung durch Methylbromid bei –50 °C auch nicht spurenweise methyliert. Es entsteht vielmehr unter Rückbildung einer erheblichen Menge des Ausgangskohlenwasserstoffs zu mehr als 50% Ditetralyl, wahrscheinlich durch einen radikalischen Chemismus ähnlich wie bei der Würtzschen Synthese. Auch hier besteht keine Analogie mit der Zersetzung durch Alkohol (*H I*) oder Ammoniumchlorid (*H XVII*). Zwar findet man auch hier etwas Ditetralyl; das Hauptprodukt ist jedoch 1,2,3,4-Tetrahydronapthalin.

Diese Beispiele lassen erkennen, daß ungeachtet der häufigen Gleichheit des Eintrittsortes von Wasserstoff und Methyl aus dem Ergebnis nur mit Vorsicht auf den Ort der primären Elektronenaufnahme und damit der größten Elektronenaffinität im Ausgangskohlenwasserstoff geschlossen werden darf. Noch deutlicher macht dies in anderer Richtung gehende Ausnahme des Dinatrium-fluorens. Mit Methylbromid reagiert es im Sinne des Ersatzes der beiden aciden Wasserstoffatome der Methylengruppe durch Natrium, so daß das 9,9-Dimethylfluoren entsteht (*H VI*). Die Zersetzung durch Ammoniumchlorid führt dagegen zu der normalen 1,4-Addition von Wasserstoff in einem der beiden Kerne. Das Anion der Dinatriumverbindung reagiert also tautomer, was in der Naphthalinreihe bisher nicht beobachtet worden ist; Mesomerie liegt nicht vor, weil die Stellungen der Wasserstoffatome in den beiden Strukturen des Di-Anions nicht die gleichen sind.

V. Birch-Verfahren

Es gibt drei Arbeitsvorschriften, die sich in der Reihenfolge des Zusammengebens der reagierenden Stoffe unterscheiden.

1. Na/NH_3-Lösung ← Substanz in Alkohol

Die Lösung der zu reduzierenden Substanz in Alkohol, erforderlichenfalls unter Zusatz eines die Löslichkeit erhöhenden indifferenten Lösungsmittels, wie Äther, Tetrahydrofuran oder Glycoldimethyläther, wird, so rasch es die unter Umständen sehr lebhafte Reaktion gestattet, zu der blauen Lösung von Alkalimetall in flüssigem Ammoniak gegeben.

2. Substanz in Alkohol + NH_3 ← Na

Zu der Lösung der Substanz in flüssigem Ammoniak und Alkohol mit gegebenenfalls zusätzlichem indifferenten Lösungsvermittler wird das Alkalimetall möglichst rasch in kleinen Stücken gegeben.

3. Na/NH_3-Lösung + Substanz ← Alkohol

Zu der blauen Alkalimetall/Ammoniak-Lösung wird die mit dieser nicht reagierende, in Äther gelöste Substanz gegeben und nach einiger Zeit das protonenliefernde Reagens, meist Alkohol, hinzugefügt.

Eine Variante von 3, wobei das Alkalimetall in so hoher Konzentration angewendet wird, daß es durch Ätherzusatz in feiner Verteilung ausfällt, ehe der zersetzende Alkohol zugefügt wird, hat bisher keine allgemeine Anwendung gefunden, weshalb seine Erwähnung genügt (*67*).

Bei allen drei Varianten können niedere Alkohole verwendet werden, die um so rascher reagieren, je niedriger ihr Molekulargewicht und die Verzweigung ihrer Kette ist (vgl. S. 234).

Als Alkalimetall ist meistens Natrium benutzt worden, Kalium bietet keine Vorteile, dagegen unter Umständen Lithium (*79, 45*). Auch mit Magnesium sind einige Birch-Reduktionen von Phenoläthern durchgeführt worden (*39, 40*).

Methode 1 ist das ursprüngliche Verfahren von *Birch* (*B I*). Sie wurde von ihm schon 1946 zugunsten der Methode 2 verlassen, weil er die anfangs relativ hohe Alkali- und Elektronenkonzentration bei 1 für die Nebenreaktion der Phenolätherspaltung verantwortlich machte. Er hat diese Abänderung aber nicht an die Spitze gestellt, sondern nur nebenbei angemerkt (*B III*, S. 594). Sein Bedenken gegen die Methode 1 besteht beispielsweise für manche Phenoläther und aromatische Amine zu Recht; für Kohlenwasserstoffe sind dagegen Nebenreaktionen und sekundäre Umlagerungen bei Methode 1 ebensowenig zu fürchten wie bei Methode 2. Bei letzterer ist vielmehr neben der sich in Lösung vollziehenden Hauptreaktion eine Nebenreaktion an der Metalloberfläche denkbar, die etwas anders verlaufen und zu sekundären Reaktionen führen könnte.

Methode 3 ist 1948 von *J. P. Wibaut* und *F. A. Haak* (*78*) speziell für die Gewinnung von Cyclohexadien-(1,4) aus Benzol ausgearbeitet worden. Für das Studium der Kinetik haben sie 1959 *A. P. Krapcho* und *A. A. Bothner-By* (*45*) benutzt. Sie haben dabei als Elektronenspender vor allem das früher von *A. L. Wilde* und *N. A. Nelson* (*79*) empfohlene Lithium, als Protonenspender meist Äthanol und Methanol verwendet (s. S. 233).

Arbeitsvorschriften für die einzelnen Methoden

Methode 1

Kohlenwasserstoffe (*H XII*). 46 g Toluol in 64 g Methanol werden unter Rühren zu einer auf –65 °C gehaltenen Lösung von 46 g Natrium in 750 cm^3 flüssigem Ammoniak im Laufe von $^3/_4$ Stdn. getropft. Nach zweistündigem Rühren wird die noch blaue Lösung durch 50 cm^3 Methanol entfärbt. Die bei der Aufarbeitung erhaltenen 39 g, $Sdp._{735}$ 114 °C, werden noch zweimal auf die gleiche Weise reduziert. Ganz entsprechend wird Isopropylbenzol behandelt. Der Anteil an nicht reduziertem Kohlenwasserstoff, bestimmt durch UV-Absorption, geht schrittweise stark zurück.

Reduktion	1	2	3
Toluol	1,2	0,3	0,1 %
Isopropylbenzol	15–20	5	0,85 %

Die Hauptmenge ist der 2,5-Dihydrokohlenwasserstoff, der, wie die Wasserstoffzahl zeigt, keine nachweisbare Weiterhydrierung erfahren hat und nach UV-Spektrum kein konjugiertes Isomeres enthält.

Phenoläther (*B I*). 20 g 3-Methylanisol (= m-Kresolmethyläther) in 28 g Methanol werden in eine Lösung von 20 g Natrium in 500 cm^3 flüssigem Ammoniak eingetropft, 1 Stunde gerührt (Temperaturangabe fehlt) und nach Zersetzen mit Eis aufgearbeitet. Erhalten wurden 2,5 g Sdp. 105–120 °C, hauptsächlich Δ^1-Methylcyclohexen, und 9,8 g, Sdp, 165–175 °C, hauptsächlich 3-Methyl-2,5-dihydroanisol. Neben der partiellen Hydrierung des Benzolkerns zum unkonjugierten Dien findet also auch eine Spaltung des Phenoläthers an der Ar–O-Bindung statt mit nachfolgender Reduktion. Unter vergleichbaren Bedingungen macht sie beim Anisol 27 %, beim o-Methylanisol 17 %, beim m-Methyl- 9 % und beim p-Methyl-anisol nur 4 % aus. o-Methylanisol gibt die isomeren 2,5- und 3,6-Dihydroäther nebeneinander:

OCH_3, H, CH_3, H, H (2,5-) und OCH_3, CH_3, H, H, H, H (3,6-) ; letzteren überwiegend.

Methode 2

Kohlenwasserstoffe. Naphthalin → Isotetralin (*H IV*). Zu einer Lösung von 10 g Naphthalin in 40 cm^3 absol. Äthanol und 50 cm^3 Äther werden 250 cm^3 Ammoniak unter lebhaftem Rühren einkondensiert. Zu der feinen Suspension von Naphthalin werden unter weiterem Rühren 15 g fein geschnittenes Natrium (d.i. etwas mehr als 8 Atome auf 1 Mol $C_{10}H_8$) eingetragen. Erst nach 14 Stunden ist Entfärbung eingetreten, worauf mit Wasser versetzt und das in quantitativer Ausbeute entstandene Isotetralin abgenutscht wird. 5 g Δ^2-Dihydronaphthalin, das als Zwischenprodukt angenommen werden muß, werden entsprechend durch 7 g Natrium schon in etwa $^1/_2$ Stunde reduziert.

Phenoläther (*B III*). In eine Lösung von 7 g 3-Methylanisol in 15 cm^3 Äthanol und 130 cm^3 flüssigem Ammoniak werden unter Rühren 7 g Natrium im Verlaufe von $^3/_4$ Stunden eingetragen, worauf vorsichtig mit Wasser zersetzt wird. (Leider fehlen Angaben über Temperatur und Ausbeute an 2,5 + 3,6-Dihydroprodukt.)

Methode 3

Kohlenwasserstoffe siehe den Vergleich von Methode 1 und 3 auf Seite 224.

Phenoläther (*79*). Zu 15 g Anisol in 50 cm^3 Äther und 200 cm^3 flüssigem Ammoniak wird unter Rühren 4,5 g Lithiumdraht gegeben, der sich mit blauer Farbe löst. Nach 10 Minuten werden im Verlaufe von etwa $^1/_2$ Stunde 35 g Äthanol gegeben, wonach aufgearbeitet wird. Die erhaltenen 12,8 g Reaktionsprodukt bestehen zu rund 80 % aus 2,5- und 20 % aus 2,3-Dihydroanisol; Demethylierung zu Phenol hat nur zu 2 % stattgefunden, weniger als bei Verwendung von Natrium. Die Ausbeute an Dihydroäther ist aber deswegen nicht erheblich geringer. Der Vorteil der Verwendung von Lithium gibt sich aber bei schwierig reduzierbaren Phenoläthern zu erkennen, so beim 4-Cyclohexylanisol: 85 % Ausbeute an Dihydroäther mit Lithium, 35 % mit Natrium. Methode 2 gibt mit Lithium mit 76 % eine nur etwas geringere Ausbeute, mit Natrium ist diese aber mit 5 %, während 95 % unangegriffen bleiben, minimal.

Vergleich der Methoden. Es ist keineswegs gleichgültig, in welcher Reihenfolge die reagierenden Stoffe zusammengegeben werden. Manchmal sind die Unterschiede ziemlich belanglos, gelegentlich aber doch recht beachtenswert. Solche sollen weiter unten (S. 230) besprochen werden. Was die Ausbeute an Dihydroprodukt angeht, so ist Methode 1 der Methode 3 überlegen. Bei Anwendung ungefähr gleicher Molverhältnisse die Ausbeuten an Dihydro-kohlenwasserstoff bei Methode 1 merklich größer ist, wie folgende Zahlen erkennen lassen (*H III*):

Molares Verhältnis		C_6H_6	: Na	: CH_3OH bei 350–400 cm^3 flüss. NH_3
Methode 1	a)	0,2	0,52	0,75
	b)	0,1	0,4	0,6
Methode 3	a)	0,5	0,87	1,0
	b)	0,55	1,0	1,3

Nach 1 wurden 73 % d.Th. Kohlenwasserstoff erhalten, nach 3 sogar 80 %. Sie enthielten nach refraktometrischer wie jodometrischer Bestimmung an Cyclohexadien-(1,4):

1a) 84 %; 1b) 88 % 3a u. b) 63,0–63,8 %

Zum Vergleich gab die Zersetzung der blauen Lösung von 0,5 Mol C_6H_6 1 Grammatom Na in flüssigem NH_3 durch 1 Mol NH_4Cl 5–6 % (vgl. *H III*, S. 342). Aus o-Xylol wurde ein Gehalt an Dihydro-o-xylol von 69 % nach Methode 1, von nur 20 % nach Methode 3 erreicht (*H XVIII*).

Aliphatische Kohlenwasserstoffe

Eine isolierte Doppelbindung wird nur reduziert, wenn sie endständig ist. So wird von den isomeren n-Hexenen nur das n-Hexen-(1) zu n-Hexan reduziert, und zwar bei Anwendung der stöchiometrischen Menge Natrium zu 41 % (*29*). Die Regel gilt auch für substituierte Olefine, an denen sie zuerst beobachtet worden ist (*43*), und zwar bei Dialkyl-allylaminen und bei N-allyl- und N-methylallyl-piperidin. Beim N-2-tert.-butylallyl-piperidin bleibt die Reduktion allerdings wegen sterischer Hinderung aus.

2-Cyclopropyl-penten-(1): $H_3C{-}CH_2{-}CH_2{-}C(C_3H_5){=}CH_2$

wird unter Intaktbleiben des zur Doppelbindung konjugierten Dreirings zum 2-Cyclopropylpentan reduziert, mit 2 Atomen Natrium zu 40 % (*29*). Im Methyl-cyclopropylketon, wo der Dreiring mit der Carbonylgruppe konjugiert ist, wird er gesprengt, und es entsteht das Methyl-n-propylketon, bzw. der entsprechende Alkohol (*76*).

Die endständige Doppelbindung verhält sich also bei der Birch-Reduktion umgekehrt wie eine endständige Dreifach-Bindung beim Verfahren von *Hückel-Bretschneider*.

Konjugierte Doppelbindungen in acyclischen wie cyclischen Di- und Polyenen werden sehr leicht reduziert, wobei 1,4- wie 1,2-Addition beobachtet wird. Wieweit die 1,2-Addition primär erfolgt, bleibt dahingestellt, weil die Reduktionsbedingungen die nachträgliche Verschiebung einer Doppelbindung nicht ausschließen. Nebenherlaufende Polymerisation ist nicht immer beachtet worden (*68*, S. 224).

Phenylierte Olefine vom Typus des Styrols, die auch nach *Hückel-Bretschneider* reduziert werden, erfahren primäre 1,2-Addition, die von Polymerisation begleitet sein kann. Zum aromatischen Kern nicht konjugierte Doppelbindungen werden auch nach *Birch* erst nach der Isomerisierung reduziert (*68*, S. 226).

Acetylenkohlenwasserstoffe werden nach *Birch* auch bei endständiger Dreifachbindung und als Acetylide zu Olefinen reduziert. Meistens ist dabei als Birch-Reagens Ammoniumsulfat in flüssigem Ammoniak ungeachtet der geringen Löslichkeit des ersteren benutzt worden (*33*).

Wenn ohne Zusatz von Ammoniumsulfat oder ohne Alkohol gelegentlich die Reduktion einer endständigen Dreifachbindung geglückt ist (*49*, *16*), so hat dabei das Ammoniak selber als Protonenspender fungiert, weil nicht bei tieferer Temperatur, sondern nahe dem Siedepunkt des Ammoniaks gearbeitet worden ist, wo Amidbildung einsetzt. Mithin haben dann die Bedingungen einer Birch-Reduktion, gleichzeitige Anwesenheit von Elektronen- und Protonenspender, geherrscht (S. 206).

Phenylierte Acetylene werden zu phenylierten Olefinen reduziert. Bei Konjugation des Benzolkerns zur dreifachen Bindung geht die Reduktion auch noch weiter bis zum Phenylalkan.

Auf die Stereospezifität der trans-Addition des Wasserstoffs hat eine Änderung der Bedingungen der Reduktion in flüssigem Ammoniak keinen Einfluß.

Aus Acetylen-d_2 und Propin-d_1 ist bei der Behandlung mit Na/NH_3 und Mg/NH_3 bei –35 °C – letztlich also auch unter der Bedingung einer Birch-Reduktion wegen der relativ hohen Temperatur (s. oben) – ausschließlich das Isomere mit trans-Stellung von Deuterium und Wasserstoff erhalten worden *(62)*.

Aromatische Kohlenwasserstoffe

Stets wird eine 1,4-Addition von Wasserstoff beobachtet. Die Dihydrokohlenwasserstoffe werden nicht oder kaum weiter hydriert. An monocyclischen Benzolkohlenwasserstoffen wurden reduziert:

	Lit.	Dihydro	= Cyclohexadien
Benzol	*(78)*	→ -(1,4)	-(1,4)*
Toluol	*(H XII)*	→ -(2,5)	1-Methyl-(1,4)*
Äthylbenzol	*(45)*	→ -(2,5)	1-Äthyl-(1,4)
Isopropylbenzol	*(H XII)*	→ -(2,5)	1-Isopropyl-(1,4)*
tert.-Butylbenzol	*(45)*	→ -(2,5)	1-tert.-Butyl-(1,4)
o-Xylol	*(H III; 45)*	→ -(3,6)* + wenig -(1,4)	1,2-Dimethyl-(1,4)* + -(2,5)
m-Xylol	*(45)*	→ -(2,5) + wenig -(1,4)	1,3-Dimethyl-(3,5) + -(2,5)
p-Xylol	*(45)*	→ -(2,5)	1,4-Dimethyl-(2,5)
Mesitylen	*(H VII; 45)*	→ -(1,4) = -(2,5)	1,3,5-Trimethyl-(2,5) = -(1,4)*
Durol	*(H XIII)*	→ -(3,6)	1,2,4,5-Tetramethyl-(1,4)*
p-Cymol	*(B I)*	→ -(2,5)	1-Methyl-4-Isopropyl-(1,4) = γ-Terpinen

* Mit Na einziges Reduktionsprodukt *(H III, H XVIII)*.

Die durch ein Sternchen gekennzeichneten Diene sind praktisch rein erhalten worden, entweder durch oftmalige Wiederholung der Methode 1 oder durch Reinigung über Tetra- bzw. Dibromid; Dihydrodurol durch Kristallisation.

In Arbeit *(45)* ist die Reduktion mit Lithium nach Methode 3 ausgeführt.

Mit zunehmender Alkylierung nimmt die Geschwindigkeit ab, was schon durch die nachlassende Heftigkeit der Reaktion auffällt. Halbquantitativ ist dies durch gemeinsame Reduktion äquivalenter Mengen eines

Kohlenwasserstoffpaares festgestellt worden (*H XII*). Exakte kinetische Vergleiche liegen für Reduktionen mit Lithium und Äthanol vor (*45*).

An aromatischen Kohlenwasserstoffen mit ringgeschlossener gesättigter und ungesättigter Seitenkette sind reduziert worden:

Indan → 4,7-Dihydroindan (*27, 45*)

1,2,3,4-Tetrahydronaphthalin → 1,2,3,4,5,8-Hexahydronaphthalin (*H VII*)

Δ^2-Dihydronaphthalin → Isotetralin (*H IV*)

2-Methyl-Δ^2-dihydronaphthalin → 2-Methylisotetralin (*H XIII*)

Sie sind teils durch Destillation, teils durch Kristallisation, teils durch Derivate von den Resten der aromatischen Stammsubstanz befreit worden.

Δ^2-Dihydronaphthalin und sein 2-Methyl-Derivat werden sehr viel rascher zu Isotetralinen (so sollen die Tetraline mit symmetrischer Lage der Doppelbindungen in 2,3; 6,7 und 9,10 kurz von den übrigen Tetralinen unterschieden werden) reduziert als ihre aromatischen Stammsubstanzen mit Naphthalin-Kern.

Bei diesen zeigt sich in den Reduktionsprodukten der ersten Stufe ein geringfügiger Unterschied gegenüber den beim Verfahren nach *Hückel-Bretschneider* erhaltenen. Während dieses beim Naphthalin und 2-Methylnaphthalin reinen Δ^2-, beim 1-Methylnaphthalin reinen Δ^6-Dihydrokohlenwasserstoff liefert, ist beim Birch-Verfahren beim Naphthalin etwas Δ^1-, beim 2-Methylnaphthalin etwas Δ^6- und Δ^7-, beim 1-Methylnaphthalin etwas Δ^5- und Δ^7-Isomeres beigemengt. Beim 2-Methylnaphthalin wird also in geringem Umfange der unsubstituierte Kern angegriffen, was beim Hückel-Bretschneider-Verfahren nicht, wohl aber bei der Reduktion mit Natrium und Alkohol der Fall ist; diese läuft also mit eigenem Primärakt bei der Birch-Reaktion neben der 1,4-Addition im methylierten Kern nebenher. Die anderen erwähnten Fälle erklären sich dagegen leicht durch eine isomerisierende Wirkung des bei der Birch-Reduktion gebildeten Alkoholats.

A n t h r a c e n gibt in der ersten Reduktionsstufe wie bei allen anderen Reduktionsverfahren 9,10-Dihydroanthracen. Das Birch-Verfahren reduziert alsbald weiter zu dem symmetrisch gebauten 1,4,5,8,9,10-Hexahydroanthracen, gewissermaßen ein zweifaches Isotetralin:

(*7, 65*).

P y r e n (*59*) zeigt bei verschiedenen Varianten des Birch-Verfahrens keinen übersichtlichen Reaktionsverlauf. Nur nach Methode 1 wurde etwas Hexahydropyren und ein kristalliner, grüner Kohlenwasserstoff unbekannter Konstitution neben nicht entwirrbaren Reduktionsprodukten gefunden.

Phenoläther

Der alkoxyltragende Kohlenstoff, als der Ort höchster Elektronendichte im Ring, versagt sich dem Angriff des Reduktionsmittels, das am Nachbarn und dem diesem gegenüberliegenden Atom angreift. Von den zwei nicht konjugierten Doppelbindungen, die so entstehen, legt sich eine zum Alkoxyl herüber, so daß der Enoläther eines β,γ-ungesättigten Ketons entsteht.

Sind infolge Anwesenheit von Alkylsubstituenten am Ring zwei Enolformen möglich, so wird diejenige bevorzugt, bei welcher das hydrierte Atom am wenigsten alkyliert ist. Dies entspricht der Regel, die für die Reduktion alkylierter Naphthaline nach *Hückel-Bretschneider* gilt, wonach diese normalerweise nur freie α-Stellungen erfaßt.

Als Beispiel sei die Birch-Reduktion des 2-Methylanisols (o-Kresolmethyläthers) gegeben. Sie liefert mehr die 3,6- als die 2,5-Dihydroverbindung (*B I*, vgl. S. 223).

Eine sichere theoretische Begründung hierfür läßt sich noch nicht geben (*10*, S. 152).

Beim 5-Methoxytetralin geht die Bevorzugung der Doppelbindungslage α, β vor der vom Methoxyl zur Ringverknüpfung hin so weit, daß praktisch nur das $\Delta^{5,6;8,9}$-Methoxyhexalin (A) entsteht.

(A) 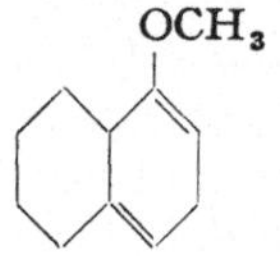 OCH_3 (*B I, 79*) (B) 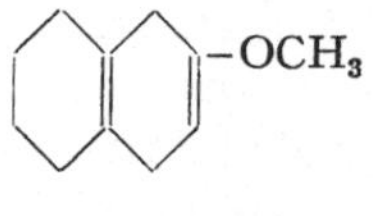 $-OCH_3$

Die größere Schwierigkeit der Reduktion des 5-Methoxy- gegenüber dem 6-Methoxytetralin mit zwei „freien“ benachbarten Kohlenstoffatomen ist bemerkenswert. Obwohl auch dieses zwei isomere Enoläther liefern könnte, ist nur der thermodynamisch stabilere mit der ditertiären Doppelbindung $\Delta^{6,7;9,10}$ (B) gefaßt worden.

Die präparative Bedeutung der ungesättigten Enoläther liegt in ihrer Hydrolysierbarkeit (*12*, S. 29) zu ungesättigten Ketonen durch Säuren, die zu Synthesen entweder als solche oder nach erfolgter Weiterhydrierung verwendet werden können. Unter milden Bedingungen werden daher β,γ-ungesättigte Ketone erhalten, die sich aber fast stets teilweise, mit stärkeren Säuren praktisch quantitativ in die thermodynamisch stabileren α,β-ungesättigten Ketone umlagern. Ganz rein erhält man die β,γ-Form nur aus den p-Alkylanisolen. Diese ist zwar auch in die α,β-Form umzulagern, aber diese Isomerisierung ist nur unvollständig.

Die an den Phenoläthern gemachten Erfahrungen lassen sich weitgehend auf die Reduktion von Alkyl- und Dialkylanilinen übertragen.

Neben den für die Synthesen wichtigen Hauptprodukten ist außer der Ausbeute an diesen auch die Kenntnis der Nebenprodukte nicht unwichtig. Die am meisten störende Reaktion ist die Spaltung der Phenoläther und der ihnen analogen Verbindungen (S. 210). Sie kann zwischen Sauerstoff und Alkyl wie zwischen Sauerstoff und Aryl eintreten. Abspaltung des Alkyls führt zum Phenol, das reduziert wird, gewöhnlich zum gesättigten Keton, die Abspaltung von Alkoxyl zum Kohlenwasserstoff. So erklärt sich die Entstehung von Δ^1-Methylcyclohexen aus 3-Methylanisol neben 2,5-Dihydroanisol (S. 209). Besonders ist mit einer solchen Abspaltung von Alkoxyl bei den mehrfach methoxylierten aromatischen Ringen zu rechnen. Sie kann entweder primär am Phenoläther wie auch an dem bei der Reduktion entstehenden Enoläther geschehen.

Eine präparative Bedeutung hat die Spaltung von Phenoläthern bei der Konstitutionsaufklärung von Alkaloiden (*12*, S. 31f.).

Reduktionen mit Lithium und Alkylaminen

Der Kreis der durch Alkalimetall reduzierbaren Verbindungen wird über den von der Birch-Reduktion erfaßten hinaus noch erheblich bei Verwendung von Lithium als Metall und einem aliphatischen Amin oder Diamin als Lösungsmittel (*63*) erweitert. Die Möglichkeit des Arbeitens bei höherer Temperatur begünstigt dabei Sekundärreaktionen als Folge der Bildung eines Lithiumalkylamids, wodurch Weiterreduktionen ermöglicht werden. Die Ergebnisse der Reduktion von einigen Kohlenwasserstoffen mögen als Beispiele genügen (*4*, *6*):

Benzol gibt Cyclohexen und Cyclohexan im Verhältnis 3:1.

Diphenyl gibt zu $^2/_3$ Δ^1-Cyclohexylcyclohexen.

Naphthalin und Tetralin geben zur Hälfte, bzw. zu $^2/_3$ $\Delta^{9,10}$-Oktalin, das von etwa 2% $\Delta^{1,9}$- und einer Spur Dekalin begleitet ist.

Der Angriff auf di- und trialkylierte Doppelbindungen, die in Einfachbindungen übergehen, ist gegenüber der Birch-Reduktion neuartig. Er tritt aber erst beim Siedepunkt des Alkylamins ein, nicht bei –78 °C; so gibt Cyclohexen in Äthylamin bei +17 °C mit der äquivalenten Menge Lithium rund 50% Cyclohexan, während es bei –78 °C unangegriffen bleibt. n-Octin-(3) wird entsprechend bei –78 °C nur zu trans-Octen-(3), bei +17 °C aber zu n-Octan reduziert.

Für die Weiterreduktion eines aromatischen Systems bis zum Cycloolefin ist die Bildung von Lithiumalkylamid verantwortlich zu machen. Dies geht aus Beobachtungen über die elektrochemische Reduktion von tert.-Butylbenzol und anderen aromatischen Kohlenwasserstoffen in

Methylamin in Anwesenheit von Lithiumsalzen bei verschiedenem Bau der Elektrolysierzelle hervor. Schließt dieser die Bildung von Lithiummethylamid aus, so entsteht praktisch nur 2,5-Dihydro-tert.butylbenzol; gestattet sie dessen Bildung oder wird Amid hinzugefügt, geht die Reduktion weiter bis zum tert.-Butylcyclohexen; reines 2,5-Dihydro-tert.-butylbenzol gibt davon rund 60% Δ^1, 13% Δ^2 und 3% Δ^3 nebst 3% Dehydrierung zu tert.-Butylbenzol; tert.-Butylcyclohexan entsteht nicht (*5*).

Die geringe Selektivität vieler mit Lithium und Alkylaminen ausgeführten Reduktionen (*12*, S. 21), eine Folge der verschiedenen Sekundär- und Nebenreaktionen, läßt sich durch geschickte Wahl von Mischungen primärer und sekundärer Amine einschränken (*3*).

Auf das System Lithium/Alkylamin hat man auch das Birch-Verfahren übertragen, indem man Alkohol hinzugefügt hat (*1a*, *45a*).

Vergleiche der drei Birch-Methoden

Die drei Methoden unterscheiden sich charakteristisch durch die Reihenfolge des Zusammengebens der an der Reaktion beteiligten Stoffe. Weil im allgemeinen die präparativ gewünschten Hauptprodukte dieselben sind, haben erst die Nebenprodukte die Aufmerksamkeit auf die Bedeutung der Reihenfolge gelenkt.

Systematisch ist der Fall des o-Xylols untersucht. Nach Methode 1 wird mit Natrium einheitlich 3,6-Dihydro-o-Xylol gebildet (*H III*), was später auch gaschromatographisch bestätigt worden ist (*H XVIII*). Nach Methode 3 dagegen erhält man mit Natrium (*H XVIII*) wie mit Lithium (*45*) daneben noch untergeordnet 1,4-Dihydro-o-xylol und 1,2-Dimethylcyclohexen-(2); Methode 2 liefert die gleichen Produkte:

CH_3 CH_3 H_2 H_2 — H CH_3 H_2 — H CH_3 CH_3 H_2 H_2 H_2 H

3,6-Dihydro- 1,4-Dihydro- Tetrahydro-o-xylol

Ebenso findet man sie, wenn man bei Methode 1 statt Natrium Lithium verwendet (*H XVIII*). Methode wie Metall können also die Nebenprodukte bestimmen. Eine sichere Deutung läßt sich dafür bisher nicht geben.

Leichter verständlich ist dagegen das unterschiedliche Ergebnis der Methoden 1 und 2 bei der Reduktion von Isochinolin (*H XVIII*). Durch Zugabe von dessen Lösung in Methanol wird die blaue Lösung von Natrium in flüssigem Ammoniak bei –70 °C ungefähr $1^1/_4$mal so rasch entfärbt wie durch die gleiche Menge Methanol allein; mit Äthanol als Protonenspender ist der Unterschied in der Dauer der Entfärbung wesentlich größer, mit Isochinolin geht die Entfärbung etwa 4 mal ro rasch wie ohne. Aber auch bei Anwendung des Sechsfachen der stöchiometrischen Menge Natrium erweist sich das Isochinolin als kaum verändert (H *IV*); Gaschromatographie zeigt etwa 5 % Tetrahydroisochinolin in Methanol, 16 % in Äthanol an. Methode 2 liefert dagegen mit etwas mehr als der stöchiometrischen Menge — 4,5 Atome — glatt Tetrahydroisochinolin (*10*). Hier findet nämlich die Reduktion an der Metalloberfläche statt wie bei der lange bekannten Reduktion mit Natrium und Alkohol. Weil Methode 2 in heterogenem System arbeitet, 1 und 3 dagegen ein homogenes System verwenden, sind solche Unterschiede, die sich manchmal ergeben, nicht überraschend.

Die unterschiedlichen Angaben über Dibenzothiophen (*H IX, 10*) sind ebenfalls auf unterschiedliche Methodik zurückzuführen (*H XVIII*): Birch 1 greift nicht an; Birch 2 spaltet den schwefelhaltigen Ring (analog wie beim Thionaphthen Hückel-Bretschneider); Hückel-Bretschneider gibt 1,4-Dihydrobenzothiophen, Natrium und Alkohol gleichfalls.

VI. Analytisches

Die Gaschromatographie hat zunächst zur Feststellung der Zahl der im Reaktionsprodukt enthaltenen Verbindungen und dann, nach deren Trennung, zur Prüfung auf Einheitlichkeit zu dienen.

Die Strukturen werden wie folgt ermittelt:

Lage der Doppelbindungen, ob konjugiert oder nicht konjugiert, ist oft schon an der Exaltation der Molrefraktion des konjugierten Systems zu erkennen. Diese kann allerdings durch Substituenten „gestört“ sein, wobei eine Störung durch Alkyl auf eine Verkleinerung, durch Alkoxyl auf eine Vergrößerung des Exaltationswertes hinwirkt (*1*). Die nur bei Konjugation vorhandene UV-Absorption von Kohlenwasserstoffen liegt für monocyclische Diene im Gebiet von 270 mμ, das ist höher als bei acyclischen mit λ_{max} um 220 mμ. Konjugation zu einem aromatischen Kern ist nur aus dem wesentlich höheren Extinktionskoeffizienten, log ε etwa 3 bis 4, gegenüber dem unkonjugierten mit log ε etwa 2 bis 2,5, zu entnehmen, da ein solches im gleichen Spektralbereich, manchmal mit einem doppelten Maximum, absorbiert. Beispiel: Δ^1-Dihydronaphthalin λ_{max} 259 mμ, ε = 9449; Δ^2 λ_{max} 266,5 mμ, ε = 559; 273 mμ, ε = 605 (*58, 36*).

Für die in (*36*) als Spektren von 1,2-Dimethyl- und 1,2,4-Trimethyl-Δ^1-dihydronaphthalin (Abb. 2) bezeichneten Kurven ist die Stellung der Methylgruppen in 1,4- bzw. 1,4,5- zu korrigieren (*H XVI, H XIV*); außerdem ist die Einheitlichkeit der Präparate fraglich.

Die Absorption einer Δ^2- oder Δ^6-Dihydroverbindung ist nach Lage und Intensität der der aromatischen Stammsubstanz recht ähnlich.

Ein konjugiertes System hebt sich in der Geschwindigkeit der Oxydation durch Persäure deutlich von dem isomeren nichtkonjugierten mit einer um rund eine Zehnerpotenz größeren Konstanten ab. In ungefähr gleichem Maße wird sie durch eine Alkylierung der Doppelbindung gesteigert. Beide Faktoren zusammen erhöhen sie auf das rund Hundertfache, z.B.:

R.G.-Konstanten der Oxydation durch Benzopersäure in Toluol bei $-10\,^{\circ}C$ (*H XVI, XVII*) (Mol/sec).

Δ^2-Dihydronaphthalin $0{,}14 \cdot 10^{-3}$; $\Delta^1 = 1{,}6 \cdot 10^{-3}$; 2-Methyl-$\Delta^2$-dihydronaphthalin $2{,}16 \cdot 10^{-3}$; 1-Methyl-Δ^1- $= 21{,}4 \cdot 10^{-3}$.

Δ^2- und Δ^6-Kohlenwasserstoffe werden durch Alkoholat oder Amid teilweise oder ganz in die konjugierten Isomeren Δ^1 bzw. Δ^3 und Δ^5 bzw. Δ^7 umgelagert.

Die Stellung der Methylgruppen wird durch Dehydrierung zum aromatischen System, die mit Palladiumasbest, Chinon oder Chloranil bewirkt werden kann, ermittelt. Dabei kann Unvollständigkeit oder Disproportionierung die Reindarstellung des aromatischen Kohlenwasserstoffs erschweren. In seltenen Fällen muß auch mit der Abspaltung einer Alkylgruppe gerechnet werden (*19*).

Das IR-Spektrum ist nur in Sonderfällen zur Ermittlung der Konstitution geeignet. Innerhalb einer engen Verbindungsklasse, so bei Naphthalinen und Hydronaphthalinen, gefundene Gesetzmäßigkeiten (*35*) dürfen auch innerhalb dieser nur mit Vorsicht zur Ableitung einer Strukturformel benutzt werden. Lediglich zur Charakterisierung ist natürlich das IR-Spektrum heranzuziehen.

Die Gewinnung eines reinen Kohlenwasserstoffs ist durch Fraktionierung nur in Ausnahmefällen zu erreichen. Kristallisation kommt nur selten in Betracht. Meist ist man auf eine Reinigung über kristallisierende Derivate angewiesen: Di- oder Tetrabromide mit Regenerierung durch Zink oder Magnesium; Quecksilberacetat-Additionsverbindung und deren Zerlegung durch Salzsäure. Aus konjugierten Systemen bilden sich solche nicht. Kristallisation der Quecksilberacetatverbindung tritt in der Regel nur bei nicht alkylierten isolierten Doppelbindungen ein, aber auch dann nicht immer. Außer der Bildung der Additionsverbindung ist unter Umständen mit Oxydation oder Dehydrierung zu rechnen. — Ältere Angaben über durch Reduktion mit Natrium und flüssigem Ammoniak gewonnene Kohlenwasserstoffe ist mit Vorsicht zu begegnen, sofern diese nicht einer besonderen Reinigung unterworfen wurden.

Bei den reduzierten Phenoläthern ist bisher eine Reinigung nur durch Fraktionierung möglich; eine Reinheitsprüfung durch Gaschromatographie und UV-Absorption hat zu folgen. Sie erübrigt sich bei präparativen Arbeiten häufig. Auch bei Uneinheitlichkeit kann aus einem Enoläther-Gemisch nämlich durch Hydrolyse ein einheitliches Keton hervorgehen, wenn dieses isomere Enoläther zu bilden vermag. Bei der sauren Hydrolyse eines Enoläthers ist darauf zu achten, daß Verschiebungen der Doppelbindung möglich sind. Sollen sie vermieden werden, so ist die Lösung möglichst schwach sauer zu halten; ist sie präparativ erwünscht, so nimmt man die Isomerisierung zum α,β-ungesättigten Keton in stärker saurer Lösung vor.

Kinetik der Birch-Reduktion

Kinetische Messungen sind für die Umsetzung von Benzolkohlenwasserstoffen nach der Methode 3 mit Lithium und Entfärbung der blauen Lösung durch Äthanol von *A. P. Krapcho* und *A. A. Bothner-By* durchgeführt (*45*). Allgemein verläuft sie nach 3. Ordnung:

$$\frac{d[ArH]}{dt} = k[ArH] \cdot [Li] \cdot [C_2H_5OH] \quad (45).$$

Bei den Geschwindigkeitsmessungen wurde die Reduktion des Kohlenwasserstoffs durch Zusatz von Natriumbenzoat gestoppt, indem dieses nach *Birch* mehr als 200mal so rasch reagiert. Die Reaktionsprodukte wurden analysiert (meist gaschromatographisch).

Auf dieser Grundlage hat sich für alle alkylierten Benzole eine geringere Geschwindigkeit ergeben als für Benzol selbst; setzt man diese = 1, so wird für die monoalkylierten Benzole:

Alkyl	CH_3	C_2H_5	n-C_4H_9	i-C_3H_7	$C(CH_3)_3$
k =	0,65	0,25	0,21	0,10	0,05

und für mehrfach alkylierte:

$2CH_3$	p-	m-	o-	Tetralin	Indan	s-$3CH_3$	p-$2C(CH_3)_3$
	0,30	0,28	0,05	0,38	0,94	0,01	<0,005

Auffallend ist die Geschwindigkeit des Tetralins, welche die des strukturanalogen Xylols um das 8-fache übertrifft; es dürfte ein sterischer Effekt infolge der Aufhebung der Rotation der CH_3-Gruppe infolge des Ringschlusses vorliegen, ebenso beim Indan. Beim Mesitylen und p-tert.-Butylbenzol ist der hindernde sterische Effekt offensichtlich.

Der unverkennbare Einfluß der Größe des Alkyls folgt im gleichen Sinne aus den Beobachtungen von *Hückel, Graf* und *Münkner* (*H XII*), die in anderer Versuchsanordnung Gemische der Kohlenwasserstoffe, gelöst in Äthanol, nach Methode 1 zur Lösung von Natrium in flüssigem Ammoniak gegeben haben. Die Hemmung durch o-ständige Alkyle machte sich in der besonderen Schwierigkeit der Reduktion von 1,2,4,5-Durol bemerkbar (*H XIII*, S. 100).

Andere Substituenten als Alkyl ordnen sich in der Weise ein, daß Amino- und alkylierte Aminogruppe hemmend, alkyliertes Hydroxyl und vor allem Carboxyl beschleunigend wirken:

Substituent	NH_2	$N(CH_3)_2$	OCH_3	COONa
k	0,10	0,30	3,28	>200

Die verhältnismäßige Geschwindigkeit einer geringfügigen Weiterreduktion läßt eine Beziehung zur Größe wie zur Stellung des Alkyls erkennen. Sie nimmt mit der Größe zu und in der Reihe p → m → o-Xylol ab; sie beträgt nur wenige Prozente; beim Benzol, wo sie am geringsten ist, bleibt sie unter 1%.

Die Alkalimetalle reagieren im ungefähren Verhältnis K:Na:Li ~1:4:300. Entsprechend beschleunigt ein Zusatz von 2 Mol LiBr zur Natriumlösung die Reaktion auf mehr als das 60-fache, während NaBr nichts ändert; umgekehrt wird die Geschwindigkeit einer Lithium-Reduktion durch NaBr oder NaCl nur unbeträchtlich beeinflußt.

Für die Lithium-Äthanol-Reduktion von Benzol hat sich bei einer Konstante $k_{-34^\circ} = 1{,}4\ \text{Mol}\cdot\text{sec}^{-1}$ eine Aktivierungsenergie von 2,7 kcal/Mol für den Temperaturbereich von –34 °C bis –76 °C berechnen lassen. Für tert.-Butanol als Protonenlieferanten ist sie bei $k_{-34} = 0{,}1$ mit 4,4 kcal/Mol wesentlich höher als Folge der sterischen Behinderung der Protonenquelle.

Die Menge des reduzierten im Verhältnis zum nicht reduzierten Kohlenwasserstoff ändert sich bei Variation des Alkohols nur unwesentlich, nimmt jedoch mit zunehmender Acidität der Protonenquelle in der Reihe Alkohol → Wasser → Ammoniumchlorid ab. Entsprechend werden die Lösungen der Alkalimetalle in flüssigem Ammoniak zunehmend rascher zersetzt.

Die Ergebnisse von *Krapcho* und *Bothner-By* sind bestritten worden (*41a, 22a*). Die Reaktion soll nach 4. Ordnung entsprechend der Gleichung

$$\frac{d\,[C_6H_6]}{dt} = k\cdot[C_6H_6]\cdot[C_2H_5OH]\cdot[Li]^2 \text{ verlaufen.}$$

Das Mengenverhältnis der reagierenden Stoffe soll sich während der Reaktion verschieben. Ferner soll, wie am Beispiel der Reduktion von α-Naphthol gefunden wurde, Sauerstoff sowohl die Reduktion wie die Nebenreaktion der Wasserstoffentwicklung beschleunigen, Alkoholation nur letztere hemmen, nicht aber die Reduktion (*22b*). Auch die von

Krapcho und *Bothner-By* angenommene Stufenfolge des Reaktionsgeschehens (S. 236—237) wird zum Teil bezweifelt und anders formuliert (*41 a*). Das letzte Wort ist hier aber noch nicht gesprochen.

VII. Theorien

1. Theorie der Reduktion nach *Hückel-Bretschneider*

Kohlenwasserstoffe, die sich durch Alkali- oder Erdalkalimetall allein in flüssigem Ammoniak bei –70 °C reduzieren lassen wie die polycyclischen aromatischen Kohlenwasserstoffe und die Acetylene, besitzen eine so große Elektronenaffinität, daß sie nach Aufnahme des ersten Elektrons, das ein radikalisches Anion entstehen läßt, sofort ein zweites aufnehmen. Eine stufenweise Reduktion wird daher gewöhnlich nicht wahrgenommen. Gelegentlich – beim Naphthalin (*H I*) und Fluoren (*H VI*) – beobachtete Grünfärbung zu Beginn der Reaktion könnte dem Monoanion zugeschrieben werden, falls nicht eine Mischfarbe mit dem Blau der Metallösung und dem orangen Dianion vorliegt. Eine grüne Farbe mit einem Absorptionsmaximum bei 675 mμ ist nämlich dem Monoanion eigen, das, durch Spinresonanz nachgewiesen (*61 a, 75*), in Glykoldimethyläther und Tetrahydrofuran entsteht. In diesen Lösungsmitteln wird kein weiteres Elektron aufgenommen. Die Behauptung, daß Phenanthren und Anthracen darin in Spuren auch Dianion bilden, kann nicht als gesichert gelten, denn darauf ist nur indirekt aus der Menge nicht umgesetzten Metalls geschlossen worden, die nur ganz wenig geringer gefunden wurde, als dem Verbrauch nur eines Atoms entsprochen hätte (*17a*). Weshalb in Äthern die Aufnahme eines zweiten Elektrons unterbleibt, ist nicht ganz klar; die Stabilisierung des Mono-Anions oder eines aus diesem und Metallkation bestehenden Ionenpaares durch Solvatation spielt dabei zweifellos eine Rolle (vgl. z.B. *41*). Jedenfalls vollzieht sich in flüssigem Ammoniak ein solcher stabilisierender Solvatationsvorgang für die Monoanionen der nach *Hückel-Bretschneider* reduzierbaren Kohlenwasserstoffe nicht. Erst die Dianionen, bzw. die ihnen entsprechenden metallorganischen Verbindungen, die im wesentlichen heteropolar sind, sind durch Ammoniak stabilisierend solvatisiert. Ihre Bildung gibt sich durch intensive, meist orange, rote oder braune bis fast schwarze Farbe zu erkennen. Die negativen Ladungen sind in ihnen in 1,4-Stellungen lokalisiert, wie in vielen Fällen aus der Einheitlichkeit der Hydrolyse- oder Methylierungsprodukte gefolgert werden kann. Die starke Konzentration der negativen Ladungen an bestimmten Stellen kann bei Gegenwart aktiver Wasserstoffatome innermolekulare Protonenwanderungen zur Folge haben.

1,2-Dianionen, wegen der Nähe der sich abstoßenden negativen Ladungen wesentlich ungünstiger gestellt, kommen seltener vor; sie müssen bei der Reduktion von Acetylenen durchweg angenommen werden. Beobachtete 1,2-Additionen an konjugierte Systeme dürften aber nur in Ausnahmefällen, wie z. B. beim Δ^1-Dihydronaphthalin, auf sie zurückgehen, vielmehr fast durchweg durch eine sekundäre Umlagerung zustande kommen.

Der gleiche Mechanismus der Reduktion von direkt durch Alkali- oder Erdalkalimetallen reduzierbaren Kohlenwasserstoffe hat auch bei deren Reduktion nach *Birch* statt. Ob daneben noch deren besonderer Mechanismus, wie er sich bei monocyclischen aromatischen Kohlenwasserstoffen abspielt, gelegentlich als Konkurrenzreaktion zur Geltung kommen kann, darüber ist nichts bekannt.

Die schrittweise Aufnahme von 2 Elektronen, mag sie, wie hier oder wie unten bei der Birch-Reduktion geschildert, erfolgen, entspricht der allgemein herrschenden Vorstellung (*32a*, *69a*).

2. Theorie der Birch-Reduktion

Am weitesten ins einzelne zergliedert haben die Vorgänge bei der Birch-Reduktion *A. P. Krapcho* und *A. A. Bothner-By* (*45*). Da im Endeffekt zwei Wasserstoffatome addiert erscheinen, diese aber sicher nicht gleichzeitig in das Molekül eintreten, ist ein die Reaktionsgeschwindigkeit bestimmender Schritt, der das Molekül zu raschem Weiterreagieren fähig macht, als solcher von den Folgereaktionen abzugrenzen.

Um den Gedankengang klar hervortreten zu lassen, seien zunächst die einzelnen Schritte skizziert. Als Modell seien als Reaktionspartner Natrium, Benzol und Methanol gewählt; das die Solvathülle bildende Ammoniak sei mit (s) angedeutet.

Vorgeschaltete Gleichgewichte:

Schritt 1 $\quad Na + NH_3 \rightleftarrows Na^+(s) \ldots e^-(s)$

Schritt 2 $\quad Na^+(s) \ldots e^-(s) + C_6H_6 \rightleftarrows Na(s) \ldots [C_6H_6^{\bullet}]^{\ominus}(s)$

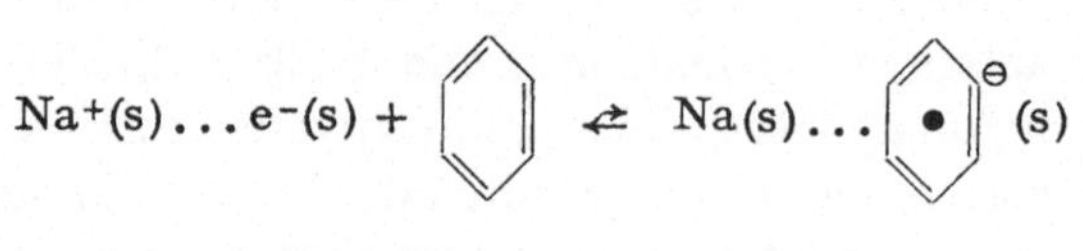

Geschwindigkeitsbestimmender Schritt:

Schritt 3 $\quad Na^+(s) + [C_6H_6^{\bullet}]^{\ominus}(s) + CH_3OH \rightarrow C_6H_7^{\bullet}(s) + Na^+(s) + CH_3O^-(s)$*

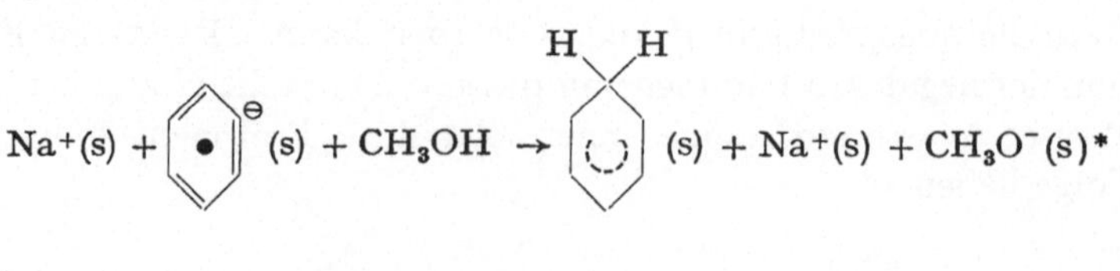

Folgereaktionen:

Schritt 4 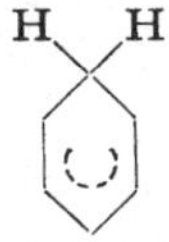 (s) + Na^+(s) ...e^-(s) → Na^+(s) ... $^{\ominus}$ (s)

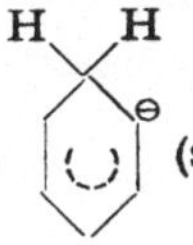

Schritt 5a Na^+(s) 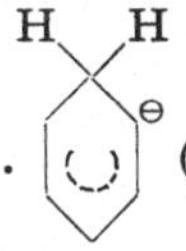 ... $^{\ominus}$ (s) + CH_3OH → 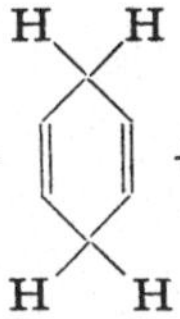 + Na^+(s) + CH_3O^-(s)*

1,4-Addition
und Schritt 5b
1,2-Addition
als Konkurrenz

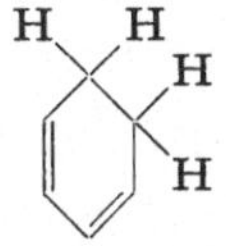

+ Na^+(s) + CH_3O^-(s)*.

* Die Autoren schreiben hier CH_3ONa(s); das Alkoholat ist aber in der verdünnten Lösung sicher praktisch vollständig dissoziiert. Für das Wesentliche der Vorgänge ist dieser Unterschied der Schreibweise belanglos.

Das erste vorgeschaltete Gleichgewicht schafft ein solvatisiertes Elektron, das nach Art eines Ionenpaares locker mit dem Metallkation verbunden bleibt. Dieses Bild entspricht dem induzierten Zustand mit durch Einzelelektronen besetzten Lücken nach *Bingel* (S. 200).

Das zweite vorgeschaltete Gleichgewicht besteht in der Bildung eines aromatischen Anions von Radikalcharakter, $[C_6H_6{}^{\times}]^-$, das ebenfalls nicht frei auftritt, sondern mit dem solvatisierten Natriumion zusammen als Ionenpaar; seine Konzentration im Gleichgewicht ist stets sehr gering.

Schritt 3 läßt in praktisch irreversibler Reaktion das elektroneutrale Radikal $C_6H_7{}^{\times}$, Monohydrobenzol, entstehen. (Die Kreuzchen bedeuten ein unpaares Elektron.)

Bei Schritt 2 und 3 treten für substituierte Benzole Positionsfragen auf, bei 2 die Elektronendichte an den Ringatomen betreffend, bei 3 damit im engsten Zusammenhang den Ort der Fixierung des Protons.

Schritt 4 und 5, beide infolge geringer Aktivierungsenergie rasch verlaufend, sind nach den Formeln ohne weiteres verständlich. Die erst in einer Sekundärreaktion stattfindende Bildung eines konjugierten Systems (S. 236, 239) bei 5, mit der man rechnen muß, ist oben nicht formuliert.

Zu den einzelnen Schritten ist noch folgendes zu bemerken. Der in dem Begriff eines solvatisierten Elektrons steckenden Problematik sind sich *Krapcho* und *Bothner-By* bewußt. Sie weisen deswegen auf die magnetische Kernresonanz hin, die *M. M. McConnell* und *C. H. Holm* an konzentrierten Lösungen gemessen haben (*54*): „*The electrons are weakly bonded states with the solvated cation, analogous to expanded s-orbitals*“ (im

Sinne der von ihnen nicht genannten „expanded metal theory" vgl. S. 202), und bemerken weiter: „*In dilute solutions more complete dissociation may occur*". Dieser Zusatz erscheint erforderlich, weil die Bildung eines „Ionenpaares" mit einem Elektron als Partner nicht mehr durch Linienaufspaltung infolge Wechselwirkung nachweisbar ist, wenn die Molarität der Natriumlösung 0,1 unterschreitet. (Für Lithium, wo keine Kernresonanzmessungen vorliegen, muß dieser Effekt noch bei etwas geringeren Konzentrationen erkennbar sein.) Die gewöhnlich benutzten Lösungen liegen also hart an der Grenze, von der an abwärts praktisch nur noch Paare von Elektronen mit entgegengesetztem Spin vorhanden sind. Vollständige Dissoziation dieser Paare findet man aber erst bei extremer Verdünnung vor, wie sie für Reaktionen nie in Betracht kommen.

Der Stufe 1 ist also eine weitere, die Bildung solvatisierter Einzelelektronen vorgeschaltet:

$$Na^{+}(s) \ldots 2 \uparrow\downarrow (s) + Na^{+}(s) \rightleftarrows 2 Na^{+}(s) \ldots 2 e^{-}(s).$$

Zum Schritt 2 wird als Analogieergebnis die Bildung des Radikalanions in Dimethylglykoläther oder Tetrahydrofuran herangezogen. Für die Lösungen in flüssigem Ammoniak hat sich ein entsprechender Beweis für Benzolkohlenwasserstoffe bisher nicht erbringen lassen. In den Äthern gibt sich die Bildung des Radikalanions aus Benzolkohlenwasserstoffen durch grüne Farbe der Lösung — $\lambda_{max} = 675$ mμ — zu erkennen (S. 235) und durch Spinresonanz nachweisen (*75*, vgl. auch *61a*, Anm. 20). Darüber hinaus hat sich für das Toluolanion $[C_7H_8{}^{\times}]^{-}$ aus der Hyperfeinstruktur des Spinresonanzspektrums die Verteilung der Elektronendichte im Molekül angenähert berechnen (*75*) und mit der molecular-orbital-Theorie behandeln lassen (*13*), was für die Positionsfragen bei Schritt 2 und 3 wichtig ist.

Die beim Schritt 4 sich vollziehende Elektronenpaarung wird augenfällig, wenn man für das Monohydrobenzolradikal und sein Anion die Zahl der π-Elektronen — ungerade → gerade — in die Formeln schreibt:

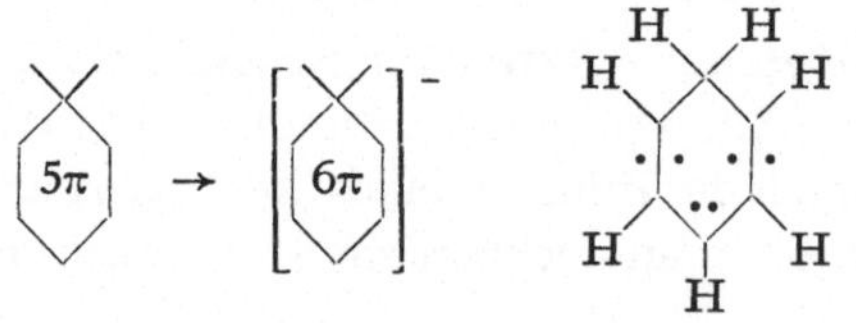

5π → [6π]⁻ (symmetrische Paarung).

In der Formel für das Anion wäre noch die Elektronendichteverteilung zum Ausdruck zu bringen.

Eine symmetrische Paarung läßt für Schritt 5 den Herantritt des Protons in der p-Stellung vorhersehen, was für Schritt 3 und 5 zusammen 1,4-Anlagerung und Bildung eines Systems mit isolierten Doppelbindungen bedeutet.

Für eine direkte 1,2-Addition, die bei Benzolkohlenwasserstoffen nicht bewiesen ist, müßte eine unsymmetrische Dichteverteilung mit Elektronenhäufung in o-Stellung vorliegen. Eine Häufung in m-Stellung könnte für Schritt 5 nur zum [0,0,1]-Bicyclohexen führen und muß wegen dessen hoher Energie bedeutungslos sein.

Auf 1,2-Addition beim Birch-Verfahren kann nur indirekt geschlossen werden, weil das dabei entstehende konjugierte System sehr rasch zum Cycloolefin weiterhydriert wird. Nur aus dessen Menge kann man auf die Menge des 1,2-Dihydroproduktes schließen, aber natürlich nicht daraus entnehmen, ob es primär oder sekundär entsteht. Nur im ersteren Falle dürfte man auf das Geschwindigkeitsverhältnis der Konkurrenz von 1,4- und 1,2-Addition schließen. Für Benzol, dessen Halbhydrierung mit 1 Atom Lithium und Äthanol – rund 50 % bleiben also unter diesen Bedingungen unangegriffen – nur 0,3 % Cyclohexen gibt, wäre dann das Geschwindigkeitsverhältnis 1,4-:1,2-Addition ungefähr 150:1.

Stellungsprobleme bei alkylierten Benzolen. Die Positionsfragen treten bei alkylierten Benzolen bereits im geschwindigkeitsbestimmenden Schritt 3 auf. Hierbei sind elektronische wie sterische Faktoren maßgebend. Beide machen das alkylierte Kernatom als ersten Angriffspunkt ungeeignet. Einen Anhaltspunkt auf elektronischer Grundlage gibt das anionische Toluolradikal $[C_7H_8{}^{\times}]^-$ in Dimethylglykoläther. Aus der Hyperfeinstruktur seines Elektronenspin-Resonanzspektrums folgt für sein ungepaartes Elektron eine sehr geringe Aufenthaltswahrscheinlichkeit in p-Stellung, in o- und m-Stellung eine ungefähr gleiche. Für die Addition eines Protons kommen daher nur diese beiden Stellungen in Frage.

Zwischen ihnen entscheiden die sterischen Verhältnisse. Infolge der Abschirmung der beiden o-Positionen durch das Alkyl erfolgt der Angriff ausschließlich oder fast ausschließlich in den freiliegenden m-Stellungen. In Kohlenwasserstoffen mit mehreren Alkylen ist die Bevorzugung nicht so stark. So geben die isomeren Xylole mit einem Atom Lithium, abgesehen von wenigen Prozenten Cycloolefin, durch 1,4-Anlagerung neben den überwiegend entstehenden „normalen“ Dihydroprodukten folgende Mengen eines “anomalen“ Dihydrokohlenwasserstoffs, in welchem Wasserstoff an den alkylierten Ring-Kohlenstoff getreten ist, in Prozenten:

p-	0	(neben 72,5 % 2,5 = 3,6, bei 24,4 % unverändert)
m-	4,6 %	(neben 83,0 % 2,5- bei 9,5 % unverändert)
o-	8,4 %	(neben 41,8 % 3,6- bei 49 % unverändert).

Besonders beim o-Xylol erfolgt also der Primärangriff in nicht unbeträchtlichem Umfange in p-Stellung zu einem Methyl bei der Reduktion durch *Lithium*.

Die sterischen Einflüsse auf die Geschwindigkeit des Schrittes 3 kommen in der Menge des jeweils nicht angegriffenen Kohlenwasserstoffs (S. 223, 224) zur Geltung.

Der Fall des Anisols muß wegen der leichten thermischen Isomerisierung des primär gebildeten 2,5-Dihydroanisols wie wegen des teilweisen Verlustes der Methoxylgruppe für allgemein gültige Schlüsse außer Betracht bleiben.

Die weitgehende Vollständigkeit des von *Krapcho* und *Bothner-By* entworfenen Bildes darf nicht dazu verleiten, es als abschließend zu betrachten, was die Autoren selbst auch nicht getan haben.

Fest steht die allgemeine Schlußfolgerung: Die Birch-Reduktion isolierter aromatischer Kerne vollzieht sich auf einem anderen Wege als die Reduktion mehrkerniger aromatischer Kohlenwasserstoffe nach *Hückel-Bretschneider*.

Diese Erkenntnis ist bereits etwas früher von *W. Hückel* gewonnen worden, und zwar hauptsächlich aus Versuchen über gemeinsame Reduktion von Benzol- und Naphthalinkohlenwasserstoffen (*H XII*). Auch hier wird für die ersteren als geschwindigkeitsbestimmend die Bildung von Monohydrobenzol $C_6H_7^{\times}$, [Ring: 5π, H, H] geschrieben, im Formelausdruck dem Sinne nach identisch mit der anderen Schreibweise von *Krapcho* und *Bothner-By* (S. 237).

Im einzelnen erscheinen für die Beschreibung des Reaktionsverlaufes die drei ersten Schritte von *Bothner-By* als ein Dreierstoß zusammengefaßt, in welchem atomarer Wasserstoff, aus Protonlieferant und Elektron beim Zusammentreffen mit dem Benzol, die Reduktionswirkung ausübt. Der „atomare“ Wasserstoff erscheint also nicht als isoliertes Wasserstoffatom wie in älteren Hypothesen der „nascierende“ Wasserstoff. Mit der Annahme des Dreierstoßes ist selbstverständlich die Kinetik 3. Ordnung (S. 233) vereinbar.

Die Zusammenfassung der ersten Schritte in einen einzigen bedeutet für die in diesen von *Krapcho* und *Bothner-By* angenommenen Reaktionsprodukte eine so ungünstige Gleichgewichtslage, daß die Lebensdauer der Produkte in die Nähe einer Stoßdauer kommen und bei ihren minimalen Konzentrationen die Geschwindigkeit des Schrittes 3 mitbestimmen. Die Begriffe „Dreierstoß“ und „Stoßdauer“ sind dabei im kondensierten System nicht so eindeutig definierbar wie in Gasphase.

Der Unterschied des geschwindigkeitsbestimmenden Schrittes bei der Birch-Reduktion einerseits und beim Hückel-Bretschneider-Verfahren andererseits wird aus den Ergebnissen der Reduktion von Gemischen aus Benzol (oder Toluol) und Naphthalin in verschiedenen Mengenverhältnissen erkannt. Unabhängig von diesen wird nämlich durch eine gegebene Menge Natrium stets eine ganz bestimmte Menge Benzol und eine bestimmte Menge Naphthalin reduziert. Bei gleichem Reduktionsmechanismus müßte bei verhältnismäßiger Vermehrung der Benzolmenge verhältnismäßig mehr Benzol reduziert werden, was nicht der Fall ist.

Die Versuche über die Verminderung der Ausbeute an dihydriertem Benzolkohlenwasserstoff bei Zugabe von Metallen, welche die Rekombination von Wasserstoffatomen katalysieren, sind nicht mit gleicher Sicherheit für einen bestimmten Reduktionsmechanismus beweisend, worauf auch *Birch* hingewiesen hat, freilich ohne auf die Beweiskraft der zuerst genannten (und durchgeführten) Versuche einzugehen (*10*).

Hückel hat weiter die 1,4-Addition bei der Folgereaktion auf die Elektronenverteilung der 6π-Elektronen nach Aufnahme eines Elektrons durch das Radikal $C_6H_7^{\times}$ verständlich gemacht. Die Paarung soll dabei zur Bevorzugung der symmetrischen Grenzstruktur eines doppelten Alkylradikals (H H, Formelbild) stattfinden, in deren Sinne dann die Anlagerung eines Protons erfolgt.

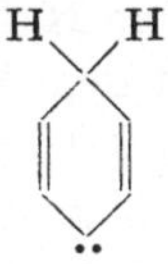

Die Möglichkeit einer Reaktion des Radikals $C_6H_7^{\times}$ mit atomarem Wasserstoff, bei der sich nach der Gleichung

$$C_6H_7^{\times} + H^{\times} = C_6H_6 + H_2$$

Benzol zurückbildet und Wasserstoff frei wird, wird erörtert.

Die Positionsfrage bei alkylierten Benzolen wird lediglich vom empirischen Standpunkt aus behandelt, die Frage einer 1,2-Addition nicht berührt, weil sich dafür kein Hinweis ergab.

In der allgemeinen Formulierung, die *Birch* schließlich, nach Aufgeben früherer Erklärungsversuche, für die Birch-Reduktion aufstellt, findet sich das Radikal $C_6H_7^{\times}$ unter dem Symbol ArH* wieder:

$$\mathrm{Ar} + \mathrm{e} \rightleftarrows \mathrm{Ar}^{*} \underset{}{\overset{\mathrm{ROH}}{\rightleftarrows}} \mathrm{ArH}^{*} + \mathrm{e} \rightarrow \mathrm{ArH}^{-} \xrightarrow{\mathrm{ROH}} \mathrm{ArH}_2 \qquad (\mathit{12}, \text{ S. } 18).$$

Seine Bildung ist aber in keiner Weise als geschwindigkeitsbestimmend hervorgehoben.

Smith (*12*, S. 254) stellt diese Reaktionsfolge derjenigen bei mehrkernigen aromatischen Kohlenwasserstoffen gegenüber:

$$\mathrm{Ar} + \mathrm{e} \rightleftarrows \mathrm{Ar}^{*-} + \mathrm{e} \rightarrow \mathrm{e\,Ar}^{-} \xrightarrow{2\,\mathrm{ROH}} \mathrm{ArH}_2.$$

Es sieht danach so aus, als sei allemal die Elektronenaufnahme der geschwindigkeitsbestimmende Schritt, was aber nicht der Fall ist. Auf die grundlegende diesbezügliche Feststellung von *Krapcho* und *Bothner-*

By geht er nicht ein und ebensowenig darauf, daß hierin zwischen diesen Autoren und *Hückel* Übereinstimmung besteht. Daß ein „*electron addition mechanism appears to be common to all types of reduction process in liquid ammonia*“ ist insofern richtig, als im Verlaufe jeder Reduktion Elektronenaufnahme stattfindet, aber auch selbstverständlich, da dies in der Definition des Begriffes Reduktion liegt. Aber dabei kann der stufenweise Verlauf einer Reduktion ganz verschieden, und die Elektronenaufnahme braucht nicht immer geschwindigkeitsbestimmend zu sein.

Das Monohydrobenzol-Radikal $C_6H_7^{\times}$, das *Hückel* wie *Krapcho* und *Bothner-By* als Zwischenstufe bei der Birch-Reduktion postulieren, entsteht frei, d.h. unsolvatisiert, bei der Radiolyse von 1,4-Dihydrobenzol durch ^{60}Co-Strahlung bei gewöhnlicher Temperatur (*22*). Diese Reaktion bedeutet die Umkehrung der beiden letzten Schritte 4 und 5 der Birch-Reduktion in einer Stufe, indem neben dem Radikal atomarer Wasserstoff entsteht. Dieser reagiert seinerseits mit dem Dihydrobenzol in doppelter Weise weiter, was neue Reaktionen im Gefolge hat. Einmal dehydriert der atomare Wasserstoff das Dihydrobenzol zum gleichen Radikal $C_6H_7^{\times}$, das andere Mal hydriert er es zu einem neuen Radikal, dem Trihydrobenzol- oder Cyclohexen-Radikal $C_6H_9^{\times}$ (s. Formelschema).

1) $\xrightarrow{^{60}Co}$ H H 5π + H× *)

+ H× $\xrightarrow[\text{Dehydrierung}]{2)}$ H H 5π + H_2

Reaktionsgabelung $= C_6H_7^{\times}$

3) Hydrierung ⟶ × (oder 3π)

$= C_6H_9^{\times}$

Die Folgereaktionen, die zu faßbaren Verbindungen führen, sind dadurch bestimmt, daß das neue $C_6H_7^{\times}$-Radikal weder mit sich selbst, noch gemeinsam mit dem $C_6H_9^{\times}$-Radikal eine Disproportionierung er-

* In der Originalarbeit Cyclohexadienyl-Radikal genannt und formuliert. Der Punkt soll die ungerade Zahl der Elektronen andeuten; in der entsprechenden Formel von *Krapcho* und *Bothner-By* fehlt er. Deswegen besteht aber in der Auffassung der Formel kein Unterschied. (H H, (•))

fährt, wohl aber mit dem Dihydrobenzol reagieren und dieses zum Radikal $C_6H_7^\times$ dehydrieren kann, dabei selbst in Cylcohexen übergehend:

4) 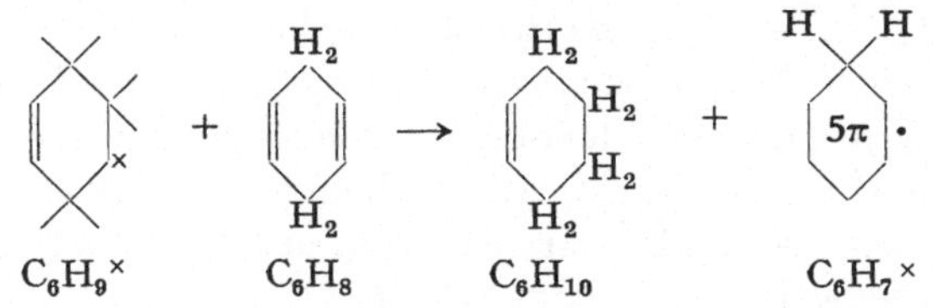 $C_6H_9^\times + C_6H_8 \rightarrow C_6H_{10} + C_6H_7^\times$

Im ganzen führen also drei Wege zum Monohydrobenzol $C_6H_7^\times$-Radikal vom Cyclohexadien-(1,4) aus: 1. Radiolyse; 2. Dehydrierung durch atomaren Wasserstoff; 3. Dehydrierung durch das Radikal $C_6H_9^\times$.

Die Stabilisierung folgt durch Disproportionierung zum Cyclohexadien-(1,4) + -(1,3) einerseits und zum Benzol andererseits:

5) 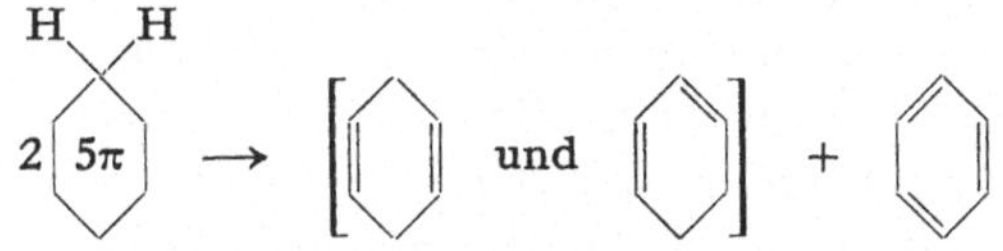 2 (5π) → [und] +

im Verhältnis 2,74 -(1,4):1,0 -(1,3):3,74 (*22*).

Ein Radikal $C_6H_7^\times$ ist bereits früher als hypothetisches Zwischenprodukt bei der Radiolyse von flüssigem Benzol zur Erklärung der dabei stattfindenden starken Polymerisation angenommen, aber fälschlich zunächst acyclisch formuliert worden (*61, 27*). Die Hypothese, daß es cyclisch sei, ist erst später aufgestellt worden und fand einige Jahre darauf eine Stütze in der Beobachtung, daß die Radiolyse von Benzol außer Polymerisat auch Cyclohexadien-(1,3), -(1,4), Phenylcyclohexadien oder Bicyclohexadien und Wasserstoff entstehen läßt (*21*). Danach muß das Benzol zunächst atomaren Wasserstoff aufgenommen und das Monohydrobenzol-Radikal gebildet haben.

Erkannt und charakterisiert durch sein Elektronenresonanzspektrum ist dann erst das bei der Radiolyse von Cyclohexadien-(1,4) sich bildende Radikal (*24*).

Auf die Anwesenheit des Radikals $C_6H_7^\times$ kann indirekt aus dem Ergebnis der Radiolyse von 1,4-Dihydrobenzol bei Gegenwart von ein wenig – 0,1 Mol-% – Methyljodid geschlossen werden, welches, radikalisch gespalten, dieses abfängt:

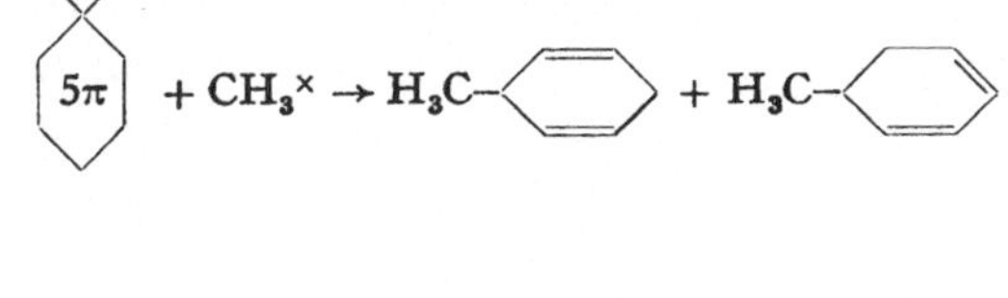

(5π) $+ CH_3^\times \rightarrow H_3C-$ (Cyclohexadienyl) $+ H_3C-$ (Cyclohexadienyl) (*22*).

Durch Markierung des Methyljodids mit ^{14}C lassen sich auch kleinste Mengen der Methylcyclohexadiene nachweisen, von denen das nichtkonjugierte ungefähr im Verhältnis 3:2 überwiegt. Daneben entstehen Cyclohexadien-1,4 und- 1,3, Δ^3-Methylcyclohexen und Benzol. Es findet eine nicht unbeträchtliche Isomerisierung von 1,4- in das 1,3-Dien statt, deren Umfang mit der Strahlenquelle zusammenhängt und mit abnehmender Temperatur zurückgeht. Wahrscheinlich bewirken Jodatome diese Isomerisierung; sie findet nämlich auch bei der Photolyse von Methyljodid in Gegenwart von Cyclohexadien-(1,4) statt.

Ausblick

Die Umsetzungen des isolierten Radikals geben zu denken im Hinblick auf die seiner Bildung nachfolgenden Reaktionsstufen, als deren Ergebnis die außer der Birch-Reduktion normalen 1,4-Dihydrokohlenwasserstoffen Cycloolefine erscheinen. Es ist daher notwendig, durch besondere Versuche zu prüfen, ob die deren Bildung vorhergehende Entstehung von 1,2-Dienen durch die einfache Annahme der Konkurrenz einer 1,4- und 1,2-Addition zu erklären ist, womit vorläufig alle Beobachtungen im Einklang stehen; hiergegen sind freilich schon oben (S. 237, 239) Bedenken geäußert worden. Dabei ist auf das Reaktionsvermögen der radikalischen Zwischenstufe und bei der 1,4-Dihydroverbindung nicht nur auf deren Umlagerungsfähigkeit, sondern auch auf die Reaktivität ihrer labilen C–H-Bindung in den CH_2-Gruppen zu achten, die sich u.a. in der leichten Oxydierbarkeit zum Chinon dokumentiert (*14*).

Die Zunahme der Menge des Cycloolefins im Verhältnis zum nicht konjugierten Dien mit Vergrößerung des Alkyls wird zwar durch die Vorstellung verständlich, daß hierdurch in der Stufe 5 der Herantritt eines Protons in p-Stellung zur primär angegriffenen Position zunehmend erschwert wird und infolgedessen die 1,2-Addition besser zum Zuge kommt, die nicht behindert wird. Doch darf man sich mit dieser rein sterischen Erklärung nicht ohne weiteres zufrieden geben, ehe nicht beweiskräftige Versuche in dieser Richtung vorliegen.

Die Reaktionsbedingungen für die Entstehung der Nebenprodukte sind überhaupt noch wenig erforscht (vgl. S. 230). Bemerkenswert ist die Einheitlichkeit des mit Natrium nach Methode 1 erhaltenen Dihydro-o-xylols, während dieses nach Methode 3 nur als Hauptprodukt entsteht und von einem anderen Dihydro-o-xylol und einem Tetrahydro-o-xylol begleitet wird. Beide Methoden unterscheiden sich darin, daß bei 3 trotz lebhaften Rührens bei Zugabe des Alkohols dieser lokal für kurze Zeit in erheblichem Überschuß vorhanden sein muß. Bei 1 hält sich dieser dagegen wegen der gemeinsamen Zugabe mit dem zu reduzierenden Stoff stets in mäßigen Grenzen. Es sieht danach so aus, als ob die Nebenprodukte auf Sekundärprozesse zurückzuführen wären, die sich in verdünnteren Zonen abspielen. Nun gibt aber das sehr rasch (S. 234) reagierende Lithium auch nach Methode 1 kein einheitliches Produkt, weshalb die Frage noch nicht als entschieden angesehen werden kann. Systematische Untersuchungen mit verschiedenen Mengenverhältnissen der reagierenden Stoffe und mit weiteren Kohlenwasserstoffen erscheinen daher erforderlich.

VIII. Anwendung der Theorie

Das unterschiedliche Verhalten von Kohlenwasserstoffen, die je nachdem entweder nach dem Verfahren von *Hückel-Bretschneider* sowie nach *Birch* oder nur nach letzterem allein reduziert werden, läßt einen Rückschluß auf die Festigkeit ihrer Elektronenwolke zu. Reicht das Verfahren von *Hückel-Bretschneider* aus, so genügt die Elektronenaffinität zur Bildung eines Dianions, andernfalls nicht. Dies gilt allgemein, nicht nur für den Gegensatz von polycyclischen und monocyclischen aromatischen Kohlenwasserstoffen.

Die Reduzierbarkeit dialkylierter Dreifachbindungen spricht für die Richtigkeit des schon vor langer Zeit (*30*) angenommenen Mechanismus einer in rascher Stufenfolge vor sich gehenden Bildung eines Dianions. Dieser erklärt sich auch dadurch, daß in diesem die negativen Ladungen möglichst auszuweichen suchen, den stereospezifischen Verlauf der Reduktion zu reinen trans-Olefinen (S. 212) (*16*), indem deren Konfiguration von der Protonierung vorgebildet ist.

Allerdings läßt die trans-Konfiguration auch bei einem Reaktionsverlauf voraussehen, der nicht über ein Dianion geht. Der erste Anregungszustand eines Acetylenmoleküls, der ein π-Elektronenpaar erfaßt, führt nämlich zu einem gewinkelten Molekül mit trans-Lage der Wasserstoffatome. In ihm ist die Senkrechtstellung der beiden Knotenebenen für die zwei π-Elektronenpaare und damit der Zwang zur linearen Anordnung aufgehoben, der im Grundzustand besteht. Das gilt – bei etwas verschiedener Abstandsvergrößerung – sowohl für den Fall parallelen (Diradikal-Zustand) wie antiparallelen Spins des angeregten Elektronenpaares (*38*, s. besonders Abb. 7).

Vielgliedrige Cycloalkine lassen bei der Reduktion durch Alkalimetall in flüssigem Ammoniak freilich Gemische von cis- und trans-Cycloolefinen entstehen (*70*), beim 1,4-Tetramethyl-cyclodecin-(7,8) ist sogar nur cis-Isomeres beobachtet worden (*71*). Cis-Olefine entstehen aber höchstens spurenweise direkt, sonst über Allene hinweg infolge Isomerisierung der Acetylene durch Amid (*71*).

Die Stereospezifität der Alkali-metall-Reduktion ist also gesichert. Sie steht mit der Dianion-Formel als Zwischenzustand in Einklang, ist aber nicht unbedingt dafür beweisend.

Cis-Additionen an die dreifache Bindung, die als Primärreaktionen bei katalytischer Hydrierung sowie bei Reduktionen mit Zink oder einem Zink-Kupfer-Paar die Regel sind (*62*), können also weder über ein Dianion, noch über den ersten Anregungszustand hinweg verlaufen.

Die Birch-Reduktion kann, braucht aber nicht über ein Dianion zu verlaufen. Deswegen ist bei ihr auch der Angriff endständiger Dreifachbindung möglich, wo infolge Acetylidbildung die Bildung des Dianions gehemmt ist und die Hückel-Bretschneider-Reduktion versagt (*32*): „*A possibly naive explanation*" nach *Dobson* und *Raphael* (*20*).

Die Bedeutung der Endständigkeit der Doppelbindung für die Reduzierbarkeit nach *Birch*, die isolierten mittelständigen und cyclischen Doppelbindungen fehlt, ist theoretisch noch nicht zu begründen.

Sofern ein Mechanismus dafür diskutiert worden ist, hat man auf die Möglichkeit einer Elektronenaufnahme in Analogie zur Bildung einer metallorganischen Verbindung aus Äthylen und dem elektropositiven Metall, dem Caesium (*31*) hingewiesen, (*9*, S. 79), die bei der Hydrolyse Äthan liefert. Mit diesem Extremfall stimmt nicht zusammen, daß bisher nur Lithium, das am wenigsten elektropositive Alkalimetall, in Alkylaminen gegenüber isolierten dialkylierten Doppelbindungen als Reduktionsmittel wirkt. Über den Vorgang dabei ist nur soviel bekannt, daß bei Anwendung einer äquivalenten Menge Lithium nicht über 50 % gesättigter Kohlenwasserstoff erhalten wird, obwohl deren Verbrauch, gemessen durch den bei der Hydrolyse freiwerdenden Wasserstoff, nur wenig unter 2 Mol bleibt, also kaum durch eine Bildung von Lithiumäthylamid und „nascierendem" Wasserstoff mitbedingt ist (*6*). Es könnte aber wohl an dessen Fixierung als Lithiumhydrid, das seinerseits irgendwie bei der Reduktion mitwirken kann, gedacht werden. Jedenfalls ist deren Verlauf im einzelnen nicht klar.

Bullvalen $C_{10}H_{10}$, Schmp. 96 °C, ist von *G. Schröder* (*66*) nach *Birch*, Methode 1, mit der etwa sechsfachen der theoretisch erforderlichen Menge Natrium zu Dihydrobullvalen $C_{10}H_{12}$, Schmp. 45 °C, reduziert

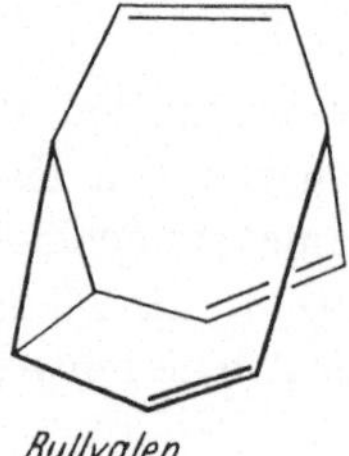

Bullvalen

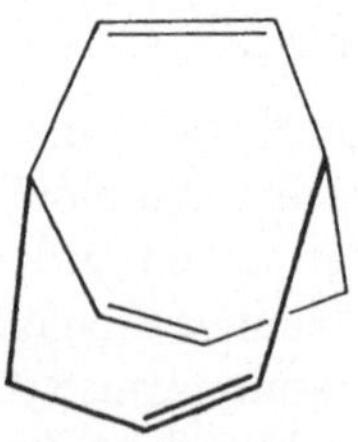

Dihydrobullvalen

worden. Dabei wird, was ungewöhnlich ist (S. 225), der Dreiring geöffnet, während die Doppelbindungen intakt bleiben.

Der Reduktionsverlauf entspricht nicht dem einer Birch-Reduktion von Benzolkohlenwasserstoffen. Denn Bullvalen läßt sich auch nach *Hückel-Bretschneider* mit 2 Atomen Natrium zum gleichen Dihydrobullvalen reduzieren. Es besitzt also eine beträchtliche Elektronenaffinität, die sich in der Bildung einer schwarzgrünen Dinatriumverbindung zu erkennen gibt. Diese wird freilich schon bei –70 °C durch viel überschüssiges Ammoniak in wenigen Minuten ammonolysiert (*H XVIII*).

Literatur

Um die beiden Hauptarbeitsrichtungen hervortreten zu lassen, sind die beiden Serien der Arbeiten von *A. J. Birch:* „Reduction by dissolving metals" I–XIV und von *W. Hückel:* „Reduktionen in flüssigem Ammoniak" I–XVIII für sich durchnumeriert. Im Text sind, wenn mehrere Arbeiten zitiert sind, diese mit ihren Nummern im allgemeinen in der Reihenfolge ihres Erscheinens aufgeführt.

0. *Asinger, F., B. Fell, G. Steffan, G. Hadik* u. *F. Theissen:* Erdöl u. Kohle *18,* 178 (1965).
1. *Auwers, K. v.:* Ber. dtsch. chem. Ges. *44,* 3514 (1911); *54,* 3002 (1921).
1a. *Benkeser, R. A., M. L. Burrous, J. J. Hazdro* u. *E. M. Kaiser:* J. org. Chem. *28,* 1094 (1063)
2. *Becker, E., R. H. Linquist* u. *B. J. Alder:* J. chem. Physics *25,* 971 (1956).
3. *Benkeser, R. K., R. K. Agnihotri, M. L. Burrom, E. M. v. Kaiser, J. M. Mallan* u. *W. R. Patrick,* J. org. Chemistry *29,* 1313 (1964).
4. – *C. Arnold, R. F. Lambert* u. *O. H. Thomas,* J. Amer. chem. Soc. *77,* 6042 (1955).
5. – *E. M. Kaiser* u. *R. F. Lambert:* J. Amer. chem. Soc. *86,* 5272 (1964); Vgl. auch *85,* 2858 (1963).
6. – *R. E. Robinson, D. A. Sauve* u. *O. H. Thomas:* Angew. Chem. *66,* 647 (1954); J. Amer. chem. Soc. *77,* 3230 (1955).
7. – *G. Schroll* u. *D. M. Sauve,* J. Amer. chem. Soc. *77,* 3378 (1955).
8. *Bingel, W. A.:* Ann. Physik [6] *12,* 57 (1953).

BI.–XIV. *Birch, A. J.:* „Reduction by dissolving metals"

I. J. chem. Soc. [London] *1944,* 430.
II. *1945,* 809.
III. *1946,* 593.
IV. *1947,* 102.
V. *1947,* 1643.
VI. u. *S. M. Mukherji 1949,* 2531.
VII. *1950,* 1551.
VIII. J. Proc. Roy. Soc. New South Wales *83,* 245 (1950).
IX. *R. A. Murray* u. *H. Smith,* J. chem. Soc. [London] *1951,* 1945.
XI. *P. Hextell* u. *S. Sternhell:* Austral. J. Chem. *7,* 256 (1954).

XII. – Austral. J. Chem. *8*, 96 (1955).
XIII. *J. Cymerman-Craig* u. *M. J. Slaytor:* Austral. J. Chem. *8*, 512 (1955).
XIV. *H. Smith* u. *E. R. Thornton:* J. chem. Soc. [London] *1957*, 1339.

9. *Birch, A. J.:* Quart. Rev. *4*, 61 (1950).
10. – u. *D. Nasipuri:* Tetrahedron *6*, 148 (1959).
11. – – u. *H. Smith:* Experientia *15*, 126 (1958).
12. – u. *H. Smith:* Quart. Rev. *12*, 17 (1958).
13. *Bolton, J. R.*, u. *A. Carrington:* Molec. Physics *4*, 497 (1962).
Bothner-By siehe *A. P. Krapcho.*
14. *Braude, E., M. Jackman* u. *R. P. Linstead:* J. chem. Soc. [London] *1954*, 3564.
15. *Campbell, K. N.*, u. *B. K. Campbell:* Chem. Rev. *31*, 77 (1942).
16. – u. *L. T. Eby:* J. Amer. chem. Soc. *62*, 2683 (1941).
17. *Carbon, J. A.:* J. Amer. chem. Soc. *80*, 6083 (1958).
17a. *Chu, T. L.*, u. *S. C. Yu:* J. Amer. chem. Soc. *76*, 3367 (1954).
17b. *Chou, D. Y. P., M. J. Pribble, D. C. Jackman* u. *C. W. Keenan:* J. Amer. chem. Soc. *85*, 3530 (1963).
18. *Cocker, W., B. E. Cross, J. T. Edward, D. S. Jenkinson* u. *J. Mc Cormick.* J. chem. Soc. [London] *1953*, 2355.
19. – – u. *D. S. Jenkinson:* J. chem. Soc. [London] *1954*, 2420.
20. *Dobson, N. R.*, u. *R. A. Raphaël:* J. chem. Soc. [London] *1955*, 3558,
21. *Eberhardt, M. K.:* J. physic. Chem. *67*, 2856 (1963).
22. – *G. W. Klein* u. *Th. K. Krivak:* J. Amer. Soc. *87*, 696 (1965).
22a. *Eastham, J. F., C. W. Keenan* u. *H. V. Secor:* J. Amer. chem. Soc. *81*, 6523 (1959).
22b. — u. *D. R. Larkin:* J. Amer. chem. Soc. *81*, 3652 (1959).
22c. *Ebert, G.:* Z. anorg. Chem. *294*, 129 (1958).
23. *Fernelius, W. C.*, u. *G. W. Watt:* Chem. Rev. *20*, 216 (1937).
24. *Fessenden, R. W.*, u. *R. H. Schuler:* J. chem. Physics *38*, 773 (1963).
25. *Freed, S.*, u. *N. Sugarman:* J. chem. Physics *11*, 354 (1943).
26. *Gibson, G. E., N. Blake* u. *M. Kalm:* J. chem. Physics *21*, 1000 (1953).
27. *Giovannini, E.*, u. *H. Wegmüller:* Helv. chim. Acta *41*, 933 (1958).
28. *Gordon, S. A., A. R. van Dyken* u. *T. F. Doumani:* J. physic. Chem. *62*, 20 (1958).
29. *Greenfield, H., R. H. Friedel* u. *M. Orchin:* J. Amer. chem. Soc. *76*, 1258 (1954).
30. *Greenlee, K. W.*, u. *W. C. Fernelius:* J. Amer. chem. Soc. *64*, 2505 (1942).
31. *Hackspill, L.*, u. *R. Rohmer:* Compt. rend. hebd. Séances Acad. Sci. *217*, 152 (1943).
32. *Henne, A. L. v.*, u. *K. W. Greenlee:* J. Amer. chem. Soc. *65*, 2030 (1943).
32a. *House, H. O.:* Modern Synthetic Reactions S. 61—71. W. A. Benjamin Inc. New York 1965.
33. *Hückel, E.:* Z. Elektrochem. *83*, 838 (1937).
HI.–XVIII. *Hückel, W.:* „Reduktionen in flüssigem Ammoniak"
I. u. *H. Bretschneider:* Liebigs Ann. Chem. *540*, 157 (1939).
II. u. *J. Datow:* J. prakt. Chem. [2] *158*, 295 (1941).
III. u. *U. Wörffel:* Chem. Ber. *88*, 338 (1955).
IV. u. *H. Schlee:* Chem. Ber. *88*, 346 (1955).
V. u. *R. Schwen:* Chem. Ber. *89*, 150 (1956).

VI. – Chem. Ber. *89*, 481 (1956).
VII. u. *U. Wörffel:* Chem. Ber. *89*, 2098 (1956).
VIII. u. *E. Vevera:* Chem. Ber. *89*, 2105 (1956).
IX. u. *I. Nabih:* Chem. Ber. *89*, 2115 (1956).
X. u. *L. Hagedorn:* Chem. Ber. *90*, 752 (1957).
XI. u. *G. Graner:* Chem. Ber. *90*, 2017 (1957).
XII. u. *B. Graf, D. Münkner:* Liebigs Ann. Chem. *614*, 47 (1958). Vortrag in Rennes, Juni 1967.
XIII. u. *R. Cramer:* Liebigs Ann. Chem. *630*, 89 (1959).
XIV. u. *C.-M. Jennewein:* Chem. Ber. *95*, 350 (1962).
XV. – Chem. Ber. *96*, 442 (1963).
XVI. u. *J. Wolfering:* Liebigs Ann. Chem. *686*, 34 (1965).
XVII. u. *M. Wartini:* Liebigs Ann. Chem. *686*, 40 (1965).
XVIII. – u. *S. Gupté* u. *M. Wartini:* Chem. Ber. *99*, 1388 (1966).

34. *Hückel, W.:* Theoret. Grundlagen d. org. Chem. Bd. II, 183f. 8. Aufl. (1957). Leipzig, Akadem. Verlagsgesellsch.
35. — *C.-M. Jennewein, M. Wartini* u. *J. Wolfering:* Liebigs Ann. Chem. *686*, 51 (1965).
36. – *E. Vevera* u. *U. Wörffel:* Chem. Ber. *90*, 901 (1957).
37. *Huster, E.:* Ann. Phys. [5] *33*, 477 (1938); [6] *4*, 183 (1949).
37a. *Hutchison, C. A.*, u. *R. C. Pastor:* J. chem. Physics *21*, 1959 (1953).
38. *Ingold, Ch. K.:* J. chem. Soc. [London] *1954*, 2691.
39. *Ivanoff, Ch.*, u. *P. Markow:* Compt. rend. Acad. Belg. Sci. *15*, 49 (1962). Tetrahedron Letters *1962*, 1139.
40. – – Naturwissenschaften *50*, 688 (1963).
41. *Jeanes, A.*, u. *R. Adams:* J. Amer. chem. Soc. *59*, 2608 (1937).
41a. *Jolly, W. L.:* Solvated electron. Advances in Chemistry series Nr. 50. Amer. chem. Soc. Washington D.C., 1965.
41b. *Jacobus, O. J.*, u. *J. F. Eastham:* J. Amer. chem. Soc. *87*, 5799 (1965).
42. *Kaplan, J.*, u. *C. Kittel:* J. chem. Physics *21*, 1429 (1953).
42a. *Kelly, E. J., H. V. Secor, C. W. Keenan* u. *J. F. Eastham:* J. Amer. chem. Soc. *84*, 3611 (1962).
43. *King, T. J.:* J. chem. Soc. [London] *1951*, 898.
44. *Kip, A. F., C. Kittel, R. A. Levy* u. *A. M. Portis:* Physic. Rev. *91*, 1066 (1953).
45. *Krapcho, A. P.*, u. *A. A. Bothner-By:* J. Amer. chem. Soc. *81*, 3658 (1959).
45a. — u. *M. E. Nadel:* J. Amer. chem. Soc. *86*, 1096 (1964).
46. *Kraus, C. A.:* Chem. Rev. *8*, 251 (1931).
47. – *E. S. Carney* u. *W. C. Johnson:* J. Amer. chem. Soc. *49*, 2206 (1927).
48. *Lazdins, D.*, u. *M. Karplus:* J. Amer. chem. Soc. *87*, 920 (1965).
49. *Lebeau, P.*, u. *M. Picon:* Compt. rend. hebd. Séances Acad. Sci. *157*, 137 (1913).
50. – – Compt. rend. hebd. Séances Acad. Sci. *157*, 223 (1913).
51. – – Compt. rend. hebd. Séances Acad. Sci. *158*, 1541 (1914).
52. – – Compt. rend. hebd. Séances Acad. Sci. *173*, 84, 1178 (1921).
53. *Lipscomb, W. N.:* J. chem. Physics *21*, 52 (1953).
54. *Mc Connell, H. M.*, u. *C. H. Holm:* J. chem. Physics *26*, 1517 (1957).
55. *Midgley, T.*, u. *A. L. v. Henne:* J. Amer. chem. Soc. *51*, 1293 (1929).
56. *Moissan, H.:* Compt. rend. hebd. Séances Acad. Sci. *127*, 911 (1898).
57. – Compt. rend. hebd. Séances Acad. Sci. *136*, 1217 (1903).
58. *Morton, R. A.*, u. *A. J. A. Gouvaia:* J. chem. Soc. [London] *1934*, 916.
59. *Neunhoeffer, O.*, u. *H. Woggon:* Liebigs Ann. Chem. *600*, 34 (1956).

60. *Paolini, L.:* Gazz. chim. Ital. *90,* 1681 (1960); *91,* 121, 412, 518, 529, 787, 1063 (1961); *93,* 1605 (1963).
61. *Patrick, W. M.,* u. *M. Burton:* J. Amer. chem. Soc. *76,* 2626 (1954).
61a. *Paul, D. E., D. Lipkin* u. *S. I. Weissman:* J. Amer. chem. Soc. *78,* 116 (1956).
61b. *Podlaha, M.:* Tschech. J. Physics B *11,* 627 (1961).
62. *Rabinovitch, B. S.,* u. *F. S. Looney:* J. Amer. chem. Soc. *75,* 2652 (1953).
63. *Reggel, L., R. A. Friedel* u. *I. Wender:* J. org. Chemistry *22,* 892 (1957).
64. *Roth, W. A.:* Liebigs Ann. Chem. *407,* 172 (1915).
65. *Runge, J.:* Zeitschr. Chemie *2,* 374 (1962).
66. *Schröder, G.:* Chem. Ber. *97,* 3140 (1964).
67. *Short, W. F.* nach *H. Smith* (*68*) technique d S. 251–252.
68. *Smith, Herchel:* Organic Reactions in liquid Ammonia = Chemie in nichtwäßrigen Lösungsmitteln I/Teilband 2 (1963). F. Vieweg, Braunschweig.
68a. *Stirand, O.:* Tschech. J. Physics B *12,* 207 (1962).
69. *Straus, F.,* u. *L. Lemmel:* Ber. dtsch. chem. Ges. *46,* 232 (1913).
69a. *Streitwieser, A.:* Molecular orbital Theory, S. 465 ff. John Wiley & Sons, New York 1962.
70. *Swoboda, M.,* u. *J. Sicher:* Chem. and Ind. *1959,* 20.
71. – – u. *J. Zaváda:* Tetrahedron Letters *1964,* 15.
72. *Symons, M. C. R.:* Quart. Rev. *13,* 99 (1959).
73. – u. *W. Doyle:* Quart. Rev. *14,* 62 (1960).
74. *Ter Borg, A. P.,* u. *A. F. Bickel:* Rec. trav. chim. Pays-Bas *80,* 1229 (1961).
75. *Tuttle, T. R. jr.,* u. *S. I. Weissman:* J. Amer. chem. Soc. *80,* 5342 (1958).
76. *van Volkenburgh, R., K. W. Greenlee, J. M. Derfer* u. *C. E. Boord:* J. Amer. chem. Soc. *71,* 3595 (1949).
77. *Watt, G. W.:* Chem. Rev. *46,* 317 (1950).
77a. – u. *W. B. Leslie:* J. chem. Education *18,* 210 (1941).
78. *Wibaut, J. P.,* u. *F. A. Haak:* Rec. trav. chim. Pays-Bas *67,* 85 (1948).
79. *Wilds, A. L.,* u. *N. A. Nelson:* J. Amer. chem. Soc. *75,* 5360 (1953).
80. *Wooster, C. B.:* Chem. Rev. *11,* 1 (1931).
81. – U.S. Patent 2182242 vom 3. 5. 1938 von E. J. Pont de Nemours u. Co. = C *1940* I, 3987; Chem. Abstr. *34,* 1993 (1940).
82. – u. *K. L. Godfrey:* J. Amer. chem. Soc. *59,* 3771 (1937).
83. – u. *J. Ryan:* J. Amer. chem. Soc. *54,* 2419 (1932).
84. – u. *F. B. J. Smith:* J. Amer. chem. Soc. *53,* 179 (1931).
85. *Ziegler, K., F. Häffner* u. *H. Grimm:* Liebigs Ann. Chem. *528,* 101 (1937).

(Eingegangen am 5. Juli 1965)

Nichtkatalysierte Perester-Zersetzungen

Priv.-Doz. Dr. Christoph Rüchardt

Institut für Organische Chemie der Universität München

Inhaltsübersicht

Die Chemie organischer Perester (Acylderivate von Hydroperoxyden) hat in neuerer Zeit, ausgelöst durch die Pionierarbeiten von *R. Criegee, P. D. Bartlett, M. S. Kharasch* und *N. Milas*, eine stürmische Entwicklung erlebt. Neben den präparativ wichtigen kupferkatalysierten Oxydationen durch Perester (*1*) besitzen die thermischen und solvolytischen Zersetzungen theoretisches Interesse und praktische Bedeutung. Perester sind hochreaktive Verbindungen, denen in Abhängigkeit von der Struktur und dem Reaktionsmedium mannigfache Zerfallswege offenstehen. Über diese Reaktionen wird in vorliegender Arbeit zusammenfassend berichtet.

I. Einleitung

A. v. Baeyer und *V. Villiger* stellten bereits 1901 die ersten organischen Perester her (*2*). Glänzende Untersuchungen *R. Criegee*s über die Heterolyse des trans-9-Dekalyl-peroxybenzoats (*3, 4*) leiteten jedoch erst 40 Jahre später eine eingehende Untersuchung dieser Verbindungsklasse ein, die im weiteren Verlauf in der Erkenntnis gipfelte, daß die Homolyse von Perestern meist im Vordergrund steht. Perester besitzen heute nicht nur theoretisches Interesse wegen ihrer mannigfachen Zerfallsweisen, sondern auch praktische Bedeutung z.B. als Radikalgeneratoren (*4a*), Polymerisationsinitiatoren (*5*), Härtungskatalysatoren (*6*), bei der Herstellung von Pfropfpolymeren (*7*), als Bleichmittel (*8*) oder als Zusatz zu Dieselölen (*9*).

In der präparativen organischen Chemie nehmen Perester als Oxydationsmittel einen wichtigen Platz ein (*1*, *9a*). Unter Kupferkatalyse gelingt es in der von *M. S. Kharasch* und *G. Sosnovsky* entdeckten *Perester-Reaktion* allyl- und benzylständigen sowie anders aktivierten Wasserstoff gemäß Gl. 1 durch Acyloxygruppen zu ersetzen (*1*).

$$C_6H_5{-}CH_3 + C_6H_5{-}CO{-}O{-}O{-}C(CH_3)_3 \xrightarrow{CuCl} C_6H_5{-}CH_2{-}O{-}CO{-}C_6H_5 + (CH_3)_3COH \qquad \text{Gl. 1}$$

Die Peresterhomolyse in Lösungsmitteln, welche leicht als H-Donator fungieren können, eignet sich zur präparativen Decarboxylierung von von Carbonsäuren. Bei der Darstellung von Bicyclo[2,1,1]-hexan (*10*) (1)

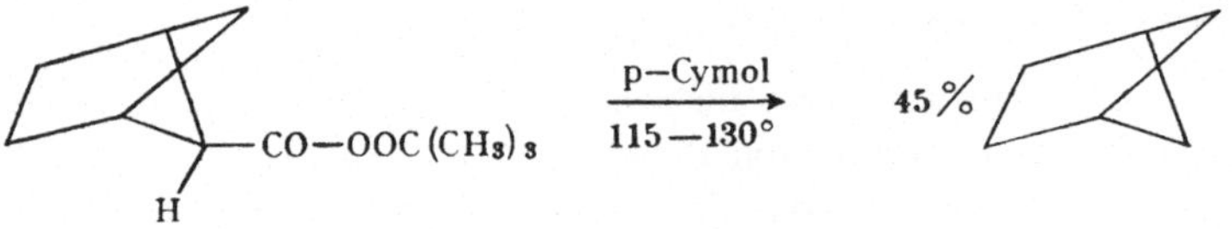

Bicyclo[2,1,1]hexyl–CO—OOC(CH₃)₃ (H) —p—Cymol, 115—130°→ 45% Bicyclo[2,1,1]-hexan (1) Gl. 2

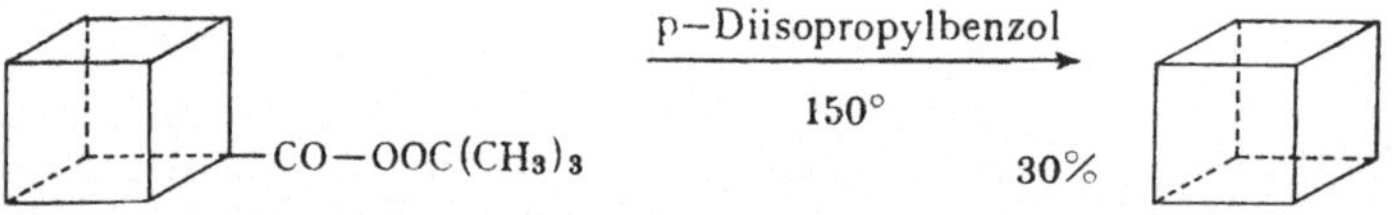

Cubyl–CO—OOC(CH₃)₃ —p—Diisopropylbenzol, 150°→ 30% Cuban (2) Gl. 3

und Cuban (*11*) (2) bediente man sich dieser Reaktion. Perester von α-Hydroxy-hydroperoxyden werden als Zwischenstufen bei der Oxydation von Ketonen zu Estern in der *Baeyer-Villiger*-Reaktion (*12*) angenommen, solche von α-Amino-hydroperoxyden bei der Gewinnung von Oxaziridinen aus Schiffschen Basen und Persäuren (*13*). Schließlich dienen Perester als Ausgangsverbindung für das Studium freier Radikale (*4a*).

Obwohl Perester auf Grund ihrer Darstellungsweisen und wegen ihrer Verseifung zu Carbonsäuren und Hydroperoxyd (*14*, *15*) (Gl. 4) Acyl-

$$R{-}CO{-}OOR' + 2OH^- \rightarrow R{-}COO^- + R'OO^- + H_2O \qquad \text{Gl. 4}$$

derivate von Hydroperoxyden sind, werden sie in der systematischen Nomenklatur als Ester der Percarbonsäuren geführt (*16*).

II. Darstellung, Gehaltsbestimmung und Eigenschaften von Perestern

Wie alle Peroxyde neigen Perester dazu, in der Wärme oder unter Metallkatalyse explosiv zu zerfallen. Neue Vertreter dieser Verbindungsklasse stellt man daher erstmals höchstens im g-Ansatz dar. Die Bereitung größerer Mengen sollte im allgemeinen vermieden werden, ebenso die Reinigung durch Destillation.

Perester erhält man im allgemeinen durch Acylierung von Hydroperoxyden (*17*). Die direkte Veresterung von Persäure mit Alkohol ist nicht möglich, ebenso war die Umsetzung von Diazoalkanen mit Persäuren erfolglos (*20*). Aus Salzen der Persäuren und reaktiven Alkylhalogeniden können sich wahrscheinlich Perester bilden, ihre Isolierung gelang jedoch bislang nicht (*20, 21*).

Zur Acylierung der Hydroperoxyde werden die verschiedensten Acylierungsmittel verwendet. Da Perester leicht thermisch, säurekatalysiert, schwermetallkatalysiert (*1*) und bisweilen auch basenkatalysiert zerfallen, sind die optimalen Reaktionsbedingungen für die einzelnen Beispiele verschieden. Reine Ausgangsverbindungen und quantitativ ablaufende Acylierungsbedingungen sind meist erforderlich, weil Perester häufig als Öle anfallen, die nicht durch Destillation zu reinigen sind. Verunreinigungen lassen sich dann nur durch Löslichkeitsunterschiede oder Chromatographie entfernen.

A. v. Baeyer und *V. Villiger* gelang die Synthese der basenempfindlichen Terephthalsäureester des Methyl- und Äthylhydroperoxyds unter neutralen Bedingungen aus den Bariumsalzen der Hydroxyperoxyde und Terephthalsäurechlorid in wäßrigem Medium (*2, 15*). Zur Herstellung größerer Mengen tert.-Alkylperoxyester wird im allgemeinen die unter schwach alkalischen Bedingungen ablaufende *Schotten-Baumann-Reaktion* bevorzugt (*14*). *R. Criegee* führte Acylierungen mit Säurechloriden erstmals in Pyridin durch (*3*); *P. D. Bartlett* und *R. R. Hiatt* wählten Pentan oder Äther als Verdünnungsmittel, um auch thermisch labile Vertreter bei tiefer Temperatur bereiten zu können (*22*). Schwer acylierbare und säureempfindliche Hydroperoxyde wie Cumolhydroperoxyd oder 9-Decalylhydroperoxyd acyliert man am mildesten *als Salz* in Äthersuspension mit Säurechloriden (*23, 24*). Die *Salzbildung* ist bei manchen schwach sauren Hydroperoxyden nur schwierig zu erzielen, da metallorganische Agentien oder Natriumhydrid (*25*) dazu nötig sind. Erstere werden aber meist leicht durch Peroxyde oxydiert (*26*), bei letzterem ist im heterogenen Reaktionssystem schwer eine quantitative stöchiometrische Umsetzung zu erzielen. Die mit Grignard-Verbindungen bei tiefer Temperatur gut zugänglichen Magnesiumsalze liefern bei der Acylierung aber Magnesiumchlorid, das als Lewis-Säure Peresterzersetzungen katalysieren kann (*24, 27*). Empfehlenswert (*24*) ist die

Salzbildung aus Hydroperoxyd und N-Methyl-anilin-Natrium (*28*), da letzeres gegen Peroxydgruppierungen schwächer nucleophil ist (*29*). Auf diesem Wege gelang es erstmals größere Mengen reines Natriumsalz des trans-9-Decalylhydroperoxyds zu erhalten (*24*). Perester können auch aus Säurechloriden und Hydroperoxyden ohne säurebindende Base unter Entfernung des Chlorwasserstoffs im Vakuum dargestellt werden (*30*).

Wenn Säurechloride schlecht zugänglich sind, bewähren sich bisweilen *Säureimidazolide* als Acylierungsmittel (*31*). Ketene werden mit Vorteil zur Synthese säure- und basenempfindlicher Perester eingesetzt (*32*). Aus dem Dimeren des einfachen Ketens (3) entstehen Perester der Acetessigsäure (4) (*32*).

$$\underset{(3)}{\begin{array}{l} H_2C{-}{-}C{=}O \\ \quad | \qquad | \\ H_2C{=}C{-}{-}O \end{array}} + (CH_3)_3COOH \rightarrow \underset{(4)}{CH_3{-}\underset{\underset{O}{\|}}{C}{-}CH_2{-}CO{-}OO{-}C(CH_3)_3} \qquad \text{Gl. 5}$$

In einzelnen Fällen sind Säureanhydride die bevorzugten Acylierungsmittel, z.B. zur Synthese von Perameisensäureestern aus dem gemischten Anhydrid der Essigsäure und Ameisensäure (*33*). Wesentlich einfacher dagegen ist die Veresterung von Ameisensäure mit Hydroperoxyden, wobei durch azeotrope Destillation mit Petroläther das Reaktionswasser entfernt wird (*34*). Direkt aus den Carbonsäuren bereitete *Milas* Perester durch Reaktion mit Hydroperoxyd, Pyridin und Arylsulfonsäurechlorid (*35, 36*).

Perester von α-Hydroxy-hydroperoxyden werden als Zwischenstufen der *Baeyer-Villiger*-Oxydation von Carbonylverbindungen mit Persäuren angenommen (*12*). Nur im Falle des Acetaldehyds ließ sich jedoch das Primäraddukt der Peressigsäure isolieren (*37*) und charakterisieren (*38*) Gl. 6.

$$CH_3{-}CHO + CH_3{-}CO{-}OOH \rightarrow CH_3{-}\overset{\overset{OH}{|}}{C}H{-}O{-}O{-}CO{-}CH_3 \qquad \text{Gl. 6}$$

Peroxy-urethane (5) bilden sich aus Isocyanaten mit Hydroperoxyden (*39–44*) oder aus Chlorkohlensäure-perestern mit Aminen (*45, 46*). Phosgen oder Chlorkohlensäureester liefern

$$R{-}NCO + R'OOH \rightarrow \underset{(5)}{R{-}NH{-}CO{-}OO{-}R'} \leftarrow R{-}NH_2 + Cl{-}CO{-}OO{-}R' \qquad \text{Gl. 7}$$

$$COCl_2 + 2R'OOH \rightarrow \underset{(6)}{R'{-}OO{-}CO{-}OO{-}R'} \qquad \text{Gl. 8}$$

mit Hydroperoxyden nach Gl. 8 Perkohlensäureester (*44, 47*) (6).

Für eine Gehaltsbestimmung ist die jodometrische Titration der Perester mit den üblichen Methoden (*48*) meist mit Schwierigkeiten verbunden, da sie von einer ohne Jodidverbrauch ablaufenden säurekatalysierten Zersetzung begleitet ist (*49*) (s. S. 284). Besser bewährte sich die Reduktion mit KJ unter Zusatz von Eisen(III)-chlorid (*50*) oder Titan(III)-sulfat (*51*). Man kann auch den Perester mit Natriummethylat in Methanol umestern und das entstehende Hydroperoxyd anschließend jodometrisch bestimmen (*52*). Chromatographisch ließen sich Perester von anderen Peroxyden trennen und qualitativ bestimmen (*53*). Auch die charakteristische kurzwellige Absorption der Perester – Carbonylbande bei 1747–1820 cm^{-1} (*22, 54*) – erlaubte eine qualitative Charakterisierung und quantitative Konzentrationsbestimmung für kinetische Messungen gleichermaßen. Die Absorption der Peroxydbindung selbst ist nicht immer eindeutig zuzuordnen (*55*). Aus den polarographischen Halbwellenpotentialen verschiedener Peroxyde folgte eine Abnahme der Peroxyd-Bindungsstärke in der Reihe

Dialkylperoxyd > Perester ≃ tert. Alkylhydroperoxyd > Diacylperoxyd > Persäure (*56, 57*),

woraus man wiederum erkennt, daß Perester den Hydroperoxyden näher stehen als den Persäuren. Röntgenpulverdiagramme zeigten, daß langkettige aliphatische tert.-Butylperester und tert.-Butylester verschiedene Kristallstruktur besitzen und in ersteren die tert.-Butylgruppe frei drehbar ist. Auch die Dipolmomente einzelner Perester wurden bestimmt (*58*).

III. Synchronzerfall und basenkatalysierte Fragmentierung von Perestern prim. und sek. Hydroperoxyde

Schon *A. v. Baeyer* fand Ester prim.- und sek.-Hydroperoxyde besonders instabil (*2*) und basenempfindlich (*4*). Sie sind nur unter speziellen Bedingungen isolierbar (*2, 15, 18, 19*) und zerfallen leicht in Carbonylverbindung und Carbonsäure (Gl. 9); eine systematische Untersuchung

$$R{-}C({=}O){-}O{-}O{-}CH R'R'' \longrightarrow R{-}C({=}O){-}OH + O{=}C R'R'' \qquad \text{Gl. 9}$$

dieser Verbindungsklasse steht daher noch aus. Die erwähnte Zersetzung verläuft wesentlich rascher als die der tert.-Alkylperoxyester (s. Tab. 1). Die in Tab. 1 wiedergegebenen Beispiele 1 und 2 zündeten die Polymerisation nicht und bildeten, unabhängig vom Lösungsmittel, mit gleicher Geschwindigkeit als Hauptprodukte Carbonylverbindung und Carbonsäure, dagegen kein CO_2, während tert.-Butylperacetat (No. 3, Tab. 1) wesentlich langsamer als typischer Radikalgenerator 77% CO_2 lieferte (*59*). Ein Mehrzentrenmechanismus, Gl. 9, wird diesen Fakten am besten gerecht.

Tabelle 1. *Halbwertszeit der Thermolyse von Perestern der Essigsäure* (*59*)

R in CH_3–CO–OOR	Lösungsmittel	Halbwertszeit in Min. bei 64,6 °C
n-C_4H_9	α-Methyl-styrol	3,1
	Brombenzol	3,2
sek.-C_4H_9	α-Methyl-styrol	0,9
tert.-C_4H_9	Chlorbenzol	280

Die basenkatalysierte Zersetzung dieser Verbindungen läßt sich als β-Eliminierung formulieren (*60*) Gl. 10.

$$CH_3-\overset{\overset{\large O}{\|}}{C}-O-O-\underset{\underset{\large R''}{|}}{\overset{\overset{\large H}{|}}{C}}-R' \quad (:B) \longrightarrow CH_3-COO^{\ominus} \quad O{=}C\begin{matrix}R'\\R''\end{matrix} + HB^{\oplus} \qquad \text{Gl. 10}$$

IV. Homolytische Perester-Zersetzungen

1. Homolyse der Peroxydbindung

Perbenzoesäure-tert.-butylester (7) zersetzt sich bei 60 °C in aromatischen Lösungsmitteln 40–50mal rascher als Di-tert.-butylperoxyd (8), aber 40–50mal langsamer als Dibenzoylperoxyd (9) (*22*) (s. Tab. 2).

Tabelle 2. *Halbwertszeiten verschiedener Peroxydthermolysen*

	Halbwertszeit in Min. bei 60 °C
$(CH_3)_3C$–O–O–$C(CH_3)_3$ (8)	10^7
C_6H_5–CO–O–O–$C(CH_3)_3$ (7)	3×10^5
C_6H_5–CO–O–O–CO–C_6H_5 (9)	6×10^3

$$R{-}OO{-}R' \rightarrow R{-}O\bullet + R'{-}O\bullet \qquad \text{Gl. 11}$$

(7) und (8) unterscheiden sich, ebenso wie (8) und (9), durch den Austausch des tert.-Butyloxy-Restes gegen den Benzoyloxy-Rest. Da im Übergangszustand der Homolyse (Gl. 11) die Radikale RO· bzw. R'O· schon vorgebildet sind, senkt die gegenüber den tert.-Butyloxyradikalen höhere Mesomerieenergie der Benzoyloxyradikale die Halbwertszeit um den konstanten Faktor 40–50. Beim Dibenzoylperoxyd-Zerfall ließen sich die Benzoyloxyradikale durch Jod in feuchtem CCl_4 abfangen und fast quantitativ als Benzoesäure isolieren (*61*). Diese dürfte durch rasche Hydrolyse von Benzoylhypojodid entstanden sein (*61*). Beim tert.-Butylperbenzoat wurde gezeigt, daß die Peroxydhomolyse irreversibel erfolgt, da während der Zersetzung $C{=}O^{18}$-markierten tert.-Butylperbenzoats keine Wanderung der Markierung in die Peroxydbindung nachweisbar war (*62*).

Die unimolekulare Thermolyse des Di-tert.-butylperoxyds in Lösung ist fast gleich schnell wie in der Gasphase (*63*) und völlig unabhängig von der Konzentration und der Art des Lösungsmittels. Auch bei der Zersetzung in jodhaltigem Toluol erhielt man aus dem Verschwinden der Jodfarbe für die Bildung freier Radikale die gleiche RG-Konstante (*64*). Der Homolyse des Dibenzoylperoxyds hingegen ist eine induzierte Zersetzung als Kettenreaktion überlagert, die eine starke Abhängigkeit der RG von der Peroxydkonzentration und dem Lösungsmittel bewirkt (*65*).

Der induzierte Zerfall besteht darin, daß Dibenzoylperoxyd (9) nicht nur durch die unimolekulare Homolyse (Gl. 12) sondern auch durch Angriff freier Radikale (Gl. 14) verbraucht wird. Die angreifenden Radikale leiten sich meist vom Lösungsmittel z.B. Dibutyläther ab (Gl. 13). Da in Gl. 14 wieder ein neues Benzoyloxyradikal entsteht, bilden Gl. 12–14 zusammen eine *Radikalkette*.

$$\underset{(9)}{C_6H_5{-}CO{-}OO{-}CO{-}C_6H_5} \xrightarrow{k_1} 2\,C_6H_5{-}C\begin{matrix}{/\!\!/}O\\ \backslash O\bullet\end{matrix} \qquad \text{Gl. 12}$$

$$C_6H_5{-}C\begin{matrix}{/\!\!/}O\\ \backslash O\bullet\end{matrix} + C_3H_7{-}CH_2{-}OC_4H_9 \longrightarrow C_6H_5{-}COOH + C_3H_7{-}\dot{C}H{-}OC_4H_9 \qquad \text{Gl. 13}$$

$$C_4H_9O{-}\dot{C}HC_3H_7 + (9) \rightarrow C_4H_9O{-}\underset{}{\overset{C_3H_7}{\overset{|}{C}}}H{-}O{-}COC_6H_5 + C_6H_5COO\bullet \qquad \text{Gl. 14}$$

Nach welcher Ordnung das Peroxyd in dieser Kettenreaktion verbraucht wird, hängt von der gültigen Kettenabbruchreaktion ab (*65*). Zur Überprüfung, ob der Spontanzerfall eines Peroxyds von induzierter Zersetzung begleitet ist, reicht es nicht aus, die Abhängigkeit der RG-Konstante von der Konzentration zu ermitteln, da die induzierte Zersetzungskette auch der 1. Ordnung in Peroxyd folgen kann (*66*). Erst Lösungsmittelwechsel, Zusatz von Inhibitoren und Verfolgen der Reaktion durch die Entfärbung der Lösung stabiler Radikale erlaubt eine zuverlässige Abgrenzung der beiden Zerfallsmöglichkeiten.

Bei Perestern besitzt der induzierte Zerfall weniger Bedeutung. *A. T. Blomquist* und *A. F. Ferris* stellten für tert.-Butylperbenzoat (7) in p-Chlor-toluol nur 10% Zunahme der RG-Konstante bei zehnfacher Steigerung der Konzentration fest. Zusatz von Inhibitoren reduzierte die Zersetzungsgeschwindigkeit wieder (*67*). Während sich die RG in aromatischen Lösungsmitteln allgemein nur um etwa 10–20% unterschied, war sie in n-Butylacetat, Di-n-butyläther und n-Butanol stark erhöht und von der 1. Ordnung abweichend (*68*). Bei Styrolzusatz stellte man auch in diesen Lösungsmitteln die normale RG fest. Bei anderen Perestern und beim Dibenzoylperoxyd (9) war der induzierte Zerfall ebenfalls in ätherischer Lösung am stärksten. So zerfiel Di-tert.-butyl-di-peroxalat (10) in Diisopropyläther fast quantitativ unter Bildung von CO_2, tert.-Butanol und Isopropenyl-isopropyläther (*69*) Gl. 15–16.

$$(CH_3)_3CO\bullet + (CH_3)_2CH{-}O{-}CH(CH_3)_2 \longrightarrow (CH_3)_3COH + (CH_3)_2\dot{C}{-}OCH(CH_3)_2 \qquad \text{Gl. 15}$$

$$(CH_3)_2\dot{C}{-}OCH(CH_3)_2 + \underset{(10)}{\left[(CH_3)_3C{-}O{-}O{-}\overset{O}{\overset{\|}{C}}\right]_2} \longrightarrow \qquad \text{Gl. 16}$$

$$CH_2{=}\overset{CH_3}{\overset{|}{C}}{-}O{-}CH(CH_3)_2 + (CH_3)_3COH + 2\,CO_2 + (CH_3)_3C{-}O\bullet$$

Der induzierte Zerfall setzt im allgemeinen durch S_R2-Reaktion eines Radikals an der Peroxydbindung (*70*) (z.B. Gl. 14) oder durch H-Übertragung auf die Peroxydbindung (*63, 69, 71*) (z.B. Gl. 16) ein. Es ist verständlich, daß die S_R2-Reaktion an der Peroxydbindung (z.B. Gl. 14) durch α-Alkoxyradikale besonders leicht erfolgt, da ihr Übergangszustand dabei durch einen polaren Effekt stabilisiert werden kann (11).

$$(11)\quad C_4H_9O{-}\underset{(\delta+)}{\overset{C_3H_7}{\overset{|}{C}H\bullet}} \dashrightarrow \underset{(\delta-)}{\overset{COC_6H_5}{\overset{|}{O}}} \dashrightarrow O{-}COC_6H_5$$

Auch die geringe Neigung des Di-tert.-butylperoxyds (8), und die starke Tendenz des Dibenzoylperoxyds (10) an dieser Reaktion teilzunehmen, ist verständlich, da bei letzterem die Qualität der austretenden

Gruppe wesentlich besser ist, der Radikalangriff an der Peroxydbindung des Di-tert.-butylperoxyds andererseits einer S_N2-Reaktion in Neopentylstellung zu vergleichen ist. Perester nehmen verständlicherweise eine Mittelstellung ein.

A. T. Blomquist und *I. A. Berstein* untersuchten die Thermolyse subst. tert.-Butyl-perbenzoate in Diphenyläther, wobei kein induzierter Zerfall nachweisbar war (*72*). Die RG sank mit der Stärke der zugrunde liegenden Säure und ließ sich durch die Hammet-Beziehung mit $\rho = -0{,}68$ bei 110 °C erfassen (*73*) (s. Tab. 3).

Tabelle 3. *RG der Thermolyse subst. Perbenzoesäure-tert.-butylester in Diphenyläther bei 131 °C (72)*

Substituent	$k_1 \times 10^4$ (sec^{-1})	$\Delta E^{\ddagger}$ kcal/Mol	$\Delta S^{\ddagger}$ cal/Grad Mol
p-CH_3O	4,26	35,8	12
p-CH_3	3,25	36,1	13
unsubst.	2,92	37,5	16
p-Cl	2,42	39,3	20
p-NO_2	1,10	41,3	24

Völlig analoge Ergebnisse lieferte die kinetische Untersuchung der thermischen Zersetzung 5-substituierter Thiophen-2-percarbonsäure-tert.-butylester (12). Der induzierte Zerfall wurde hier durch Styrolzusatz unterdrückt (*74*).

Diese RG-Folgen wurden, wie bei den subst. Diaroylperoxyden (*75*), durch induktive Stabilisierung oder Destabilisierung des Grundzustandes gedeutet (13), da Substituenten eine ungünstige Dipol-Dipol-Wechselwirkung im Grundzustand steigern oder verringern können.

Thienyl—C(=O)—O—O—C$(CH_3)_3$ (12)   Ar—CO—OO—C$(CH_3)_3$ (13)

Dem Einfluß der Säurestärke auf die Thermolysegeschwindigkeit kann bei der Verwendung von Perestern als Initiatoren praktische Bedeutung zukommen. Der Perameisensäure-tert.-butylester ist verständlicherweise noch stabiler als das Perbenzoat (*76*). Perester noch stärkerer Säuren wie z.B. der Arylsulfonsäuren (*77*) zeichnen sich jedoch nicht durch weitere Erhöhung der Stabilität aus, da nun eine ionische Zersetzung die homolytische ablöst (s. S. 284).

2. Nachbargruppenbeteiligung bei der Peresterhomolyse

J. C. Martin und Mitarb. stellten fest, daß tert.-Butylperbenzoate, die in ortho-Position Thioätherfunktionen (z.B. 14) oder Jod tragen, wesentlich rascher zerfallen als die unsubstituierte Verbindung (7) (s. Tab. 4) (*78*). Zusatz von Styrol oder Acrylnitril hatte nur geringen Einfluß auf die RG, induzierter Zerfall kann daher nicht für die erhöhte Zerfallsfreudigkeit verantwortlich sein. Der im Vergleich geringe Einfluß der orthoständigen tert.-Butylgruppe (s. Tab. 4) schließt einen sterischen Effekt als Ursache aus. Der p-CH_3S-Rest (*79*) ordnete sich normal in die Reihe der anderen p-Substituenten (*72*) ein (s. Tab. 4). Als Erklärung wurde Nachbargruppenbeteiligung des Schwefels unter Schalenerweiterung im RG bestimmenden Schritt der Homolyse angenommen (*79*) gem. Gl. 17.

Tabelle 4. *Thermische Zersetzung subst. tert.-Butyl-perbenzoate $X—C_6H_4—CO—O—O—C(CH_3)_3$ in Chlorbenzol* (*72, 79, 82*)

X	k_{rel} (60 °C)	ΔH‡ kcal/Mol	ΔS‡ cal/Grad·Mol
o-(p-$CH_3OC_6H_4$—S—)	$6{,}85 \cdot 10^4$	20,3	—10
o-(C_6H_5—S—)	$2{,}45 \cdot 10^4$	23,0	—3
o-(p-ClC_6H_4—S—)	$1{,}30 \cdot 10^4$	22,4	—7
o-(p-$NO_2C_6H_4$—S—)	$0{,}38 \cdot 10^4$	22,0	—10
o-CH_3—S—	$1{,}41 \cdot 10^4$	22,6	—5
o-J	43,4	28,0	—1
o-$C(CH_3)_3$	3,0	34,2	+12
unsubst.	=1,0	34,1	+10
p-CH_3—S—	3[a])	—	—
o-CH_3—SO_2—	0,4[a])	38	+19
(18)	1,0[a])	30,6	+1,0
(19)	1,4[a])	37,4	+19

[a]) k_{rel}-Werte bei 120 °C bezogen auf unsubst. Verbindung bei 120 °C = 1,0.

Die negativen Aktivierungsentropien, die schon bei niedriger Temperatur erfolgende Auslösung der Mischpolymerisation von Styrol-Methacrylester-Gemischen und die isolierten Produkte ließen sich mit dem in Gl. 17 skizzierten Mechanismus deuten (*79*). Dies gilt vor allem für die hohe Acetonausbeute und die Phenylwanderung (*80*) in dem wahrscheinlich durch Radikaldimerisation entstandenen Disulfid (15) als Hauptprodukt. Mit dem stabilen Sauerstoffradikal *Galvinoxyl* (*64, 81*) (16) ließen sich über 50% der erwarteten Radikale abfangen. Die Geschwindigkeit

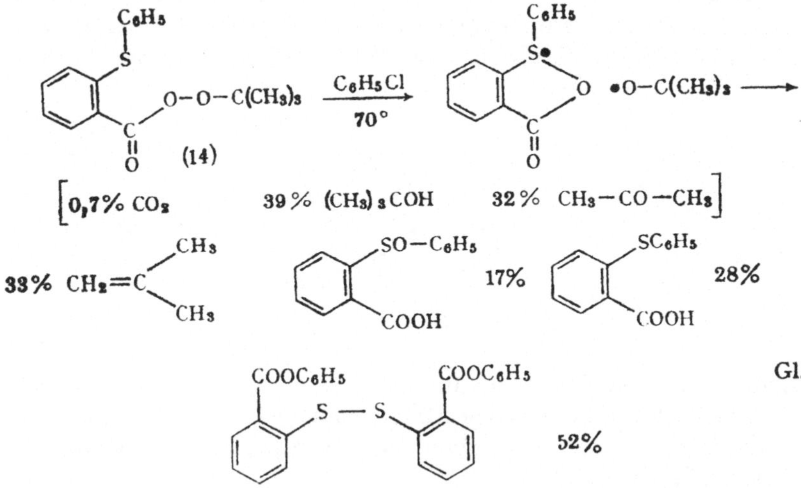

C_6H_5 S O–O–$C(CH_3)_3$ C=O (14) $\xrightarrow[70°]{C_6H_5Cl}$ C_6H_5 S• O C=O •O–$C(CH_3)_3$ ⟶

[0,7% CO_2 39% $(CH_3)_3COH$ 32% $CH_3-CO-CH_3$]

33% $CH_2=C(CH_3)_2$ $SO-C_6H_5$ COOH 17% SC_6H_5 COOH 28%

$COOC_6H_5$ S — S $COOC_6H_5$ 52%

Gl. 17

der Radikalbildung wurde auch durch Photometrie der Galvinoxylfarbe ermittelt und folgte bis über 90% Umsatz der 1. Ordnung (16).

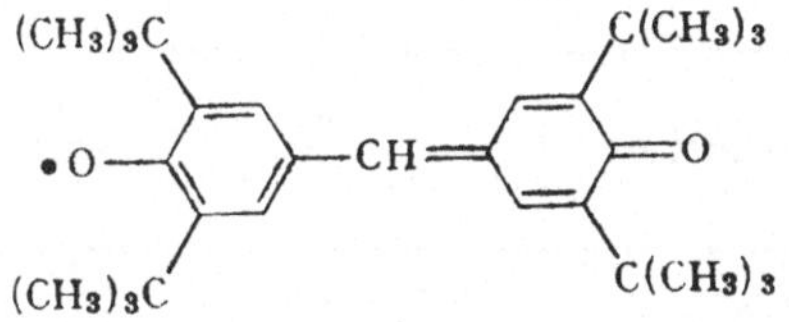

$(CH_3)_3C$ $C(CH_3)_3$ •O– –CH= =O $(CH_3)_3C$ $C(CH_3)_3$

(16)

Elektronenliefernde Gruppen in der ortho-Thioarylgruppierung beschleunigten, elektronenanziehende hemmten den Zerfall gemäß einer Hammet-Beziehung mit $\rho = -1{,}3$ (*82*). Dieser Substituenteneinfluß kann nicht durch induktive Beeinflussung des Grundzustandes gedeutet werden, da der ρ-Wert fast doppelt so groß ist wie der von para-Substituenten im tert.-Butylperbenzoat (*72*) (7). *Martin* nahm daher an, daß der Übergangszustand (17) der Homolyse, welcher noch spingekoppelte Elektronen aufweist, polarer ist als der Grundzustand und deshalb durch Substituenten stärker in seiner Stabilität beeinflußt wird. Dies läßt sich durch Beteiligung polarer Grenzformeln, in denen alle Elemente Oktettstrukturen besitzen, ausdrücken (17). Die größere Polarität des Übergangszustandes spiegelt sich auch in einem erstaunlich großen, durch die *Kosowerschen* Z-Werte (*83*) oder die *Winsteinschen* Y-Werte (*83*) quantitativ erfaßbaren Einfluß der Lösungsmittelpolarität auf die Geschwindigkeit wieder (*78, 79*). Unabhängig davon, ob die Geschwindigkeit durch

Verfolgen der Radikalbildung mit Hilfe von Galvinoxyl bestimmt wurde oder durch laufende Bestimmung der noch vorhandenen Peresterkonzentration, erhielt *Martin* die gleiche, etwa 800fache Steigerung der RG beim

$$\left\{ \text{Ar–S}\cdots\text{O}\,\downarrow\text{O–C}(CH_3)_3 \longleftrightarrow \text{Ar–}S^{\oplus}\cdots\text{O}\;\overset{\ominus}{\text{O}}\text{–C}(CH_3)_3 \right\} \quad (17)$$

Übergang von Cyclohexan zu Methanol (Tab. 5). Die Ionisationsgeschwindigkeit des p-Methoxy-neophyltosylats während der Solvolyse wurde durch einen gleichen Wechsel der Solvenspolarität nur etwa doppelt so stark beschleunigt (*84*).

Tabelle 5. *Thermolyse von* *o-*(C_6H_5S)*–*C_6H_4CO*–O–O–*$C(CH_3)_3$ (14) *bei 25°C in verschiedenen Lösungsmitteln, verfolgt durch Photometrie zugesetzten Galvinoxyls* (*78, 79*)

Lösungsmittel	$k_1 \cdot 10^4$ (sec^{-1})	Abfang-wirksamkeit in %
Cyclohexan	0,0033	34
Chlorbenzol	0,043	—
Aceton	0,060	32
90 %-Dioxan	0,46	98
tert.-Butanol	0,16	30
Acetonitril	0,66	66
Isopropanol	0,54	41
Äthanol	1,2	53
Methanol	2,7	33

Auch die Erhöhung der Polarität des Reaktionsmediums durch Salzzusatz äußerte sich zerfallsbeschleunigend (Tab. 6). Der Salzeffekt auf die Ionisationsgeschwindigkeit während der Solvolyse des p-Methoxy-neophyltosylats in Tetrahydrofuran war sechsmal größer (*85*).

Die Nachbargruppenbeteiligung des Schwefels war, wie zu erwarten, von sterischen Voraussetzungen und dem Bindungszustand des Schwefels abhängig. Die letzten drei Beispiele in Tab. 4 thermolysierten lang-

Tabelle 6. *Zersetzung von 0,06 Mol/l o-(C_6H_5S)—C_6H_4—CO—O—O—C(CH_3) (14) in Tetrahydrofuran in Gegenwart von 0,4 Mol/l Styrol und Lithiumperchlorat. Messung durch Photometrie zugesetzten Galvinoxyls (78, 79)*

$LiClO_4$ Mol/l	$k_1 \cdot 10^5$ (sec^{-1})	Abfang-wirksamkeit in %
—	0,43	—
0,031	1,3	92
0,093	3,3	93
0,124	4,5	88

sam (*82*). Die Koordinationszahl 4 des Schwefels macht den o-Methylsulfonylrest zu einer wirkungslosen Nachbargruppe. Die Beispiele (18) und (19) der Tab. 4 weisen darauf hin, daß bei Nachbargruppenbeteili-

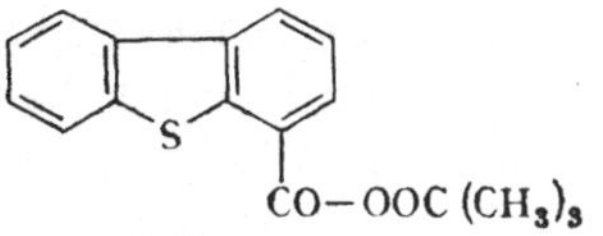

S
CO—OOC $(CH_3)_3$
(18)

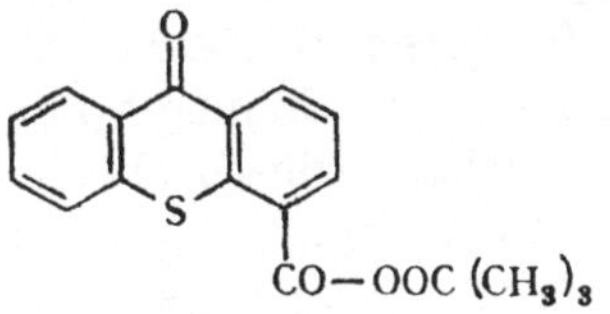

O
S
CO—OOC $(CH_3)_3$
(19)

gung die Bindungsebenen der drei Reste am Schwefel, wie bei Sulfoniumsalzen, nicht in einer Ebene liegen, sondern die Bindungswinkel α kleiner als 120° sind.

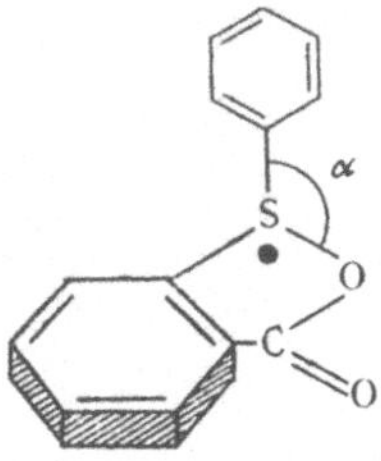

α
S
O
C
O

Auch subst. Vinylreste in ortho-Stellung des tert.-Butyl-perbenzoats (20) u. (21) erhöhten die Zerfallsgeschwindigkeit (*86*) relativ zum tert.-Butylperbenzoat (7) ($k_{rel.}$ 60 °C = 1,0).

Die negative Aktivierungsentropie spricht wiederum für Nachbargruppenbeteiligung. Induzierter Zerfall war nicht nachweisbar. Mit Galvinoxyl konnten 91 % der erwarteten Radikale abgefangen werden.

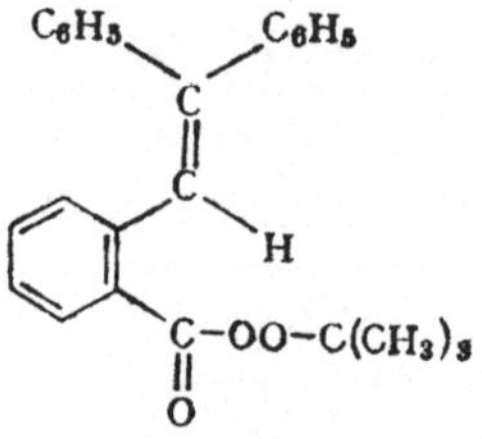

(20)

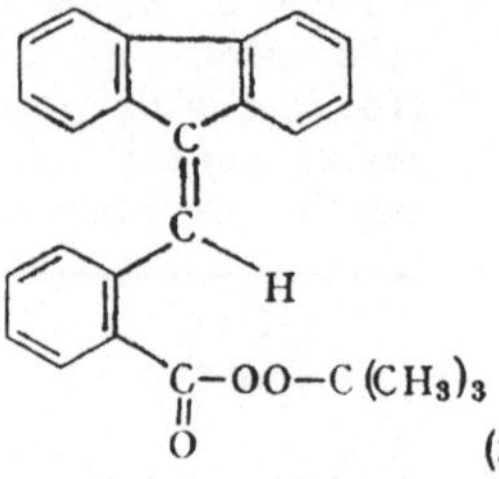

$k_{rel.}$ 60 °C = 67,0

$\Delta H^{\ddagger}$ = 26,3 kcal/Mol

$\Delta S^{\ddagger}$ = –5 cal/Grad Mol

(21)

$k_{rel.}$ 60 °C = 200

Die Zerfallsgeschwindigkeit war stark vom Lösungsmittel abhängig, weshalb wieder Beteiligung polarer Grenzformeln am Übergangszustand angenommen wurde (22). Diese haben bei (21) vermutlich geringeres Gewicht ($k_{Methanol}/k_{Cyclohexan}$ = 6,3) als bei (20) ($k_{Methanol}/k_{Cyclohexan}$ = 62). Auch die beiden Hauptprodukte (23) und (24) sind typisch für diesen Radikalzerfall, ebenso die Beobachtung eines starken ESR-Signals. Die Bildung von (23) aus $C{=}O^{18}$-markiertem Perester erfolgte zu 76 % spezifisch mit dem schweren Sauerstoff in der Carbonylgruppe (*87*). In reinem Cyclohexadien als Lösungsmittel stieg die Ausbeute von (23) sogar auf über 60 %, die Markierung war dann aber über beide Stellungen äquilibriert. Womöglich spielt unter diesen Bedingungen induzierter Zerfall eine Rolle; weitere Versuche müssen zur Klärung beitragen.

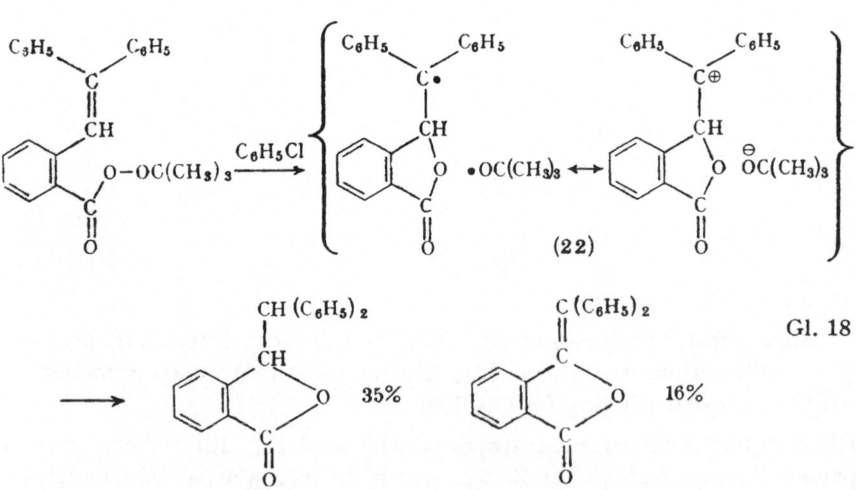

C_6H_5Cl

(22)

35%

16%

(23)

(24)

Gl. 18

3. Homolytische Perester-Fragmentierungen

Zahlreiche Untersuchungen wurden durch den Befund von *P. D. Bartlett* und *R. R. Hiatt* (*22*) angeregt, daß sich α-Phenyl-, α-Vinyl- oder α-Alkyl-substituierte tert.-Butylperacetate wesentlich rascher zersetzen als die Grundverbindung (*88–90*a). Die in Tab. 7 erkennbare dramatische

Tabelle 7. *Thermolysegeschwindigkeiten von Perestern R—CO—OO—C(CH_3)$_3$ in Chlorbenzol*

R	$t_{1/2}$ 60°C Min.	ΔH‡ kcal/Mol	ΔS‡ cal/Grad ·Mol	Lit.
1. CH_3	500000	38	17	(*22*)
2. $CH_3(CH_2)_8$—	210000[a])	35,3	14	(*91*)
3. $CH_3(CH_2)_{12}$—	210000[a])	35,0	13	(*91*)
4. $(CH_3)_2CH$—	10000[b])	31,8	9	(*92*)
5. C_6H_5—CH_2—	1700	28,7	4	(*64, 93*)
6. $(CH_3)_3C$—	300	30,6	13	(*93*)
7. $C_6H_5CH{=}CH$—CH_2—	100	23,5	—6	(*22*)
8. $(C_6H_5)_2CH$—	26	24,3	—1	(*22*)
9. $C_6H_5(CH_3)_2C$—	12	26,1	6	(*22*)
10. $(C_6H_5)_2CH_3C$—	6	24,7	3	(*22*)
11. $C_6H_5(CH_2{=}CH)CH$—	4	23,0	—1	(*22*)

[a]) in Nitrobenzol [b]) in Cumol

Änderung der Zerfallsgeschwindigkeit um den Faktor 100000 durch α-Substitution läßt sich nicht durch induktive Beeinflussung der Peroxyd-Bindungsstärke deuten. Es muß ein Wechsel im Mechanismus eingetreten sein. Da die RG parallel mit der Radikalstabilität des Restes R

$$R\text{—}\underset{\substack{\|\\ O}}{C}\text{—}O\text{—}O\text{—}C(CH_3)_3 \rightarrow \left[R\cdots\cdots\overset{\substack{O\\ \|}}{C}\overset{\cdots\cdots}{=\!=}O\cdots\cdots O\text{—}C(CH_3)_3\right] \rightarrow R\bullet \quad CO_2 \quad \bullet O\text{—}C(CH_3)_3 \qquad \text{Gl. 19}$$

ansteigt, postulierten *Bartlett* und *Hiatt* (*22*) eine radikalische Fragmentierung, bei der gleichzeitig mit der Spaltung der Peroxydbindung Decarboxylierung erfolgt (*94*) Gl. 19. Wenn im Übergangszustand die R····C-Bindung bereits teilweise gelöst ist, kann die Bildungstendenz des CO_2 und die Mesomerieenergie des Radikals R zur Erniedrigung der Aktivierungsenergie beitragen (*94*).

In allen Beispielen der Tab. 7 wurden 80–100 % CO_2 und typische radikalische Produkte isoliert, z.B. Aceton, tert.-Butanol, Dimere (R–R) und tert.-Butyläther (R—O-tert.-Butyl). Induzierter Zerfall wurde durch Variation der Peresterkonzentration und Zufügen von Inhibitoren weitgehend ausgeschlossen.

Besonders interessant war das parallele Absinken von Aktivierungsenergie und Aktivierungsentropie. Obwohl lineare Beziehungen zwischen den Aktivierungsparametern mit größter Skepsis zu betrachten sind (*95*), erlaubte die hier beobachtete, nicht vollkommen lineare Beziehung, eine Interpretation (*22, 88*). Die Mesomerieenergie des Radikals R kann nur dann zur Senkung der Aktivierungsenergie beitragen, wenn das π-Elektronensystem des Radikals im Übergangszustand mit der Perestergruppierung eingeebnet ist. Hierbei müssen freie Rotationsmöglichkeiten eingeschränkt werden, was mit einem Absinken der Aktivierungsentropie verbunden ist. Je größer das konjugierte System in R, um so mehr freie Rotationen müssen aufgehoben werden (z.B. No. 5 und 8 in Tab. 7) und um so negativer wird $\Delta S^{\neq}$. Die Aktivierungsentropie des Pivalinsäureperesters (No. 6, Tab. 7) war normal wie erwartet, da R kein π-Elektronensystem besitzt. Auch die Beobachtung eines kinetischen Isotopen-effekts für die Thermolyse des α-D-tert.-Butyl-perphenylacetats (k_H/k_D = 1,17) bzw. α-D-tert.-Butyl-α-phenyl-perpropionats (k_H/k_D = 1,14) und eines kleinen sek. Isotopeneffekts für β-D-tert.-Butyl-α-Phenyl-perpropionats (k_H/k_D = 1,04) sind mit dem Fragmentierungsmechanismus deutbar (*95a*).

Die Frage, ob tert.-Butylperacetat selbst radikalisch fragmentiert (Gl. 19) oder unter einfacher Homolyse der Peroxydbindung (gem. Gl. 11) primär Acetoxyradikale (*22*) bildet, ist noch nicht eindeutig geklärt. Während sich Benzoyloxyradikale abfangen ließen (*61*), ist ein direkter Nachweis von Acetoxyradikalen bisher nicht eindeutig gelungen (*96*) und Mechanismen verschiedener Reaktionen, die bisher über Acetoxyradikale formuliert wurden, konnten jüngst widerlegt werden (*97, 98*). Auch Untersuchungen der kinetischen Isotopieeffekte gaben widersprüchliche Ergebnisse. *M. J. Goldstein* und *M. Yoshida* bestimmten die C^{12}/C^{13}- und O^{16}/O^{18}-Isotopeneffekte der zu 99 % erfolgenden Decarboxylierung von tert.-Butylperacetat (*99*) und Diacetylperoxyd (*100*) und folgerten, daß Spaltung der Peroxydbindung und Decarboxylierung gleichzeitig erfolgen. Jüngst wurde aber gezeigt, daß Deuterodiacetylperoxyd gleich schnell zerfällt wie die nicht markierte Verbindung, was als Argument gegen den Fragmentierungsmechanismus auch des tert.-Butylperacetats gewertet werden kann (*95a*).

Auch bei den Perestern der prim.- und sek.-Alkylcarbonsäuren (*91, 92*) ist noch keine eindeutige Entscheidung zwischen Peroxyd-Homolyse und Fragmentierung möglich (s. No. 2–4, Tab. 7), da Alkylgruppen auch die einfache Homolyse durch ihren induktiven Effekt beschleunigen könnten. *L. K. Montgomery* und *P. Cordes* konnten allerdings beim Zerfall des Perpropionsäure-tert.-butylesters die Ausbeute an Propionsäure durch Zusatz von 0,60 Mol/l n-Butylmercaptan von 6 % auf 79 % steigern, ohne daß sich die RG merklich änderte. Demnach lassen sich die Acyloxyradikale in diesem Beispiel durch den guten H-Donor, das Mercaptan, abfangen (*95b*). Der negative induktive Effekt des Benzylrestes im Perphenylessigsäure-tert.-butylester (No. 5, Tab. 7) müßte aber die einfache Homolyse verlangsamen, daher darf hier die Fragmentierung als gesichert gelten.

Die hohe Thermolysegeschwindigkeit des Pertrichloressigsäure-tert.-butylesters (25) ($t_{1/2}$ 60°C = 970 Min., $\Delta H^{\ddagger}$ = 30,1 kcal/Mol, $\Delta S^{\ddagger}$ = 9 cal/Grad Mol) (*22, 93*) wurde durch Mesomerie der Trichlormethylradikale (26) gedeutet. Pertrifluoressigsäure-tert.-butylester hingegen ist stabiler als das einfache Peracetat und zerfällt heterolytisch (s. S. 288).

$$Cl_3C{-}CO{-}OO{-}C(CH_3)_3 \xrightarrow{-CO_2} \left\{ |\overline{Cl}{-}\dot{C}Cl_2 \leftrightarrow \cdot\overline{Cl}{=}CCl_2 \right\} + \cdot OC(CH_3)_3$$

(25) (26) Gl. 20

(27): 1-X-cyclohexan-1-carbonsäure-tert.-butylester, $C_6H_{10}(X){-}CO{-}OO{-}C(CH_3)_3$

(28): $C_6H_9{-}CO{-}OO{-}C(CH_3)_3$ (1-Cyclohexen-1-yl)

Trifluormethylradikale sind zu einer ähnlichen Mesomerie unter Schalenerweiterung nicht fähig. Auch Monosubstitution durch Chlor (27, X=Cl) oder Brom (27, X = Br) in α-Stellung führte beim Percyclohexylcarbonsäure-tert.-butylester (27, X = H) zu 1,2- bzw. 2,8facher Erhöhung der Thermolysegeschwindigkeit in CCl_4, was für eine Fragmentierung der drei Perester spricht (*101*). Der 1-Cyclohexenpercarbonsäure-tert.-butylester (28) zersetzte sich allerdings nur dreimal langsamer als die gesättigte Verbindung (*101*), obwohl man hier, wie bei den Perestern der Benzoesäure, Zerfall unter einfacher Peroxyd-Homolyse (Gl. 11) erwarten sollte. Aus den C–H-Dissoziationsenergien folgt ja, daß Phenyl- und Vinylradikale energiereicher sind als aliphatische Radikale (*102*).

4. Der polare Effekt bei homolytischen Perester-Fragmentierungen

Die kinetische Untersuchung der Thermolyse substituierter Perphenylessigsäure-tert.-butylester (29) offenbarte einen polaren Substituenteneffekt (*64*). Die Zerfallsgeschwindigkeiten folgten einer σ^+-Beziehung (*103*), unabhängig davon, ob man das Verschwinden des Peroxyds kinetisch verfolgte ($\rho = -1.04$ bei 120 °C in Chlorbenzol) oder die Bildungsgeschwindigkeit der Radikale durch Abfangversuche mit Jod in Toluol ($\rho = -1{,}20$ bei 56 °C) (*64*) ermittelte. Eine Deutung durch konkurrierende radikalische und ionische Fragmentierung (s. Abschn. V, S. 282) wobei letztere für die σ^+-Beziehung verantwortlich wäre, war damit ausgeschlossen. Die Gültigkeit der σ^+-Beziehung – und nicht der einfachen Hammet-Gleichung – zeigte, daß im Übergangszustand in Benzylstellung eine partielle positive Ladung auftritt, die mesomer stabilisiert werden kann (*103*). Die Tatsache, daß der ρ-Wert größer ist als er aus den Homolysegeschwindigkeiten der subst.-Perbenzoesäure-tert.-butylester (*72*) (7) bzw. der β-Phenyl-β-methylperbuttersäure-tert.-butylester (*104*) (47f) ermittelt wurde, zeigt, daß er nicht durch induktive Stabilisierung oder Destabilisierung des Grundzustandes gedeutet werden kann. Da im Übergangszustand einer homolytischen Bindungsspaltung die beiden Bindungselektronen noch gekoppelt sind, kann man das Auftreten von Partialladungen durch die Beteiligung polarer Grenzformeln (30) deuten (Gl. 21).

$$\underset{(29)}{Ar{-}CH_2\overset{\overset{O}{\|}}{C}{-}OO{-}C(CH_3)_3} \rightarrow \underset{(30)}{\left\{\begin{array}{c} ArCH_2^{\bullet}\;\overset{\overset{O}{\|}}{C}\cdots O\;{\bullet}OC(CH_3)_3 \\ \updownarrow \\ ArCH_2^{\oplus}\;\overset{\overset{O}{\|}}{C}\cdots O\;{:}\overset{\ominus}{O}C(CH_3)_3 \end{array}\right\}} \xrightarrow{-CO_2} \begin{array}{c} ArCH_2{\bullet} \\ \\ {\bullet}OC(CH_3)_3 \end{array} \qquad \text{Gl. 21}$$

Auch zur Beschreibung des partiellen Ionencharakters homöopolarer Bindungen (*105*) bedient man sich polarer Grenzformeln. Mit der Dehnung solcher Bindungen ist gesteigerte Ladungstrennung und somit eine Erhöhung des Dipolmomentes verbunden, unabhängig davon, ob die weitere Bindungsspaltung zu Ionen oder Radikalen führt. Dies hängt lediglich von der Ionisationsenergie bzw. Elektronenaffinität der Radikale ab, die bei völliger Bindungsspaltung entstehen könnten. Voraussetzung für die vorgeschlagene Deutung war, daß die Stabilität der entstehenden Benzylradikale nur wenig von den Substituenten beeinflußt wird. Der Substituenteneinfluß auf die Dissoziation subst. Hexaaryläthane (*106*) ist hierfür kein gutes Kriterium, da sterische Wechselwirkungen und Dipolabstoßung im Dimeren den Dissoziationsgrad stark beeinflussen können. Die Bindungsenergien subst. Benzylbromide (*107*), die Ionisationspotentiale subst. Benzylradikale (*108*) und die Reaktionsgeschwindigkeiten subst. Benzylbromide mit Chrom(II)-chlorid (*109*) bestätigen, daß Substituenten die Stabilität des Benzylradikals nicht maßgebend verändern. Nur Substituenten, die eine besonders gute radikalstabilisierende Wirkung entfalten, wie z.B. die Nitrogruppe, führen womöglich zu Abweichungen von der σ^+-Beziehung (*64, 110*) in (Gl. 21). Allerdings zerfällt der p-Methylmercapto-perphenylessigsäure-tert.-butylester langsamer als der p-Methoxy-perphenylessigsäure-tert.-butylester, die σ^+-Beziehung ist für beide erfüllt (110a).

Der Lösungsmitteleinfluß auf die Thermolyse des p-Methoxy-perphenylessigsäure-tert.-butylesters war zwar in der erwarteten Richtung, jedoch gering ($k_{rel.}$ Cyclohexan: Nitrobenzol: Äthanol = 1:3,6: 3,8) (*64*). Die Untersuchung weiterer Lösungsmittel erscheint jedoch wünschenswert, da Äthanol eine Ausnahmestellung einnehmen könnte (*111*).

Ein polarer Effekt der geschilderten Art darf nicht generell bei Radikalreaktionen erwartet werden, sondern nur dann, wenn positive und negative Partialladung im Übergangszustand gut stabilisiert werden können, senkt die Beteiligung polarer Grenzformeln das Energieniveau (*112*). Außerdem sollte sich dieser Effekt nur auf die Stabilität des Übergangszustandes auswirken, nicht aber auf die der getrennten Radikale. Er ist daher nur zu erwarten, wenn auch die Rückreaktion eine nennenswerte Aktivierungsenergie besitzt und einen Energieberg überwinden muß. Dies ist bei der radikalischen Peresterfragmentierung sicher der Fall (Abb. 1a), da die Rückreaktion einer Addition von Radikalen an die C=O-Bindung der Kohlensäure entspricht. Für die thermische Dissoziation von Benzylbromiden (*107*) (Abb. 1b) oder deren Reduktion

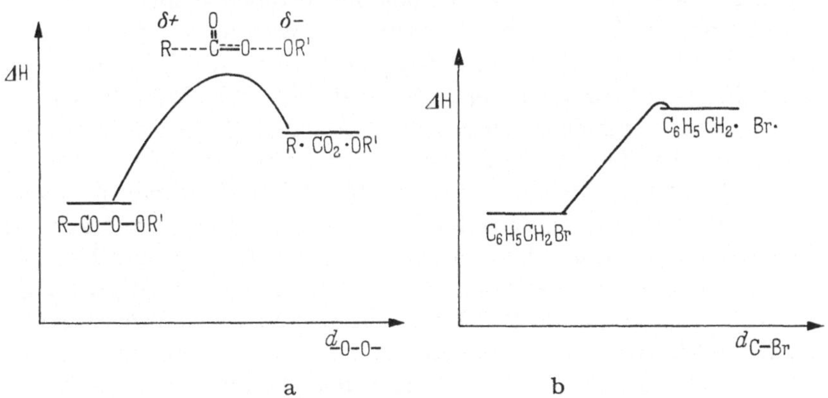

Abb. 1a. u. 1b. Energiediagramm der Peresterfragmentierung und der Benzylbromidpyrolyse

mit Chrom(II)-chlorid (*109*) erwartet man hingegen keinen polaren Effekt, da die Umkehrreaktionen, die Rekombination von zwei Radikalen und die Ligandenübertragung von Schwermetallhalogeniden auf Radikale, zu den schnellsten Reaktionen der organischen Chemie gehören.

Da Carboniumionenstabilität und Radikalstabilität im allgemeinen parallel laufen, erhob sich die Frage, inwieweit auch für die RG-Folge der Tab. 7 ein polarer Effekt verantwortlich ist. Es wurden daher Perester synthetisiert, die durch Decarboxylierung außergewöhnlich stabile Carboniumionen, aber weniger stabile Radikale liefern würden. Von der 2,4,6-Cycloheptatriencarbonsäure (31) und von subst. Cyclopropenylcarbonsäuren (32) abgeleitete tert.-Butylperester zerfielen in der Tat 10—60mal rascher als der Diphenyl-peressigsäure-tert.-butylester (33) (s. Tab. 8) (*111*).

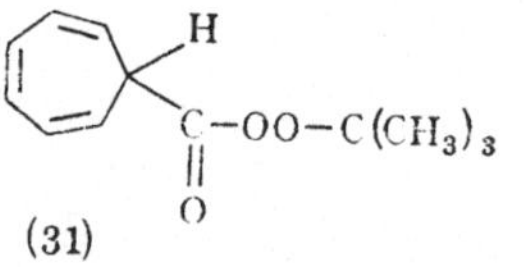

H, $C(=O)-OO-C(CH_3)_3$

(31)

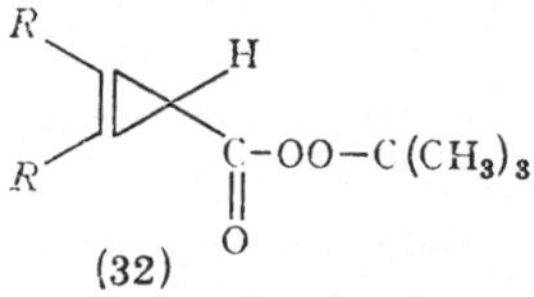

R, R, H, $C(=O)-OO-C(CH_3)_3$

(32)

$(C_6H_5)_2CH-CO-OO-C(CH_3)_3$

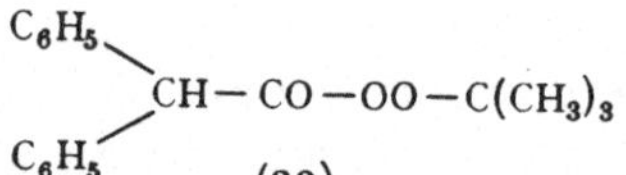

(33)

Vergleicht man No. 1 und 2 der Tab. 8, so fällt auf, daß die Aktivierungsenergie gleich ist, die Entropie sich aber um 5,5 Clausius unterscheidet. Die höhere Zerfallsgeschwindigkeit der Cyclopropenverbindung (32, R = n-Propyl) ist also durch eine günstigere Aktivierungsentropie verursacht, da nur die —CO—O-Bindung im Aktivierungsprozeß in ihrer Rotationsfreiheit eingeschränkt werden muß. Warum aber ist die Aktivierungsenergie von (32, R = n-Propyl) (Tab. 8) so niedrig, obwohl sich bei der Fragmentierung nur ein „Allylradikal" bildet? Nach Berechnungen mit der einfachen *Hückel*schen LA CO-Methode sollte der Gewinn an Delokalisierungsenergie beim Zerfall von (33) (No. 1, Tab. 8) in Radikale um 0,55 β höher sein als bei No. 2, Tab. 8. Nimmt man wieder partielle Ladungstrennung im Übergangszustand an, so trägt der Cyclopropenylrest wesentlich stärker zu deren Stabilisierung bei. Die Delokalisierungsenergie des Cyclopropenylkations ist um 1 β größer als die des Radikals, während Benzhydrylkation und -radikal gleich stabil sind. Die noch raschere Thermolyse des Diphenyl-cyclpropenyl-percarbonsäureesters (32, R = C_6H_5) (No. 3, Tab. 8) könnte durch die weiter erhöhte Radikalstabilität verursacht sein, die fehlende Einplanierung der Phenylreste erschwert jedoch die Interpretation. Die Fragmentie-

Tabelle 8. *Thermolyse verschiedener Perester $R—CO—OO—C(CH_3)_3$ in Chlorbenzol* (*111*)

R		$t_{1/2}$ 60°C Min.	$\Delta H^{\ddagger}$ kcal/Mol	$\Delta S^{\ddagger}$ cal/Grad·Mol	$\Delta DE_{Rad.}$* β	ΔDE_{Ion}* β
1. $(C_6H_5)_2CH—$	(33)	26	24,3	–1,0	–1,55 (*113*)	–1,55
2. 2,3-Dipropyl-cyclopropenyl-	(32)	2,8	24,6	4,5	–1,00 (*114*)	–2,00 (*114*)
3. 2,3-Diphenyl-cyclopropenyl-	(32)	1,9	23,6	2	–1,41 (*115–117*)	–1,90
4. 2,4,6-Cyclohepta-trienyl-	(31)	≈0,4	—	—	–1,55 (*114*)	–2,00 (*114*)

* Unter $\Delta DE_{Rad.}$ bzw. ΔDE_{Ion} versteht man die Änderung der π-Elektronen-Delokalisierungsenergie beim Übergang von Ausgangsperester zum Radikal R• bzw. Ion R^+, wie sie sich mit der einfachen Hückelschen LCAO-Methode errechnet (*118*).

rungsgeschwindigkeit des 2,4,6-Cycloheptatrien-percarbonsäure-tert.-butylesters (31) (No. 4, Tab. 8) ließ sich nicht exakt verfolgen, da als Nebenreaktion induzierte Zersetzung auftrat (s. S. 280). Der Perester war eindeutig zerfallsfreudiger als die Cyclopropenylpercarbonsäureester (32), wofür der höhere Gewinn an Delokalisierungsenergie für die Bildung des Cycloheptatrienylradikals verantwortlich sein dürfte (*119*).

Es ist interessant, daß der 2,3-Benzo-norcaradien-(2,4)-percarbonsäure-(7)-tert.-butylester (34) (*111*) nur wenig rascher zerfällt als tert.-Butyl-peracetat. Das gleiche gilt für den tert.-Butylperester der 7-H-Cycloprop(a)-acenaphthylen-7-carbonsäure (35) (*111*), obwohl Synchronzerfall unter Öffnung des Dreirings hier sogar das stabile Perinaphthenylradikal (36) bilden könnte. Die fast vollkommene Übereinstimmung der Halbwertszeit beider Perester (34) und (35) und des tert.-Butylperacetats (Tab. 7) (*22*) spricht gegen eine radikalische Fragmentierung in allen drei Beispielen. Die Fragmentierung ohne Öffnung des Dreirings müßte nämlich langsamer erfolgen als die des einfachen Peracetats, da die Zunahme der Winkelspannung bei der Bildung der Cyclopropylradikale sich zerfallserschwerend auswirken sollte. Vermutlich tritt einfache Homolyse der Peroxydbindung (Gl. 11) ein, obwohl jeweils über 93% CO_2 freigesetzt wurden.

H H $CO-O-OC(CH_3)_3$ H (34) $\xrightarrow[\not\,]{-CO_2}$ $\bullet OC(CH_3)_3$ Gl. 22

$t_{1/2}$ 60 °C = 400000 Min.; $\Delta H^{\ddagger}$ = 35,3 kcal; $\Delta S^{\ddagger}$ = 12 cal/Grad. Mol (*111*)

H H $CO-O-OC(CH_3)_3$ H (35) $\xrightarrow[\not\,]{-CO_2}$ (36) $\bullet OC(CH_3)_3$ Gl. 23

$t_{1/2}$ 60°C = 800000 Min.; $\Delta H^{\ddagger}$ = 36,7 kcal/Mol; $\Delta S^{\ddagger}$ = 15 cal/Grad. Mol (*111*)

Die Ladungstrennung im Übergangszustand der Fragmentierung des 2,3-Di-n-propyl-cyclopropenyl-percarbonsäure-tert.-butylesters (32, R = n-Propyl) ließ sich auch durch den Lösungsmitteleffekt auf die RG nachweisen. In 5 Lösungsmitteln folgte die Geschwindigkeit einer linearen Beziehung mit den E_T-Werten von *Dimroth* und *Reichardt* (*83*) als Maß der Solvenspolarität (Abb. 2). Der Wert für Äthanol weicht allerdings ab, wofür Solvatation des Peresters selbst verantwortlich sein könnte (*120*). Der Lösungsmitteleinfluß kann nicht durch konkurrierende ionische Fragmentierung gedeutet werden (s. S. 282), da in den methanolischen Zersetzungslösungen kein Dipropyl-cyclopropenyl bzw. bei (31) Cycloheptatrienyl-methyläther nachweisbar war.

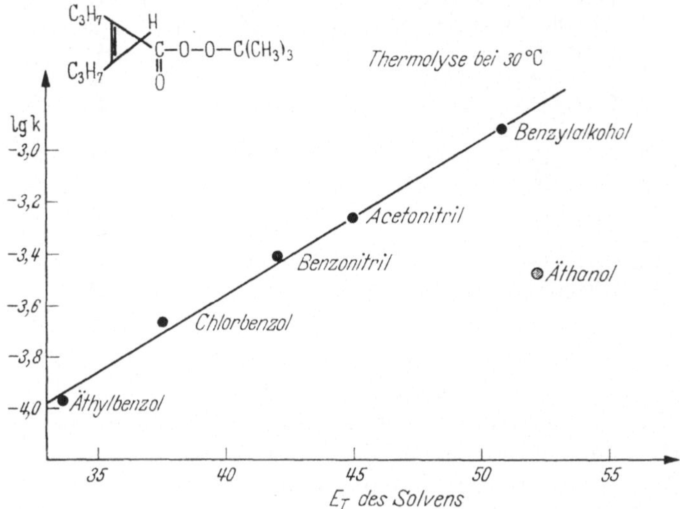

Abb. 2. Lösungsmitteleinfluß auf die Zerfallsgeschwindigkeit des 2,3-Di-n-propyl-cyclopropenyl-percarbonsäure-tert.-butylesters bei 30 °C (*111*)

Da Carboniumionenstabilität und Radikalstabilität meist parallel laufen, gibt es nur wenige Möglichkeiten, diesen polaren Effekt zur Bereitung von Tieftemperaturiniatoren heranzuziehen. Besonders geeignet hierfür sind Perester von Carbonsäuren, die in α-Stellung Ätherfunktionen tragen. α-Halogenäther ionisieren extrem rasch (*121*). Die große Reaktivität α-ständiger Wasserstoffe von Äthern bei radikalischen Substitutionen, wie z.B. der Autoxydation (*122, 123*), wird zwar oft der Bildung stabilisierter Radikale zugeschrieben, man findet diese hohe Reaktivität jedoch nur beim Angriff elektronegativer Radikale, nicht aber z.B. bei der Reaktion mit Phenylradikalen (*124*). Die Deutung durch einen polaren Effekt ist also auch hier zu bevorzugen. Die Beispiele in Tab. 9 unterscheiden sich um mehr als den Faktor 10000 in der Zerfallsgeschwindigkeit. Induzierter Zerfall beeinflußt die Reaktivitätsreihe sicher nicht ausschlaggebend, da Konzentrations- und Lösungsmittelwechsel sowie Zufügen von Styrol oder Acrylnitril zum Lösungsmittel die Zerfallsgeschwindigkeit und die CO_2-Ausbeute (70–90 %) nur geringfügig veränderten.

Tabelle 9. *Halbwertszeiten der Thermolyse α-subst.-tert.-Butylperacetate $X—CH_2—CO—O—OC(CH_3)_3$ in Äthylbenzol (126)*

X	T (°C)	$t_{1/2}$ (Min.)
1. H	70,5	45000
2. $p-NO_2—C_6H_4—O—$	70,5	171
3. 2,4-Dichlor—C_6H_4—O—	70,5	123
4. p-Br—C_6H_4—O—	70,5	45
5. p—Cl—C_6H_4—O—	70,5	40
6. C_6H_5—O—	70,5	26
7. p-CH_3—C_6H_4—O—	70,5	16
8. p-CH_3O—C_6H_4—O—	70,5	8
9. $C_6H_5CH_2$—S—	40,0	440
10. $C_6H_5CH_2$—O—	40,0	86
11. CH_3—O—	40,0	52
12. C_2H_5—O—	40,0	39
13. $(CH_3)_2CH$—O—	40,0	24

Die größere Halbwertszeit von No. 9 gegenüber No. 10 (Tab. 9) bescheinigt, daß die Zerfallsfreudigkeit durch einen polaren Effekt verursacht ist. Thioätherfunktionen stabilisieren Radikale besser (*124*), aber Carboniumionen weniger (*125*) als der Äthersauerstoff. Die höhere RG der Perester No. 10–13 (Tab. 9) und der Substituenteneinfluß in den Beispielen No. 2–8 (Tab. 9) ist ebenfalls mit einem polaren Effekt im Einklang. Auch Acyloxygruppen (*126*) und Thioarylätherfunktionen (*126*) in α-Stellung beschleunigen den Zerfall. Die Verbindungen erwiesen sich als ausgezeichnete Tieftemperaturinitiatoren.

5. Perester der Kohlensäure

N-Arylsubstituierte Peroxycarbaminsäure-tert.-butyl- oder -cumylester (37) sind sehr zerfallsfreudig (*42*), wofür eine radikalische Fragmentierung (Gl. 24) verantwortlich gemacht wurde (*42*). Beim N-Phenyl-peroxycarbaminsäure-tert.-butylester (37, Ar = C_6H_5, $t_{1/2}$ 60°C = 61 Min.) war

$$\underset{(37)}{Ar—NH—CO—O—O—R'} \rightarrow Ar—NH\bullet + CO_2 + \bullet OR' \qquad \text{Gl. 24}$$

kein induzierter Zerfall nachweisbar, wohl aber bei der α-Naphthylverbindung (37, Ar = α-Naphthyl). Die Polymerisation von Vinylmonomeren wurde ausgelöst und als Hauptprodukte bildeten sich Anilin, Azo- und Hydrazobenzol (*43, 127*) neben den Zerfallsprodukten der Alkoxyradikale. Substituenten im Benzolkern (37, Ar = subst.-C_6H_5—)

übten einen polaren Effekt aus (ρ = –2,2 bei 60 °C in Toluol) (*42*). Monoalkylpercarbaminsäure-tert.-butylester (38) (*43*) waren stabiler, N,N-Dialkyl- (39a) oder N-Alkyl-N-aryl-disubstituierte Percarbaminsäureester (39b) zersetzten sich dagegen rascher (*43, 45*), in allen Fällen wurden CO_2 und das Entstehen von Radikalen nachgewiesen. Tert.-Butyl-2,5-dioxo-1-pyrrolidinperformiat (40) (*45, 46*) hingegen zerfiel ohne wesentliche Beschleunigung, woraus gefolgert wurde, daß Succinimidylradikale nicht stabilisiert sind. Tatsächlich konkurriert hier mit der Homolyse bereits die Heterolyse der Peroxydbindung (s. S. 288).

Alk-NH—CO—OO—R′ (38) RR′N—CO—OO—R″ (39)
a) R = R′ = Alkyl b) R′ = Aryl; R = Alkyl

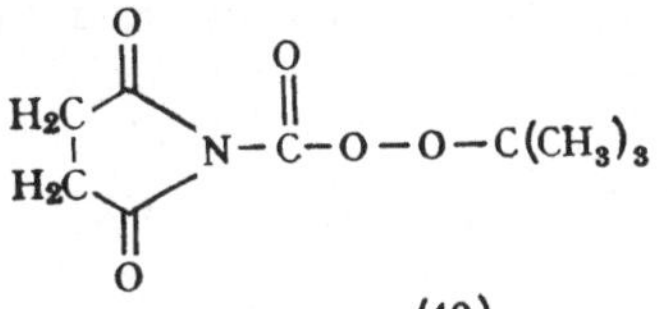

$$\begin{matrix} H_2C{-}C(=O) \\ | \qquad\qquad \rangle N{-}\overset{\overset{O}{\|}}{C}{-}O{-}O{-}C(CH_3)_3 \\ H_2C{-}C(=O) \end{matrix}$$

(40)

Di-tert.-butyl-monoperoxycarbonat (41) zerfiel in Cumol mit den Aktivierungsparametern $\Delta H^{\ddagger}$ = 31,8 kcal/Mol und $\Delta S^{\ddagger}$ = 7,1 cal/Grad·Mol (*130*) wahrscheinlich unter einfacher Spaltung der Peroxydbindung im RG bestimmenden Schritt (Gl. 25). Durch sekundäre Decarboxylierung entsteht ein zweites tert.-Butyloxyradikal. Die hundertfach größere Zersetzungsgeschwindigkeit gegenüber Di-tert.-butylperoxyd (8) erklärt sich durch die Mesomerie des primär gebildeten Acyloxyradikals (42).

$$\underset{(41)}{(CH_3)_3COO{-}\overset{\overset{O}{\|}}{C}{-}OC(CH_3)_3} \rightarrow (CH_3)_3CO\bullet + \underset{(42)}{\bullet O{-}\overset{\overset{O}{\|}}{C}{-}OC(CH_3)_3} \xrightarrow{-CO_2} \bullet OC(CH_3)_3 \qquad \text{Gl. 25}$$

Andere Dialkyl-monoperoxycarbonate (*44, 128–130*) verhielten sich ähnlich.

Auch Dialkyl-diperoxycarbonate z.B. (43) zersetzen sich wahrscheinlich unter einfacher Homolyse der Peroxydbindung (*131, 129, 44*) (Gl. 26).

$$\underset{(43)}{(CH_3)_3COO{-}CO{-}OOC(CH_3)_3} \rightarrow (CH_3)_3CO\bullet + \bullet O{-}CO{-}OOC(CH_3)_3 \xrightarrow{-CO_2} \underset{(44)}{\bullet OOC(CH_3)_3} \xrightarrow{SH} HOOC(CH_3)_3 \qquad \text{Gl. 26}$$

Aus der Di-tert.-Butylverbindung (43) ($\Delta H^{\ddagger}$ = 35,4 kcal/Mol, $\Delta S^{\ddagger}$ = 14,6 cal/Grad·Mol) intermediär entstehende tert.-Butylperoxyradikale (44) ließen sich in Cumol als tert.-Butylhydroperoxyd nachweisen. Instabiler sind wieder die Diacylperoxyde der Kohlensäurehalbester (*129, 44*) (45).

$$\mathrm{R{-}O{-}\overset{\overset{\textstyle O}{\|}}{C}{-}O{-}O{-}\overset{\overset{\textstyle O}{\|}}{C}{-}O{-}R}$$

(45)

Die geringe Halbwertszeit des Chlorameisensäure-esters des tert.-Butylhydroperoxyds (46) ($t_{1/2}$ 60°C = 104 Min.; $\Delta H^{\ddagger}$ = 29,1 kcal/Mol; $\Delta S^{\ddagger}$ = 10,5 cal/Grad·Mol) (*27*) wurde wieder durch homolytische Fragmentierung (Gl. 27) gedeutet, wofür auch die Reaktionsprodukte sprachen.

$$\mathrm{Cl{-}\overset{\overset{\textstyle O}{\|}}{C}{-}O{-}O{-}C(CH_3)_3 \rightarrow Cl\bullet + CO_2 + \bullet OC(CH_3)_3} \qquad \text{Gl. 27}$$

(46)

Im polaren Solvens konkurrierte allerdings die Ionenzersetzung (s. S. 288) oder die einfache Solvolyse erfolgreich. Äther löste induzierten Zerfall aus (*27*).

6. Zur Nachbargruppenbeteiligung bei der homolytischen Perester-Fragmentierung

Der starke kinetische Einfluß von α-Substituenten in Percarbonsäureestern (s. Tab. 7 und 9) weckte die Frage, ob auch β-Substituenten wie bei Ionisationsreaktionen durch Nachbargruppenbeteiligung eine beschleunigte radikalische Fragmentierung auslösen können. Arylreste in β-Stellung zur Carboxylgruppe hatten keinen Einfluß auf die Zerfallsgegeschwindigkeit (*104, 133, 134*). Tert.-Butylperester der β-Phenyl-propionsäure (47a), β-Anthracen-9-propionsäure (47b), β-Phenyl-buttersäure (47c), β-Phenyl-isovaleriansäure (47d) und β,β,β-Triphenylpropionsäure (47e) zerfielen mit fast gleicher RG (k_1 = 1,66–2,80 × 10^{-4} sec.$^{-1}$ bei 120 °C in aromatischen Lösungsmitteln; $\Delta H^{\ddagger}$ = 34–35 kcal/Mol; $\Delta S^{\ddagger}$ = 12–14 cal/Grad·Mol) (*104, 133, 134*), und nur wenig rascher als tert.-Butylperacetat. Auch substituierte β-Phenyl-perisovaleriansäure-tert.-butylester (*47*f) unterschieden sich davon kaum. Das Absinken des Substituenteneinflusses von den Perbenzoaten zu den β-Aryl-perisovaleriansäureestern (47f) war wegen der größeren Entfernung der Substituenten vom Reaktionszentrum zu erwarten. Nachbargruppenbeteiligung von β-Arylresten (Gl. 28) scheidet daher aus, obwohl die Zersetzungsprodukte der β-Aryl-perisovaleriansäure-tert.-butylester (47f) (*135*) und des β,β,β-Triphenyl-perpropionsäure-tert.-butylesters (47e) (*136*) zum großen Teil isomerisiert waren.

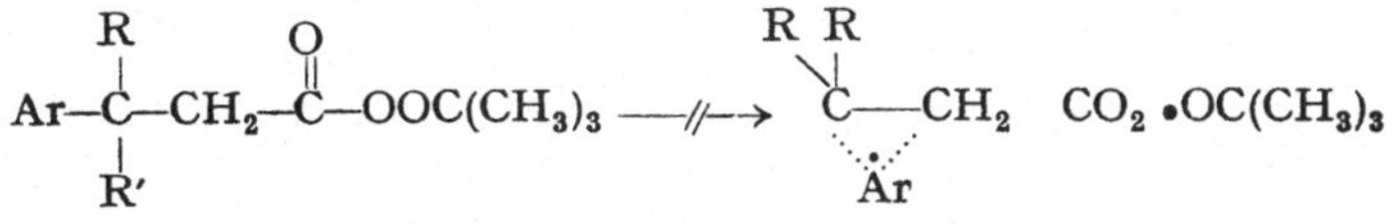

$$\mathrm{Ar{-}C(R)(R'){-}CH_2{-}C({=}O){-}OOC(CH_3)_3} \not\longrightarrow \mathrm{RR\dot{C}{-}CH_2\ (\cdots Ar\ verbrückt)} \quad CO_2 \quad \cdot OC(CH_3)_3 \qquad \text{Gl. 28}$$

(47)
a) Ar = C_6H_5, R = R' = H
b) Ar = 9-$C_{14}H_9$, R = R'=H
c) Ar = C_6H_5, R = CH_3; R' = H
d) Ar = C_6H_5, R = R' = CH_3
e) Ar = R = R' = C_6H_5,
f) Ar = S—C_6H_5 R = R' = CH_3

Auch Vinylreste in β-Stellung zur Carboxylgruppe von Perestern beeinflußten deren Zersetzungsgeschwindigkeit nicht. Die Thermolysegeschwindigkeit des 4,4-Diphenyl-penten-(3)-percarbonsäure-(1)-tert.-butylesters (48) war nur um 10% höher als die des entsprechenden gesättigten Peresters. In Cumol oder in Anwesenheit von Tributyl-zinnhydrid isolierte man nur 1 bzw. 5% Cyclopropyl-diphenylmethan (*137*). Auch der Cyclohexen-4-percarbonsäure-tert.-butylester (49) und der Δ^2-Cyclopentenyl-peressigsäure-tert.-butylester (50) zersetzten sich erst

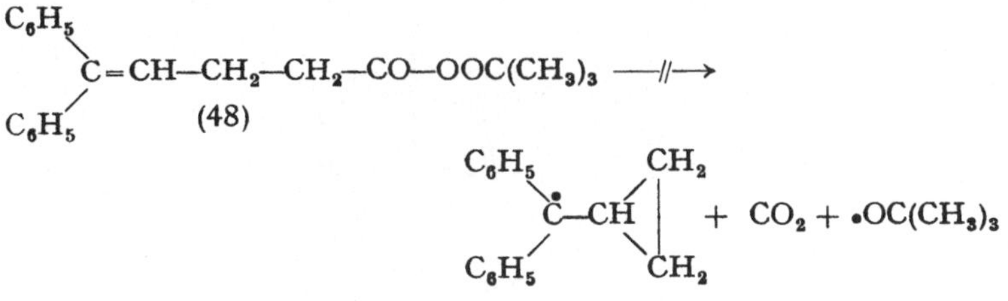

$$\mathrm{(C_6H_5)_2C{=}CH{-}CH_2{-}CH_2{-}CO{-}OOC(CH_3)_3}\ (48) \not\longrightarrow \mathrm{(C_6H_5)_2\dot{C}{-}CH{<}(CH_2)_2} + CO_2 + \cdot OC(CH_3)_3 \qquad \text{Gl. 29}$$

$$\text{Cyclohexen-4-yl}{-}\mathrm{CO{-}OO{-}C(CH_3)_3}\ (49)$$

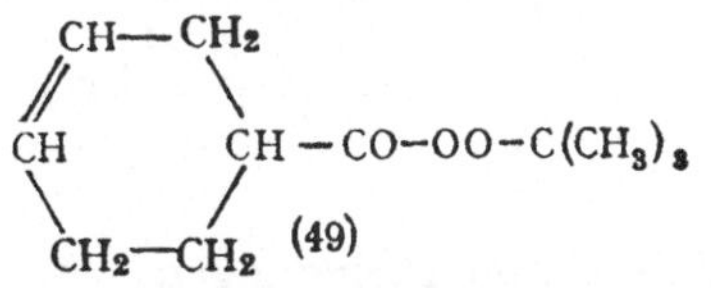

oberhalb 130°C, obwohl aus letzterem in p-Cymol 47% Cyclohexen und in Benzotrichlorid 30% 4-Chlor-cyclohexen (Gl. 30) durch radikalische Vinylgruppenwanderung entstanden waren (*138*). Die Thermolyse von exo- und endo-Bicyclo[2,2,1]hept-5-en-2-percarbonsäure-tert.-butylester (51) und (52) erfolgte ebenfalls ohne Nachbargruppenbeteiligung durch die Doppelbindung. Beide Perester zerfielen ähnlich rasch wie die entsprechenden gesättigten Verbindungen oder Cyclohexanpercarbonsäure-tert.-butylester (*139, 140*).

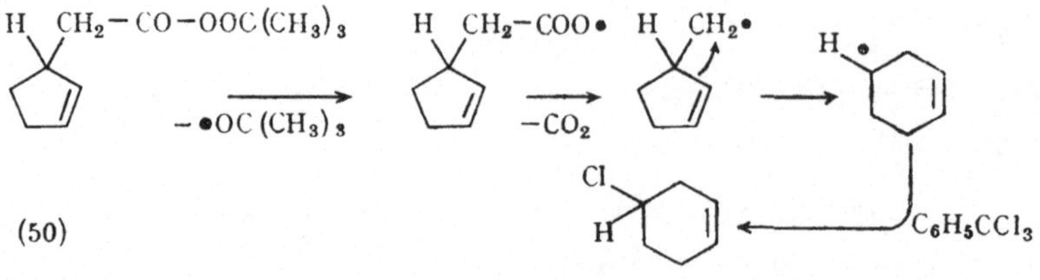

$\xrightarrow{-\bullet OC(CH_3)_3}$ $\xrightarrow{-CO_2}$ $\rightarrow$ $C_6H_5CCl_3$ Gl. 30

(50)

Halogenatome in β-Stellung können radikalische Substitutionen durch Nachbargruppenbeteiligung erleichtern (*141*). Die Thermolyse des β-Brom-perpropionsäure-tert.-butylesters (53b) erfolgte jedoch ohne Beschleunigung (*142*). Andererseits fanden *L. K. Montgomery* und *P. Cordes* (*95b*) beim Zerfall β-substituierter Perpropionsäure-tert.-butylester (53, X = H; F; Cl; Br; J; CH_3S) Produkte, die durch Spaltung zweier bzw. dreier Bindungen (O–O; C–CO; X–C) entstanden waren. (53c) thermolysierte auch fünfmal rascher als (53a) und Zusatz von n-Butylmercaptan beeinflußte weder die RG noch die Ausbeute an β-Methylthio-propionsäure, CO_2 oder Äthylen (s. dagegen S. 267). Da außerdem Methyläthyl-sulfid nicht unter den Produkten nachweisbar war läßt sich für 53c die gleichzeitige Spaltung dreier Bindungen im RG bestimmenden Schritt diskutieren.

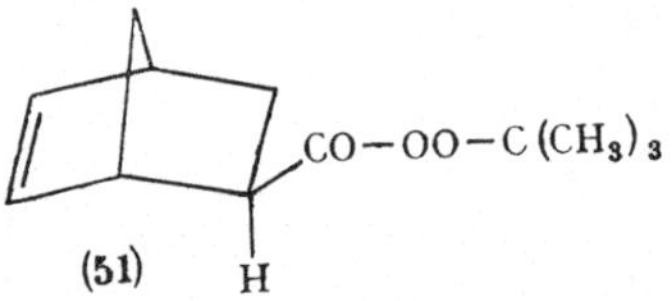

(51) CO–OO–C$(CH_3)_3$ (52)

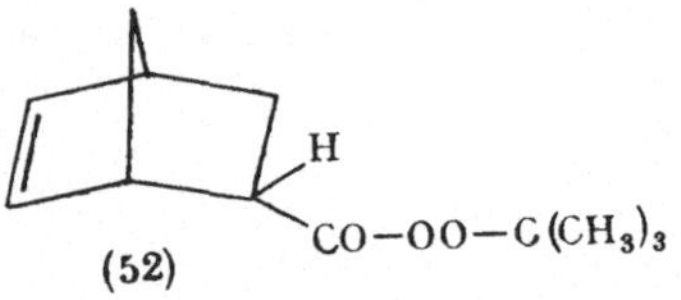

$X–CH_2CH_2–CO–OO–C(CH_3)_3$ (53)

a) X = H
b) X = Br
c) X = S–CH_3

7. Gleichzeitige Spaltung mehrerer Bindungen

Die große Bildungstendenz von CO_2 trug zur Triebkraft der radikalischen Peresterfragmentierungen bei. *P. D. Bartlett* untersuchte daher, ob gleichzeitige Freisetzung mehrerer Moleküle CO_2 eine weitere Erniedrigung der Aktivierungsenergie bewirken kann. In der Tat zersetzte sich Di-tert.-butylperoxyoxalat (54) in Benzol oder Cumol mit der Halbwertszeit von 6,8 Min. bei 60 °C (No. 1, Tab. 10) extrem rasch unter quantitativer Bildung von 2 Mol CO_2 und den Folgeprodukten zweier tert.-Butyloxyradikale (Gl. 31) *(143)*. Es gelang nicht, die Bildung von tert.-

$$(CH_3)_3C{-}OO{-}\overset{O}{\overset{\|}{C}}{-}\overset{O}{\overset{\|}{C}}{-}OO{-}C(CH_3)_3 \; \begin{cases} \xrightarrow{a} 2\,CO_2 + 2\;(CH_3)_3CO\cdot \\ \xrightarrow{b} CO_2 + (CH_3)_3CO\cdot + (CH_3)_3C{-}O{-}O{-}\overset{O}{\overset{\|}{C}}\cdot \end{cases}$$

(54) (55)

Gl. 31

Butylperoxy-carbonylradikalen (55) durch Abfangsversuche nachzuweisen, wodurch die gleichzeitige Fragmentierung dreier Bindungen (Weg a, (Gl. 31)) wahrscheinlicher wurde *(69)*. Andererseits wurde später festgestellt, daß Mono-tert.-butylperoxy-oxalsäureester (z.B. 56) mit fast identischen Aktivierungsparametern ähnlich rasch zerfallen *(144)* (Tab. 10, No. 2–6). Der Di-tert.-butyl-monoperoxyoxalsäureester (56) (Tab. 10, No. 2) thermolysiert sogar etwa 3mal rascher *(145)* unter Fragmentierung von nur 2 Bindungen (Gl. 32). In Cumol bildeten sich dabei nämlich 1,5 Mol CO_2/Mol Perester und 0,4 Mol Di-tert.-butylcarbonat (57) pro Mol Perester. Letzteres ist das Produkt der primären Radikalrekombination. Beim Zerfall in Gegenwart von Galvinoxyl (16) entstand (57) in gleicher Ausbeute, obwohl die CO_2-Ausbeute auf 1 Mol pro Mol Perester reduziert war *(145)*.

$$(CH_3)_3C{-}O{-}\overset{O}{\overset{\|}{C}}{-}\overset{O}{\overset{\|}{C}}{-}O{-}O{-}C(CH_3)_3 \rightarrow (CH_3)_3C{-}O{-}\overset{O}{\overset{\|}{C}}\bullet + CO_2 + \bullet OC(CH_3)_3$$

(56)

$$(CH_3)_3C{-}O{-}\overset{O}{\overset{\|}{C}}{-}OC(CH_3)_3$$

(57)

Gl. 32

Tabelle 10. *Kinetik des thermischen Zerfalls der Perester R–O–CO–CO–O–O–C(CH_3)$_3$ in Benzol (143, 144, 68)*

R	$k_{rel.}$ 45°C	ΔH‡ kcal/Mol	ΔS‡ cal/Grad·Mol
1. $(CH_3)_3C{-}O$	20,0	25,6	5,1
2. $(CH_3)_3C{-}$	60	24,0	2,5
3. p-$CH_3OC_6H_4{-}CH_2{-}$	5,2	26,2	4,6
4. $C_2H_5{-}$	3,5	26,9	6,0
5. $C_6H_5{-}CH_2{-}$	2,8	26,6	4,5
6. p-$NO_2C_6H_4{-}CH_2{-}$	1,0	27,9	6,8

Die hohe Zerfallsfreudigkeit dieser Perester ist daher wahrscheinlich durch die Stabilität der in Gl. 31b und 32 entstehenden Acylradikale (*146*) bedingt und nicht durch eine gleichzeitige Fragmentierung mehrerer Bindungen (Gl. 31a), ein Weg, der vermutlich eine sehr ungünstige Aktivierungsentropie besäße. Auch ein polarer Effekt (s. Abschn. IV, 4) dürfte zerfallsfördernd wirken, da Acylreste zur Übernahme einer positiven Ladung prädestiniert sind (58). Hierfür spricht die rel. Reaktivität der Verbindungen 3, 5 und 6 in Tab. 10.

$$\left\{ R{-}\underset{\|}{\overset{}{C}}\!\!\underset{O}{}\bullet \;\; \overset{O}{\overset{\|}{C}}{\cdots}O \;\; \bullet OC(CH_3)_3 \longleftrightarrow R{-}\overset{\oplus}{\underset{\underset{O}{\|}}{C}} \;\; \overset{O}{\overset{\|}{C}}{=}O \;\; \overset{\ominus}{O}C(CH_3)_3 \right\} \qquad (58)$$

Jüngst wurde vorgeschlagen, daß die gleichzeitige Spaltung mehrerer Bindungen für die Chemilumineszenz bei der Zersetzung des tert.-Butylperoxy-oxalsäurehalbchlorids in Gegenwart von Sensibilisatoren verantwortlich ist (*147*).

Auch der Hydrazodicarbonsäure-monoäthylester-mono-tert.-butylperoxyester (59) zerfällt äußerst rasch, jedoch zum größten Teil über eine induzierte Radikalkette (*148*). Als man diesen Ester aber bei –96 °C mit tert.-Butylhypochlorid in Chloroform zum Azoester (60) oxydierte und anschließend langsam erwärmte, begann schon bei –45 °C die Freisetzung von CO_2 und Stickstoff unter Entfärbung zugesetzten Galvinoxyls (16) (*148*). Ob in diesem Fall die Spaltung mehrerer Bindungen für die hohe Zerfallstendenz verantwortlich ist, muß allerdings erst geklärt werden.

$$\underset{(59)}{C_2H_5{-}O{-}\overset{O}{\overset{\|}{C}}{-}NH{-}NH{-}\overset{O}{\overset{\|}{C}}{-}O{-}OC(CH_3)_3} \xrightarrow{(CH_3)_3COCl} \underset{(60)}{C_2H_5{-}O{-}\overset{O}{\overset{\|}{C}}{-}N{=}N{-}\overset{O}{\overset{\|}{C}}{-}O{-}OC(CH_3)_3} \qquad \text{Gl. 33}$$

8. Ein neuer induzierter Zerfall

P. D. Bartlett und *L. Gortler* thermolysierten Di-tert.-butyl-peroxymalonat (61) um zu untersuchen, ob auf diesem Wege durch doppelte Decarboxylierung Diphenylcarben erzeugt werden kann (*89, 92*). In Cumol folgte die Zersetzung streng dem Gesetz der 1. Ordnung, ($t_{1/2}$ = 14,6 Min. bei 59 °C; $\Delta H^{\ddagger}$ = 25,8 kcal/Mol; $\Delta S^{\ddagger}$ = 4,8 cal/Grad·Mol), aber man fand nur 1 Mol CO_2 pro Mol Perester. Bei der Thermolyse in Cyclohexen bildete sich kein 7,7-Diphenylnorcaran. 90 % der beiden tert.-Butyloxyreste waren als tert.-Butanol oder Aceton erfaßbar. Der Rückstand bestand aus polymerer Benzilsäure (62) (96 % Ausbeute), die mit der durch Autoxydation von Diphenylketen erhaltenen identisch war. Es wurde ein Zerfallsweg vorgeschlagen (Gl. 34), in dessen zweitem Schritt durch intramolekulare S_R2-Reaktion am Peroxydsauerstoff ein α-Lacton (63) gefordert wird, das spontan zum Polyester (62) polymerisiert (*89*, *92*).

$$(C_6H_5)_2C(CO{-}OOC(CH_3)_3)_2 \ (61) \xrightarrow[-CO_2,\ -(CH_3)_3CO\bullet]{k_1} (C_6H_5)_2C^{\bullet}{-}C({=}O){-}O{-}O{-}C(CH_3)_3 \xrightarrow{-(CH_3)_3CO\bullet} (C_6H_5)_2C{-}C({=}O){-}O \ (63)$$

$$(63) \longrightarrow \left[{-}C(C_6H_5)_2{-}CO{-}O{-} \right]_n \ (62) \qquad (63) \xrightarrow{CH_3OH} (C_6H_5)_2C(OCH_3){-}COOH \ (64) \qquad \text{Gl. 34}$$

Die α-Lacton Zwischenstufe ließ sich durch Zersetzungen in Methanol, bei denen direkt α-Methoxy-Diphenylessigsäure (*64*) entstand, stützen.

Intramolekulare S_R2-Reaktionen an Peroxydbindungen wurden bereits verschiedentlich vorgeschlagen (*149*) und auch die Autoxydation von Diphenylketen dürfte ähnlich verlaufen (*92*).

N. A. Milas und *A. Golubovic* hatten bei der Zersetzung reinen Perisobuttersäure-tert.-butylesters (65) schon zu 76 % Polyester (66) erhalten (*150*). Bei der Thermolyse verdünnter Benzol- oder Cumollösungen entstanden aber nur mehr 14 % bzw. 7 % davon (*92*). *Bartlett* schlug für die Polyesterbildung einen neuartigen induzierten Zerfall vor (Gl. 35).

$$(CH_3)_2CH{-}CO{-}O{-}O{-}C(CH_3)_3 \ (65) \rightarrow (CH_3)_2CH\bullet + CO_2 + (CH_3)_3CO\bullet$$

$$(CH_3)_3CO\bullet \rightarrow CH_3\bullet + CH_3{-}CO{-}CH_3 \qquad \text{Gl. 35}$$

$$R\bullet + (CH_3)_2CH{-}CO{-}OO{-}C(CH_3)_3 \rightarrow RH + (CH_3)_2C^{\bullet}{-}C({=}O){-}O{-}O{-}C(CH_3)_3$$

$$\xrightarrow{-(CH_3)_3CO\bullet} (CH_3)_2C{-}C({=}O){-}O \ (\text{α-Lacton}) \xrightarrow{xn} \left[{-}C(CH_3)_2{-}CO{-}O{-} \right]_n \ (66)$$

Diese Zersetzung wird man immer dann erwarten, wenn ein reaktives Radikal in einem Medium auftritt, dessen beweglichstes H-Atom das in α-Position des Peresters ist. Man wird sie auch bei den rasch fragmentierenden Perestern als Konkurrenzreaktion finden, da alle Faktoren, die die Fragmentierungsgeschwindigkeit steigern, auch die Reaktivität des α-H-Atoms erhöhen. In Übereinstimmung hiermit beobachtete man beim Zerfall des reinen Perdiphenylessigsäure-tert.-butylesters (33) 15 % Polyester und nur 60 % CO_2-Bildung, während in Cumol 90 % CO_2 entbunden wurden (*92*). Auch der extrem labile 2,4,6-Cycloheptatrienpercarbonsäure-tert.-butylester (31) zerfiel in Chlorbenzol weitgehend in Polyester, so daß nur 25—40 % CO_2 entwickelt wurden (*111*). In Cycloheptatrien hingegen, einem Lösungsmittel das selbst als H-Donator fungieren kann, wurden 82 % CO_2 freigesetzt (*111*). Nach der bei 25 °C durchgeführten Thermolyse in Chlorbenzol ließ sich außerdem spektroskopisch ein wesentlich stabilerer Perester in etwa 10 % Ausbeute nachweisen. Wahrscheinlich handelt es sich um eine dimere Verbindung (67), die als Perester einer Vinylcarbonsäure (*111a*) erst oberhalb 100 °C unter CO_2-Bildung zerfiel (*111*).

Gl. 36

In Übereinstimmung hiermit stellte *Bartlett* fest, daß die tert.-Butylester der α,β- oder γ-Cycloheptatrien-percarbonsäure sehr stabil sind (*151*).

V. Heterolytische Perester-Zersetzungen

1. Ionische Fragmentierung von Perestern

Der Übergangszustand homolytischer Peresterfragmentierungen erwies sich als stark polarisiert (*64*) (s. S. 268), eine ionische Fragmentierung schien daher als Grenzfall möglich (Gl. 37). Das Ausbleiben der Tropylmethyläther- bzw. Cyclopropenylmethylätherbildung bei der Zersetzung des 2,4,6-Cycloheptatrien-percarbonsäure-tert.-butylesters (31) und des 2,3-Dipropyl- bzw. 2,3-Diphenyl-cyclopropenyl-percarbonsäure-tert.-butylesters (32) in Methanol (*111*) ließ diese jedoch unwahrscheinlich werden (s. S. 270).

$$R{-}\overset{\overset{\displaystyle O}{\|}}{C}{-}O{-}O{-}C(CH_3)_3 \rightarrow R^{\oplus} + CO_2 + \overset{\ominus}{O}C(CH_3)_3 \qquad \text{Gl. 37}$$

Als man diese Perester jedoch bei –20 °C mit Perchlorsäure behandelte, bildete sich CO_2, tert.-Butanol und Tropylium- bzw. subst. Cyclopropenium-perchlorat (*111, 152, 153*), was am besten durch die ionische Fragmentierung gedeutet wird (Gl. 38). Wegen dieser Säureempfindlichkeit war es auch nötig, die Synthese dieser Perester in Gegenwart von Überschuß an Base vorzunehmen (*111, 152*). Die tert.-Butylperester der Ameisensäure, p-Chlor-phenoxyessigsäure, 5-exo-Bicyclo(2,2,1)-hepten-(1)-carbonsäure (51) und der Di-p-anisyl-essigsäure bildeten unter diesen Bedingungen kein CO_2 (*111*).

$$C_7H_7{-}C(=O){-}O{-}O{-}C(CH_3)_3 \;\; H^{\oplus} \;\; ClO_4^{\ominus} \longrightarrow C_7H_7^{\oplus}\; ClO_4^{-} + CO_2 + HOC(CH_3)_3 \qquad \text{Gl. 38}$$

In einem Fall wurde die heterolytische Fragmentierung (Gl. 37) auch unter Basenkatalyse beschrieben. Der Zerfall des Perameisensäure-tert.-butylesters (68) wurde von Pyridin katalysiert (*154*). Während bei 140 °C die basenkatalysierte Zersetzung neben der homolytischen (*76*) (s. S. 259) auftrat, konnte man erstere bei 90 °C ungestört verfolgen (*154*). Die Geschwindigkeit stieg mit der Polarität des Lösungsmittels linear an (*154–156*), wenn man als deren Maß die E_T-Werte von *Dimroth* (*83*) oder die χ_R-Werte von *Brooker* (*156*) heranzog. Die Lösungsmittelabhängigkeit war unabhängig von der katalysierenden Base (*157*), und das Brönstedsche Katalysegesetz war für alle verwendeten Basen, selbst Triäthylamin und 2,6-Lutidin, erfüllt, so daß die Basenkatalyse keiner sterischen Hinderung unterliegt (*157*). In Chlorbenzol und n-Heptan zerfiel Deuteroperameisensäure-tert.-butylester bei 90 °C unter Pyridinkatalyse 4,1mal langsamer als die nichtmarkierte Verbindung (*157*). In Acetonitril übte $LiClO_4$ einen positiven Salzeffekt aus (*157*). Diese Befunde wurden durch die Fragmentierung gem. Gl. 39 gedeutet.

$$\ddot{B}\;\; H{-}\overset{\overset{\displaystyle O}{\|}}{C}{-}O{-}OC(CH_3)_3 \;(68) \longrightarrow \overset{\oplus}{B}{-}H + CO_2 + \overset{\ominus}{O}C(CH_3)_3 \qquad \text{Gl. 39}$$

Beim Einfrieren verdünnter Lösungen dieses Peresters mit Pyridin in Xylol erfolgte die Fragmentierung selbst bei –70 °C unerwartet rasch nach dem Gesetz der 1. Ordnung in Perester (*158*). Es wurde angenommen, daß die hohe Basen- und Ester-Konzentration in den flüssigen Löchern des Kristalls dafür verantwortlich war. Der H/D-Isotopieeffekt unter diesen Bedingungen war 9 (*158*).

2. Der Criegee-Zerfall von Perestern

H. Wieland und *J. Maier* versuchten 1931 vergeblich den Benzoesäureester des Tritylhydroperoxyds (69) zu bereiten, und isolierten stattdessen das Benzoat des Benzophenon-phenylhalbacetals (70) (*159*). *Criegee* deutete dieses Ergebnis später als heterolytische Zerfallsreaktion

$$(C_6H_5)_3COOH + C_6H_5COCl \xrightarrow{\text{Pyridin}} [(C_6H_5)_3C\text{—O—O—CO—}C_6H_5] \quad (69)$$

$$(C_6H_5)_2C\begin{matrix}\diagup OC_6H_5 \\ \diagdown OCOC_6H_5\end{matrix} \quad (70) \longleftarrow [(C_6H_5)_2\overset{\oplus}{C}\text{---}OC_6H_5 \quad \overset{\ominus}{O}\text{—}COC_6H_5)] \qquad \text{Gl. 40}$$

intermediär gebildeten Tritylperbenzoats (69) gem. Gl. 40. Das isolierbare Benzoat (71a) und Acetat (71b) des trans-9-Dekalylhydroperoxyds lieferte nämlich bei der Zersetzung analoge isomere Ester von Halbacetalen (72) (*160*).

Gl. 41

(71): $O\text{–}O\text{–}C\overset{18}{O}\text{–}R$, H

(72): O, $O\text{–}C\overset{18}{O}\text{–}R$

Zwischenstufe: $\overset{\ominus}{O}$, $O\text{–}C\overset{18}{O}\text{–}R$, $\oplus$

$+ CH_3OH$ (⫽) → (73): O, OCH_3

$-RCOOH$ → (74): O

a) R = C_6H_5– b) R = CH_3 c) R = CCl_3–
d) R = pNO_2–C_6H_4– e) R = S–C_6H_4– f) R = $C_6H_5CH_2$–

Die frühe Entdeckung dieser ionischen Peresterspaltung, die von *A. C. Cope* und *G. Holzman* zur Synthese von Cyclodecanderivaten herangezogen wurde (*161*) und eine ergiebige Cyclodecanolsynthese ermöglicht (*24*), führte zeitweilig zu der Auffassung, daß Radikalbildung aus Persäureestern bisweilen zwar möglich sei, im allgemeinen aber hinter dem Ionenzerfall zurückstehe (*4*).

Das trans-9-Dekalyl-pertrichloracetat (71c) war nicht isolierbar, und auch das p-Nitrobenzoat (71d) konnte nur unter sehr milden Bedingungen rein dargestellt werden; es zersetzte sich wesentlich rascher als das Perbenzoat (71a) oder gar das Peracetat (71b) (*162*). Die Isomerisierungsgeschwindigkeit nahm mit der Polarität des Lösungsmittels drastisch zu, aber selbst in Methanol entstand als Hauptprodukt der Benzoesäureester des 1,6-Epoxy-cyclodecan-1-ols (72a) und nicht dessen Methyläther (73). Auf Grund dieser Versuche nahm *R. Criegee* die „*starke Polarisierung der Peroxydbindung, deren (nicht erreichter) Grenzzustand die Bildung eines Benzoations und eines Kations wäre, das die positive Ladung am Sauerstff trüge*“ als Ursache der Isomerisierung an. Den Einfluß der Säurestärke und des Lösungsmittels wertete *R. Criegee* bereits als sicheres Kriterium für einen Ionisationsvorgang. Wegen des Ausbleibens der Solvolyseprodukte nahm er jedoch an, „*daß das Benzoat-Ion nicht vollkommen abdissoziiert, sondern daß die Umlagerung sich im Molekülverband des Esters abspielt*“. Diese prägnante Beschreibung des Reaktionsablaufs über eine Ionisation ohne Dissoziation der Ionen, die dem heutigen Begriff des inneren Ionenpaares gleichzusetzen ist (*163*), wurde durch die späteren quantitativen Untersuchungen von *P. D. Bartlett* (*164*), *H. L. Goering* (*165*) und *D. B. Denney* (*166*) in jeder Hinsicht bestätigt.

Die Zerfallsgeschwindigkeit von (71a) folgte der 1. Ordnung und war schwach säurekatalysiert (*164, 165*). Als Nebenprodukt wurden etwa 10% 1,6-Epoxy-cyclodecen-1 (74) und Benzoesäure isoliert, besonders bei höherer Temperatur und im polaren Solvens. In Methanol bei 25 °C folgte die Zerfallsgeschwindigkeit der subst. Benzoesäureester des trans-9-Dekalinhydroperoxyds (71e) einer Hammet-Beziehung mit $\rho = +1{,}34$ (*164*). Die Ionisationsgeschwindigkeit des einfachen Perbenzoats (71a) in verschiedenen Lösungsmitteln bzw. in Methanol-Wasser-Gemischen gehorchte der *Winstein-Grunwald*-Gleichung mit $m = 0{,}57$ (*167, 84*). Bei der Zersetzung der Ester des Dekalinhydroperoxyds in Methanol wurden zugesetzte Fremdanionen nicht eingebaut, was wiederum gegen das Auftreten freier Ionen sprach. Die strenge Orientierung im Ionenpaar folgte noch eindeutiger aus der Zersetzung von trans-Dekalyl-9-perbenzoat (71a), das in der Carbonylgruppe mit O^{18} markiert war. Über 98% des isotopen Sauerstoffs tauchten wieder in der Carbonylgruppe von (72a) auf (*166*). Ähnliche Ergebnisse kennt man von typischen Ionenpaar-Prozessen bei Tosylat- (*163*) oder Benzoatsolvolysen (*168*).

Der Criegee-Zerfall ist immer eine potentielle Konkurrenzreaktion der Peresterhomolysen, und es ist – vor allem in Hinblick auf die Entwicklung von Perestern als Radikalinitiatoren – wichtig zu wissen, wann der eine oder der andere Zerfallsweg in den Vordergrund tritt. Während die trans-9-Dekalyl-perbenzoat-Homolyse selbst in Benzol mit der Heterolyse nicht konkurrieren kann, hängt die Zerfallsweise des trans-9-Dekalyl-perphenylacetats (71f) stark vom Lösungsmittel ab (Tab. 11). Im unpolaren Äthylbenzol entstanden 9-Dekalol, 2-n-Butylketon, CO_2, Oktalin und andere Produkte (*24*), die für eine homolytische Zersetzung typisch sind und aus trans-9-Dekalinhydroperoxyd bei der Einwirkung von Eisen(II)-salzen entstehen (*169*). In Acetonitril hingegen isolierte man nur mehr 27 % CO_2 und hauptsächlich typische Produkte des heterolytischen Zerfalls (*24*). Bei der Zersetzung in Methanol wurde kein CO_2 nachgewiesen.

Tabelle 11. *Produkte der Thermolyse des trans-9-Dekalyl-perphenylacetats in verschiedenen Lösungsmitteln in Mol/Mol Perester* (*24*)

Produkt	90 °C (in Äthylbenzol)	50 °C (in Acetonitril)
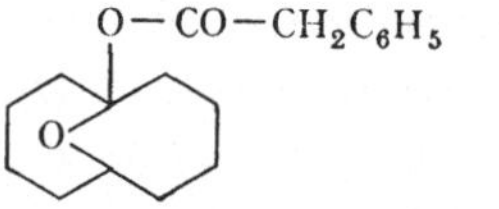 O—CO—$CH_2C_6H_5$ (Strukturformel, O)	0,03	0,38
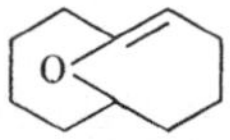 (Strukturformel, O)	—	0,17
$C_6H_5CH_2COOH$	0,05	0,21
9-Dekalol	0,46	0,12
2-n-Butyl-cyclohexanon	0,06	0,16
$\Delta^{9,10}$-Oktalin	0,17	—
CO_2	0,79	0,27
C_6H_5—CH_2CH_2—C_6H_5	0,29	0,07

Wie bei den tert.-Butylperestern wird also auch bei denen des Dekalinhydroperoxyds beim Übergang vom Benzoesäure- zum Phenylessigsäureester die Homolysegeschwindigkeit erhöht, während die Ionisationsgeschwindigkeit wenig verändert ist. Das Perbenzoat (71a) zerfällt in Methanol bei 40 °C mit der Geschwindigkeit $k_1 = 3{,}40 \cdot 10^{-4}$/sec (*164*), das Perphenylacetat (71f) mit $k_1 = 2{,}43 \cdot 10^{-4}$/sec (*24*).

Die Abhängigkeit der Zerfallsgeschwindigkeit des trans-Dekalyl-9-perphenylacetats (71f) vom Lösungsmittel ist in Abb. 3 wiedergegeben. Die Tatsache, daß man im homolytischen und heterolytischen Bereich eine andere Steigung der Beziehung zwischen log k und E_T (*83*) findet, spricht ebenfalls für einen Wechsel im Mechanismus (*24*). In Methanol stellte man allerdings auch einfache Solvolyse zum Phenylessigsäuremethylester als Nebenreaktion fest. In Acetonitril förderten

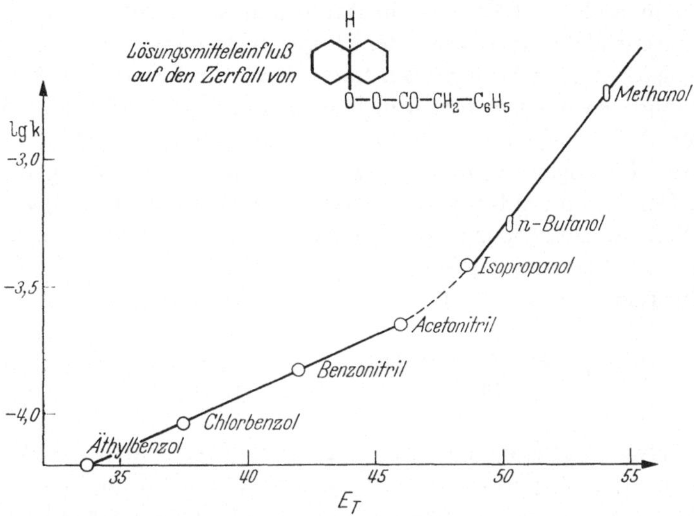

Abb. 3. Abhängigkeit der Zerfallsgeschwindigkeit des trans-9-Dekalyl-perphenylacetats vom Lösungsmittel (*24*)

elektronenanziehende und elektronenliefernde Substituenten den Zerfall, was in einer gewinkelten Hammett-Beziehung zum Ausdruck kommt (Abb. 4). Die Produktanalysen bestätigten das Überwiegen der Homolyse auf der linken Seite und der Heterolyse auf der rechten Hälfte von Abb. 4 (*24*).

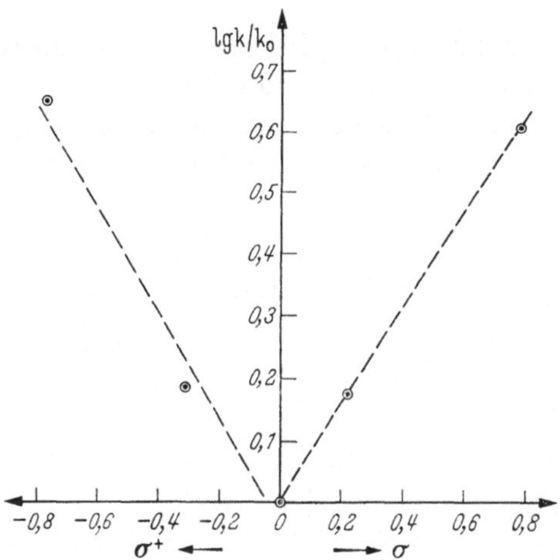

Abb. 4. Hammett-Beziehung der Thermolyse subst. trans-Dekalyl-9-per-phenylacetate in Acetonitril bei 50,6 °C (*24*)

Auch in anderen Fällen beobachtete man einen Übergang von der Homolyse zur Heterolyse, wenn der *Criegee*-Zerfall durch die Acidität der dem Perester zugrunde liegenden Säure bzw. die Polarität des Solvens beschleunigt wurde. Die tert.-Butylperester der p-Nitrobenzoesäure (*4, 170*), der Trifluoessigsäure (*22*) und der Chlorameisensäure (*27*) zerfielen in polaren Lösungsmitteln heterolytisch, in unpolaren dagegen homolytisch. Der Succinimid-N-percarbonsäure-tert.-butylester (40) zersetzte sich selbst in Chlorbenzol weitgehend heterolytisch (*45, 46*). Ebenso sprechen die Produkte der Zersetzung von tert.-Butylestern der Peroxymonophosphorsäuren (*171*) (75) und Perarylsulfosäuren (*167, 77*) (76)

$(C_2H_5O)_2PO{-}OO{-}C(CH_3)_3$ (75) $Ar{-}SO_2{-}OO{-}C(CH_3)_3$ (76)

für den *Criegee*-Mechanismus. Selbst in Benzol vermochten die Persulfosäureester (*167, 77*) (76) die Styrolpolymerisation nicht auszulösen. Substituenten im Arylrest erhöhten die Zersetzungsgeschwindigkeit in Methanol entsprechend einer *Hammett*-Beziehung mit $\rho = +1{,}36$ bei 45 °C, ganz analog den Deaklyl-perbenzoaten (*164*) (71e). In Methanol-, Dioxan-, Aceton- oder Äthanol-Wassergemischen war die *Winstein-Grunwald*-Beziehung (*83*) mit m = 0,59 erfüllt (*77*). Die Ionisation des tert.-Butyl-pertosylats wurde in Methanol durch LiCl-Zusatz beschleunigt, die des Chlorameisensäureesters (*27*) in Äther durch $LiClO_4$-Zusatz. Während die *Criegee*-Spaltung von Percarbonsäureestern säurekatalysiert ist (*164*), ist dies bei den Persulfonaten (76) nicht der Fall (*167, 77*). Vermutlich sind diese Perester für eine Protonierung zu wenig basisch.

Beim Versuch 1,3,3-Trimethyl-cyclohexyl-hydroperoxyd (77) oder dessen Natriumsalz mit p-Nitro-benzolsulfochlorid oder Tosylchlorid zu acylieren, isolierte man neben den normalen Umlagerungsprodukten (78) und (79) auch 5–10 % eines cyclischen Äthers (80) (*173, 172*).

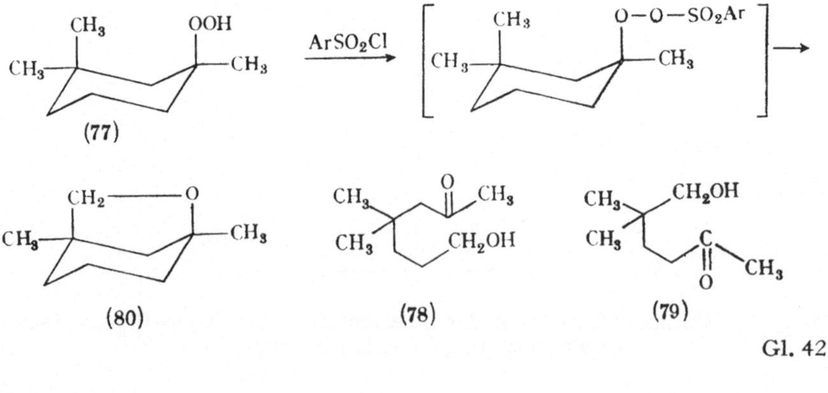

CH_3, OOH, CH_3, CH_3 (77) $\xrightarrow{ArSO_2Cl}$ [CH_3, O–O–SO_2Ar, CH_3, CH_3] ⟶

CH_2–O, CH_3, CH_3 (80) CH_3, O, CH_3, CH_3, CH_2OH (78) CH_3, CH_2OH, CH_3, C, O, CH_3 (79)

Gl. 42

Das p-Nitrobenzoat des gleichen Hydroperoxyds (77) zerfiel in polaren Lösungsmitteln besonders rasch, es ließen sich aber aus einer Zersetzung in Methanol nur die typischen *Criegee*-Produkte und kein cycl. Äther (80) isolieren. Es wurde daher angenommen, daß die stärkere Polarisierung der Peroxydbindung in den Persulfonaten Voraussetzung für die Einschiebungsreaktion zum Äther ist. Bei der Behandlung des 1,3,3-Trimethyl-cyclohexyl-hypobromits (81) mit Silberoxyd bildete sich der Äther (80) gar in 70–75 % Ausbeute. Die Interpretation dieser Daten ist allerdings dadurch erschwert, daß auch bei radikalischen Zersetzungen des gleichen Hydroperoxyds bzw. seiner Ester der cyclische Äther entstand (*173*). Jüngst wurde sogar für Gl. 43 ein Radikalmechanismus wahrscheinlich gemacht (*174*).

CH_3, CH_3, OBr, CH_3 (81) $\xrightarrow{Ag_2O}$ CH_2—O, CH_3, CH_3 (80) 70—75% Gl. 43

Wie wird die Grenze zwischen Peresterhomolyse und -heterolyse durch Variation des Hydroperoxyds beeinflußt? Kinetische und präparative Untersuchungen zeigten den Einfluß der wandernden Gruppe auf die Ionisationsgeschwindigkeit (*170, 175*). In Tab. 12 sind Ionisationsgeschwindigkeiten für eine Reihe tert.-Ester der p-Nitroperbenzoesäure (82) in Methanol bei 25 °C aufgeführt, die sich durch die Gruppe R am tert.-Kohlenstoff unterscheiden. In allen Beispielen wandert ausschließlich der Rest R (Gl. 44). Man darf daher schließen, daß Ionisation und

$R-C(CH_3)_2-OO-CO-C_6H_4-NO_2$ (82) $\xrightarrow{CH_3OH}$ $[(CH_3)_2C\overset{\oplus}{=}OR \quad {}^{\ominus}OOC-C_6H_4-NO_2]$ $\xrightarrow{CH_3OH}$ $(CH_3)_2C(OR)(OCH_3)$ + $NO_2-C_6H_4-COOH$ Gl. 44

Tabelle 12. *Rel. Ionisationsgeschwindigkeit der Perester* $R(CH_3)_2C—OO—CO—C_6H_4—(p)NO_2$ *in Methanol bei 20°C* (*170*)

R	CH_3	C_2H_5	i-Prop.	tert.-But.	C_6H_5
$k_{rel.}$ 25 °C in CH_3OH	1,0	45	3200	250000	130000

Umlagerung gleichzeitig erfolgen und tert.-Alkylreste leichter wandern als primäre. Auch bei der verwandten *Baeyer-Villiger*-Umlagerung stellte man fest, daß die Gruppe am besten wandert, die am besten eine positive Ladung tragen kann (*12*). Im Übergangszustand dieser Umlagerungen zum O-Sextett kommt formal der Grenzformel (83c) relativ hohes Gewicht zu wegen der stärkeren π-Bindung der Carbonylgruppe und der geringen Bedeutung von (83a) (*176*).

R — C — $\overset{\oplus}{O}$| (a) ⟷ R — $\overset{\oplus}{C}$ — O (b) ⟷ $R^{\oplus}$ — C=O (c) (83)

Die Wanderung des sek. Alkylrestes bei der Ionisation des trans-9-Dekalyl-perbenzoats (71a) läßt die *Criegee*-Umlagerung in den Vordergrund treten, während beim tert.-Butylperbenzoat (7) eine ungünstige Methylwanderung erfolgen müßte.

Der Einfluß der Ringgröße auf die Isomerisierung wurde noch nicht untersucht. Beim Versuch 8-Hydrindanylhydroperoxyd (84) zu acylieren, wurden allerdings nur die Ester (85) isoliert (*177*).

OOH (84) —*R*COCl→ O—CO—*R* (85) Gl. 45

Schon ältere Versuche von *R. Criegee* und *H. Dietrich* (*178*) erlaubten den Schluß, daß die p-Nitrobenzoate des Triäthylmethylhydroperoxyds (86), Isopropyl-dimethyl-methylhydroperoxyds (87) und tert.-Butyl-dimethyl-methylhydroperoxyds (88) zunehmend instabiler sind, da die Qualität der wandernden Gruppe in der gegebenen Reihenfolge steigt.

$$(C_2H_5)_3C\text{—}OOR < (CH_3)_2CH\text{—}C(CH_3)_2\text{—}OOR < (CH_3)_3C\text{—}C(CH_3)_2\text{—}OOR$$

(86) (87) (88)

$$R = O_2N\text{—}C_6H_4\text{—}C(=O)\text{—}$$

Die p-Nitrobenzoate des 1-Methyl- und 1-Äthylcyclohexyl-hydroperoxyds (89a) und b waren leicht darstellbar, der entsprechende Ester des 1-Phenyl-cyclohexyl-hydroperoxyds (89c) zersetzte sich schon langsam bei 25 °C (*179*). Über den heterolytischen Zerfall verschiedener Ester des Pinanhydroperoxyds und des 1-Methyl-cyclohexyl-hydroperoxyds wurde jüngst berichtet (*179a*). Der Einfluß der wandernden Gruppe

$$\underset{\text{a) } R = CH_3 \quad \text{b) } R = C_2H_5 \quad \text{c) } R = C_6H_5}{\text{cyclo-}(CH_2)_5C(R)\text{—O—O—CO—}C_6H_5\text{—}NO_2\,(p)} \tag{89}$$

äußerte sich auch in der leicht erfolgenden Ionisation des Cumyl-perbenzoats (90a), wobei das Benzoat des Aceton-phenylhalbacetals (91a) und Isopropenyl-phenyläther (92a) entstanden (*23, 170*).

$$\underset{(90)}{Ar\text{—}C(CH_3)_2\text{—O—OC(=O)—}C_6H_5} \rightarrow \underset{(91)}{ArO\text{—}C(CH_3)_2\text{—O—}COC_6H_5} + \underset{(92)}{CH_2{=}C(CH_3)\text{—O—Ar}} \qquad \text{Gl. 46}$$

a) $Ar = C_6H_5$ b) $Ar = S\text{—}C_6H_5$

Elektronenliefernde Gruppen im Arylrest (90b) beschleunigten die Ionisation wiederum stark ($\rho = -5{,}1$ in Eisessig) (*175*). Dieser heterolytischen Perestersetzung unter Arylwanderung bediente sich jüngst *W. Treibs* zur Darstellung verschiedener Metacyclophane ohne allerdings die Perester (93) selbst zu isolieren (*180, 181*). Auch der Vinylrest

Gl. 47

OOH; C_6H_5COCl / Pyridin → [O—O—COC_6H_5 (93)]

O—COC_6H_5; O ------→ OH, $(CH_2)_7$

fördert als wandernde Gruppe die Heterolyse. Das leicht durch photosensibilisierte Oxydation von 9,10-Oktalin erhältliche Δ^8-Oktalin-hydroperoxyd-(10) (94) (*182*) bildete bei der Acylierung mit p-Nitro- oder 3,5-Dinitrobenzoylchlorid bei Normalbedingungen (*182*) und selbst bei der

Behandlung mit Keten bei –70 °C (*183*) nur die isomerisierten Ester (z. B 95). Ebenso lieferte die Autoxydation von Cyclohexen in Acet-

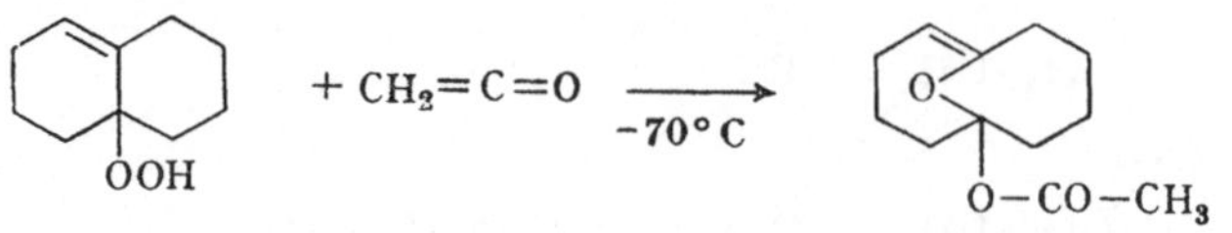

$+ CH_2{=}C{=}O \xrightarrow[-70\,°C]{}$ Gl. 48

OOH (94) → O–CO–CH_3 (95)

anhydrid – vermutlich über die Stufe des Hydroperoxyds (96) und Peracetats (97) – Cyclohexenon (s. S. 255) und 3-Oxa-4-cycloheptenylacetat (98) (*183, 184*).

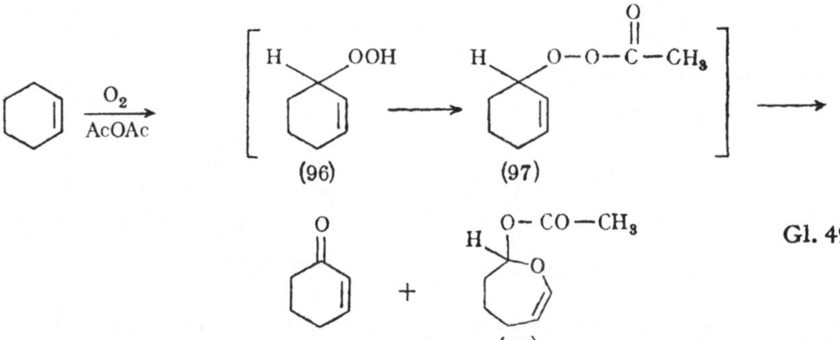

$\xrightarrow[AcOAc]{O_2}$ [H, OOH (96) → H, O–O–C(=O)–CH_3 (97)] → O + H, O–CO–CH_3 (98) Gl. 49

Jüngst wurde auch die Isomerisierung der α-Carbonyl-hydroperoxyde (99) zu gem. Diacyloxyverbindungen (100) beim Benzoylieren beschrieben (*185*), wofür ebenfalls ein *Criegee*-Mechanismus verantwortlich sein dürfte. Acylreste können gut eine positive Ladung stabilisieren und sollten daher gute wandernde Gruppen sein.

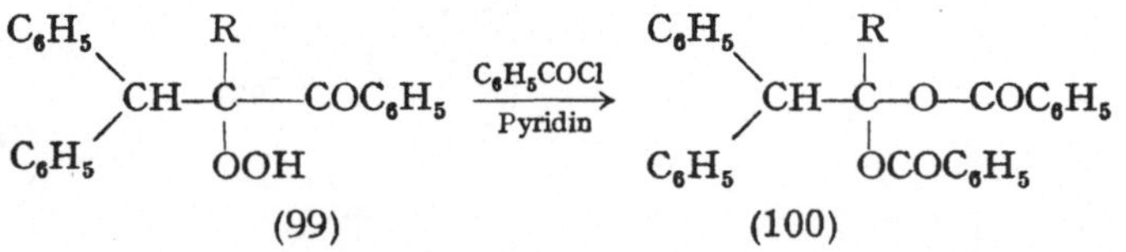

$(C_6H_5)_2CH{-}C(R)(OOH){-}COC_6H_5 \xrightarrow[Pyridin]{C_6H_5COCl} (C_6H_5)_2CH{-}C(R)(OCOC_6H_5){-}O{-}COC_6H_5$ Gl. 50

(99) (100)

Schließlich sei noch erwähnt, daß die *Criegee*-Umlagerung um so leichter eintritt, je stabiler das dabei entstehende Carboniumion ist. Die gegenüber Cumylperbenzoat (90 a) (*20*) gesteigerte Labilität des nicht isolierten Trityl-perbenzoats (69) (*159*) dürfte durch die große Stabilität des bei der Isomerisierung entstehenden Carbonium-oxoniumions verursacht sein (s. Gl. 40). Auch α-Alkoxygruppen in Hydroperoxyden steigern die RG der Isomerisierung davon abgeleiteter Perester (101) (*170*).

Bei den Beispielem der Tab. 13 wurden in allen Fällen Methylwanderungen beobachtet (Gl. 51), die erhöhte Bildungstendenz des doppelt von Sauerstoffatomen flankierten Carboniumions (102) führt zu drastischer RG-Erhöhung.

$$RO-C(CH_3)_2-OO-CO-C_6H_4-NO_2 \xrightarrow[25\,°C]{CH_3OH} \quad (101)$$

$$\left[CH_3-\overset{\oplus}{C}(OCH_3)(OR) \quad {}^{\ominus}O-CO-C_6H_4-NO_2 \right] \xrightarrow{+\ CH_3OH} \quad (102) \qquad \text{Gl. 51}$$

$$CH_3OCH_3 + CH_3-COOR + NO_2-C_6H_4-COOH$$

Tabelle 13. *Ionisationsgeschwindigkeit der Perester $R(CH_3)_2C—OO—CO—C_6H_5(p)NO_2$ in Methanol bei 25 °C (170)*

R	CH_3	OCH_3	OC_2H_5
$k_{rel.}$ 25 °C in CH_3OH	1,0	1300	2100

Die Darstellung von Estern des Phenylhydroperoxyds wurde zwar patentiert (*9*), Phenylhydroperoxyd oder seine Derivate konnten aber sonst noch nie erhalten werden. Bei der Umsetzung von Phenolen mit Dibenzoylperoxyd wurden Phenylperbenzoate (103) als nicht isolierbare Zwischenstufe postuliert (Gl. 52), deren Zerfall die Brenzkatechinmonobenzoate (104) liefern soll (*186, 12b*). Radikalische und ionische Mechanismen konnten ausgeschlossen werden (*186*). Für den Zerfall des Peresters nahm man ursprünglich einen der *Claisen*-Umlagerung analogen Mehrzentrenprozeß an (*186, 12b*). Neuerdings bevorzugt man aber auch hier die Heterolyse und Rekombination der Ionen im Ionenpaar (105) (*187*). Aus Dibenzoylperoxyd, das in der Carbonylgruppe mit O^{18} markiert war, entstand nämlich Brenzkatechin-monobenzoat (104), welches 87 % O^{18} in der Carbonylgruppe und 13 % im Äthersauerstoff enthielt. Auf der Stufe des Ionenpaares (105) könnte teilweise Äquilibrierung erfolgt sein. Der mehrstufige Charakter dieser Reaktion verlangt allerdings noch große Zurückhaltung bei der Interpretation. Andererseits wäre es sehr verständlich, wenn Perester (103) des Phenylhydroperoxyds oder seiner Derivate leicht ionisieren würden, da dabei ein mesomeriestabilisiertes Kation entstünde. Eine homolytische Zersetzung des Phenylhydroperoxyds und seiner Derivate sollte allerdings durch die Bildung des Phenoxylradikals ähnlich vorteilhaft sein.

(103) (105) (104)

Gl. 52

Auf die ebenfalls über Perester und deren Heterolyse verlaufende *Baeyer-Villiger*-Oxydation soll nicht näher eingegangen werden, da neuere Übersichten existieren (*12*).

Literatur

1. Übersichten von *Sosnovsky, G.*, u. *S.-O. Lawesson:* Angew. Chem. *76*, 218 (1964); *Kochi, J. K.*, u. *H. E. Mains:* J. org. Chem. *30*, 1862 (1965).
2. *Baeyer, A. v.*, u. *V. Villiger:* Ber. dtsch. chem. Ges. *34*, 738 (1901).
3. *Criegee, R.:* Ber. dtsch. chem. Ges. *77*, 22 (1944).
4. — in Fortschr. chem. Forsch., Bd. 1, S. 508; Springer-Verlag 1950.

4a. *Bartlett, P. D., R. E. Pincock, J. H. Rolston, W. G. Schindel* u. *L. A. Singer:* J. Amer. chem. Soc. *87*, 2590 (1965); *Kaizer, E. T.*, u. *D. F. Mayers:* Tetrahedron Letters *1965*, 2767. Auch die sensibilisierte Peresterphotolyse erfolgt homolytisch, s. *Walling, Ch.*, u. *M. J. Gibian:* J. Amer. chem. Soc. *87*, 3413 (1965).

5. Siehe z.B. *Perry, R. P.*, u. *K. P. Seltzer:* Modern Plastics *25*, 134, 218, 220 (1947); *Winter H.* in *Ullmann*, Encyklopädie d. techn. Chem. 3. Aufl. 1962, herausgeg. v. *W. Foerst*, Bd. *13*, S. 257; *Magelli, O. L., S. D. Stengel* u. *D. F. Doehnert:* Mod. Plastics *36*, 135, 140, 144, 172 (1959); Chem. Engng. News v. 24. 2. 1964, S. 25.
6. Siehe z.B. US-Pat. 2734894 (14. 2. 1956) Distillers Co. Erf.: *M. F. Vaughan*; DB-Pat. 1122251 (18. 1. 1962) Elektrochem. Werke München, Erf.: *H. Meyer*; Jap.-Pat. 6625 (1962), Erf.: *M. Watanabe* u. *H. Sunahara.*
7. *Hahn, W.*, u. *A. Fischer*, Makromolekulare Chem. *16*, 36 (1955); *Smets, G., A. Poot* u. *G. L. Duncan*, J. Polymer Sci. *34*, 287 (1959); *Smets, G.*,

A. Poot u. *G. L. Duncan*, J. Polymer Sci. *54*, 65 (1961); *Uno, T:* Robunski Ragaku *17*, 183 (1960); *Saegusa, T.*, *M. Nozaki* u. *R. Oda*, J. chem. Soc. [Japan], Ind. Chem. Sect. *57*, 243, 333 (1954); *Plateau, G.*, u. *R. J. Zeitlein:* U.S. Dept. Com. Office Techn. Service AD 2 64250 (1961); *Tobolsky, A. V.*, u. *A. Rembaum:* J. Appl. Polym. Sci. *8*, 307 (1964).

8. Siehe z.B. DB-Pat. 1038693 (11. 9. 1958) Henckel u. Cie., Erf.: *W. Fries* u. *H. Sinner*.
9. US-Pat. 2481859 (13. 9. 1949) Standard Oil Development, Erf.: *P. Miller*.

9a. Zur Oxydation von tert.-Phosphinen bzw. Grignardverbindungen durch Perester s. *Denney, D. B.*, *W. F. Goodyear* u. *B. Goldstein:* J. Amer. chem. Soc. *83*, 1726 (1961) und *Lawaesson, S.-O.*, u. *N. C. Yang:* J. Amer. chem. Soc. *81*, 4230 (1959).

10. *Wiberg, K. B.*, *B. R. Lowry* u. *T. H. Colby:* J. Amer. chem. Soc. *83*, 3998 (1961).
11. *Eaton, P. E.*, u. *T. W. Cole:* J. Amer. chem. Soc. *86*, 3157 (1964); s.a. *Goldstein, M. J.*, u. *A. H. Gevritz*, Tetrahedron Letters *1965*, 4417.

12a. Übersicht bei *Smith P. A. S.* in *P. deMayo:* Molecular Rearrangements, Interscience Publ. 1963, Bd. 1, S. 457.

12b. *Syrkin, K.*, u. *I. I. Moiseev:* Russian Chem. Rev. *29*, 193 (1960).

13. Übersicht bei *Schmitz: E.* „Three membered Ring Systems with two Hetero Atoms", in Advances in Heterocyclic Chemistry, Herausg. *A. R. Katritzky*, Bd. II, S. 83, Academic Press, New York-London 1963; *Padwa, A.*, Tetrahedron Letters *1965*, 879.
14. *Milas, N. A.*, u. *D. M. Surgenor:* J. Amer. chem. Soc. *68*, 642, 643 (1946).
15. *Rieche, A.*, u. *F. Hitz:* Ber. dtsch. chem. Ges. *63*, 2504 (1930).
16. *Criegee, R.* in: Meth. d. Organ. Chemie (*Houben-Weyl*), Thieme-Verlag 1953, Bd. 8/3, S. 3.
17. Da neuere Zusammenfassungen existieren (*18*, *19*) werden die Darstellungsmethoden nur kurz referiert.
18. *Davies, A. G.:* Organic Peroxides 1. Aufl., Butterworths, London 1961, S. 58.
19. *Hawkins, E. G. E.:* Organic Peroxides. 1. Aufl., E. u. F. F. Spon, London 1961, S. 277.
20. *Medwedew, S. S.*, u. *E. N. Alexejewa:* Ber. dtsch. chem. Ges. *65*, 133 (1932).
21. *Wieland, H.*, u. *J. Maier:* Ber. dtsch. chem. Ges. *64*, 1205 (1931).
22. *Bartlett, P. D.*, u. *R. R. Hiatt:* J. Amer. chem. Soc. *80*, 1398 (1958).
23. *Hock, H.*, u. *H. Kropf:* Chem. Ber. *88*, 1544 (1955).
24. *Rüchardt, C.*, u. *H. J. Quadbeck-Seeger:* Unveröffentl.
25. Siehe Zitat 18, S. 115.
26. Siehe Zitat 18, S. 114 und 19, S. 406.
27. *Bartlett, P. D.*, u. *H. Minato:* J. Amer. chem. Soc. *85*, 1858 (1963).
28. *Ziegler, K.*, *L. Jakob*, *H. Wollthan* u. *A. Wenz:* Liebigs Ann. Chem. *511*, 64 (1934); *K. Ziegler* in: Houben-Weyl: Methoden der organ. Chem. G. Thieme-Verlag, Stuttgart, Band 4/2, S. 760.
29. *Edwards, J. O.*, u. *R. G. Pearson:* J. Amer. chem. Soc. *84*, 16 (1962).
30. *Milas, N. A.*, *D. G. Orphanos* u. *R. J. Klein:* J. org. Chem. *29*, 3099 (1964).
31. *Hecht, R.*, u. *C. Rüchardt:* Chem. Ber. *96*, 1281 (1963); *Staab, H. A.*, *W. Rohr* u. *F. Graf:* Chem. Ber. *98*, 1122 (1965).
32. US-Pat. 2608570 (28. 8. 1952) Shell Development, Erf.: *D. Harman*.

33. *Pincock, R. E.:* J. Amer. chem. Soc. *86*, 1820 (1964).
34. *Rüchardt, C.*, u. *R. Hecht:* Chem. Ber. *97*, 2716 (1964).
35. *Milas, N.*, u. *A. Golubovic:* J. Amer. chem. Soc. *81*, 5824 (1959).
36. —— J. org. Chem. *27*, 4319 (1962).
37. *Wieland, H.:* Ber. dtsch. chem. Ges. *54*, 2353 (1921).
38. *Starcher, P. S., B. Phillips* u. *F. C. Frostick:* J. org. Chem. *26*, 3568 (1961) und dort zit. Lit.
39. *Esser, H., K. Rastädter* u. *G. Reuter:* Chem. Ber. *89*, 685 (1956).
40. *Lapshin, N. M., B. N. Moryganov, G. A. Razuvaev, A. V. Ryabov* u. *M. L. Khidekel:* Vysokomolekul Soedin *3*, 1794 (1961); Chem. Abstr. *56*, 13074 (1962).
41. DB-Pat. 1029818 (14. 5. 1958) Farbwerke Hoechst, Erf.: *M. Lederer* u. *O. Fuchs.*
42. *O'Brien, E. L., F. M. Beringer* u. *R. B. Mesrobian:* J. Amer. chem. Soc. *79*, 6238 (1957); *81*, 1506 (1959).
43. *Pedersen, C. J.:* J. org. Chem. *23*, 252 (1958).
44. *Davies, A. G.*, u. *K. J. Hunter:* J. chem. Soc. *1953*, 1808.
45. *Hedaya, E., R. L. Hinman, L. M. Kibler* u. *S. Theodoropulos:* J. Amer. chem. Soc. *86*, 2727 (1964).
46. *Koenig, T.*, u. *W. Brewer:* J. Amer. chem. Soc. *86*, 2728 (1964).
47. US-Patent 2374789 (1. 5. 1945) Pittsburgh Glass Co., Erf.: *F. Strain. Strain, F., W. E. Bissinger, W. R. Dial, H. Rudoff, B. J. deWitt, H. C. Stevens* u. *J. H. Langston:* J. Amer. chem. Soc. *72*, 1254 (1950).
48. Übersicht bei *Horner, L.*, u. *E. Jürgens:* Angew. Chem. *70*, 266 (1958).
49. Ausführl. Diskussion bei *Silbert, L. S.*, u. *D. Swern:* J. Amer. chem. Soc. *81*, 2364 (1959).
50. *Silbert, L. S.*, u. *D. Swern:* Analytic. Chem. *30*, 385 (1958).
51. *Foxley, G. H.:* Analyst *86*, 348 (1961).
52. *Bartlett, P. D.*, u. *J. L. Kice:* J. Amer. chem. Soc. *75*, 5591 (1953).
53. *Knappe, E.*, u. *D. Peteri:* Z. Anal. Chem. *190*, 386 (1962) und dort zit. Lit.
54. *Davison, W. H. T.:* J. chem. Soc. *1951*, 2456.
55. *Ory, H. A.:* Analytic. Chem. *32*, 509 (1960); *Minkoff, G. J.:* Proc. Roy. Soc. *A 224*, 176 (1954); s. a. Ref. 18, S. 195.
56. *Bernard, M. L. J.:* Ann. chim. *10*, 315 (1955).
57. *Silbert, L. S., L. P. Witnauer, D. Swern* u. *C. Ricciuti:* J. Amer. chem. Soc. *81*, 3244 (1959).
58. *Voltz, S. E.:* J. Amer. chem. Soc. *76*, 1025 (1954).
59. *Durham, L. J., L. Glover* u. *H. S. Mosher:* J. Amer. chem. Soc. *82*, 1508 (1960).
60. *Kornblum, N.*, u. *H. E. DeLaMare:* J. Amer. chem. Soc. *73*, 880 (1951).
61. *Hammond, G. S.*, u. *L. M. Soffer:* J. Amer. chem. Soc. *72*, 4711 (1950).
62. *Drew, E. H.* zit. von *Martin, J. C.*, u. *T. W. Koenig:* J. Amer. chem. Soc. *86*, 1771 (1964).
63. Siehe b. *Davies, A. G.:* Ref. 14a, S. 165; bei der Thermolyse ohne Lösungsmittel bzw. in prim.- und sek. Aminen oder Alkoholen wurde jüngst induzierter Zerfall festgestellt: *Bell, E. R., F. F. Rust* u. *W. E. Vaughan:* J. Amer. chem. Soc. *72*, 337 (1950); *Huyser, E. S., C. J. Bredeweg* u. *R. M. VanScoy:* J. Amer. chem. Soc. *86*, 2401, 4148 (1964).
64. *Bartlett, P. D.*, u. *C. Rüchardt:* J. Amer. chem. Soc. *82*, 1756 (1960).
65. *Walling, Ch.:* Free Radicals in Solution, J. Wiley, New York 1957, S. 477 und dort zit. Lit.

66. *Bartlett, P. D.*, u. *K. Nozaki:* J. Amer. chem. Soc. *69*, 2299 (1947); *Leffler, J. E.:* ibid. *72*, 67 (1950).
67. *Blomquist, A. T.*, u. *A. F. Ferris:* J. Amer. chem. Soc. *73*, 3408 (1951).
68. —— J. Amer. chem. Soc. *73*, 3412 (1951).
69. *Bartlett, P. D., E. P. Benzing* u. *R. E. Pincock:* J. Amer. chem. Soc. *82*, 1762 (1960).
(1960).
70. *Drew, E. H.*, u. *J. C. Martin:* Chem. and Ind. *1959*, 925.
71. *Denney, D. B.*, u. *G. Feig:* J. Amer. chem. Soc. *81*, 5322 (1959); *Swain, C. G., L. J. Schaad* u. *A. J. Kresge:* J. Amer. chem. Soc. *80*, 5313 (1958).
72. *Blomquist, A. T.*, u. *I. A. Berstein:* J. Amer. chem. Soc. *73*, 5546 (1951).
73. *Jaffé, H. H.:* Chem. Rev. *53*, 191 (1953).
74. *Schütz, R. D.*, u. *L. J. Shea:* J. org. Chem. *30*, 844 (1965).
75. *Swain, C. G., W. H. Stockmeyer* u. *J. T. Clarke:* J. Amer. chem. Soc. *72*, 5426 (1950).
76. *Pincock, R. E.:* J. Amer. chem. Soc. *84*, 312 (1962).
77. *Bartlett, P. D.*, u. *B. T. Storey:* J. Amer. chem. Soc. *80*, 4954 (1958). *Bartlett, P. D.*, u. *T. G. Traylor:* J. Amer. chem. Soc. *83*, 856 (1961).
78. *Martin, J. C.*, u. *W. G. Bentrude:* Chem. and Ind. *1959*, 192.
79. *Bentrude, W. G.*, u. *J. C. Martin:* J. Amer. chem. Soc. *84*, 1561 (1962).
80. Ähnliche Umlagerungen beschrieben *DeTar, D. F.*, u. *A. Hlynsky:* J. Amer. chem. Soc. *77*, 4411 (1955); *Wilt, J. W.*, u. *J. Lundquist:* J. org. Chem. *29*, 921 (1964) und zit. Lit.; *Thomson, R. J.*, u. *A. G. Wylie:* Proc. chem. Soc. [London] *1963*, 65.
81. *Bartlett, P. D.*, u. *T. Funahashi:* J. Amer. chem. Soc. *84*, 2596 (1962).
82. *Tuleen, D. L., W. G. Bentrude* u. *J. C. Martin:* J. Amer. chem. Soc. *85*, 1938 (1963).
83. Übersicht bei *Reichardt, Chr.:* Angew. Chem. *77*, 30 (1965).
84. *Smith, S. G., A. H. Fainberg* u. *S. Winstein:* J. Amer. chem. Soc. *83*, 618 (1961).
85. *Winstein, S., S. Smith* u. *D. Darwish:* J. Amer. chem. Soc. *81*, 5511 (1959).
86. *Koenig, T. W.*, u. *J. C. Martin:* J. org. Chem. *29*, 1520 (1964).
87. —— J. Amer. chem. Soc. *86*, 1771 (1964).
88. *Bartlett, P. D.:* Experientia Suppl. VII, 275 (1957).
89. — in: *Edwards, J. O.:* Peroxide Reaction Mechanisms, Interscience Publ., New York-London 1962, S. 1ff.
90. *Galibei, V. I., A. I. Yurzhenko* u. *S. S. Ivanchev:* Ukr. Khim. Zh. *29*, 1282 (1963); C.A. *60*, 9448 (1964).
90a. Siehe *Lorand, J. P.:* Diss. Abstr. *26*, 701 (1965) für den Triphenylperessigsäure-tert.-butylester.
91. *Trachtmann, M.*, u. *J. G. Miller:* J. Amer. chem. Soc. *84*, 4828 (1962).
92. *Bartlett, P. D.*, u. *L. B. Gortler:* J. Amer. chem. Soc. *85*, 1864 (1963).
93. — u. *D. M. Simons:* ibid. *82*, 1753 (1960).
94. Eine ausführliche Diskussion radikalischer Fragmentierungen unter CO_2-Abspaltung bei Diacylperoxyden findet sich bei *M. Szwarc* in: *Edwards, J. O.:* Peroxide Reaction Mechanisms, Interscience Publ., New York-London 1962, S. 153.
95. Siehe z.B. *Petersen, R. C.:* J. org. Chemistry *29*, 3133 (1964).
95a. *Koenig, T. W.*, u. *W. D. Brewer:* Tetrahedron Letters *1965*, 2773.
95b. Chem. Engng. News v. 27. Sept. 1965, S. 52.

96. Alle Lit. bei *Goldstein, M. J.:* Tetrahedron Letters *1964*, 1601. Siehe aber *Neumann, W. P., K. Rübsamen* u. *R. Sommer*, Angew. Chem. *77*, 733 (1965).
97. *Rüchardt, C.*, u. *E. Merz:* Tetrahedron Letters *1964*, 2431.
98. — u. *B. Freudenberg:* Tetrahedron Letters *1964*, 3623.
99. *Goldstein, M. J.:* Privatmitteilung.
100. — Tetrahedron Letters *1964*, 1601.
101. *Dupre', G. D.:* Ph.D. Thesis, University of Connecticut 1963.
102. Die C—H-Dissoziationsenergien in Aromaten (102 kcal/Mol) Vinylstellung (104—122 kcal/Mol) und Äthan (98 kcal/Mol) erlauben eine Abschätzung der Energieunterschiede s. b. *Walling, Ch.:* Free Radicals in Solution, J. Wiley 1957, S. 50.
103. *Brown, H. C.*, u. *Y. Okamoto:* J. org. Chemistry *22*, 485 (1957).
104. *Rüchardt, C.*, u. *R. Hecht:* Chem. Ber. *98*, 2460 (1965).
105. *Pauling, L.:* Natur der Chem. Bindung, übersetzt von *H. Noller*, Verlag Chemie, Weinheim/Bergstr. 1962, S. 24 und Kap. 3.
106. *Wheland, G. W.:* Resonance in Organic Chemistry, John Wiley, New York 1955, S. 381; *Wheland, G. W.:* Advanced Organic Chemistry, 2. Auflage, John Wiley, New York 1949, S. 689—710.
107. *Leigh, C. H., A. H. Sehon* u. *M. Szwarc:* Proc. Roy. Soc. [London] *A 209*, 97 (1951).
108. *Harrison, A. G., P. Kebarle* u. *F. P. Lossing:* J. Amer. chem. Soc. *83*, 777 (1961).
109. *Kochi, J. K.*, u. *D. D. Davis:* J. Amer. chem. Soc. *86*, 5264 (1964); s.a. Fußnote 40a für eine andere Deutung des polaren Effektes.
110. *Streitwieser, A.*, u. *C. Perrin:* J. Amer. chem. Soc. *86*, 4938 (1964).
110a. *Rüchardt, C.* u. *H. Böck* unveröffentlicht.
111. *Rüchardt, C.*, u. *H. Schwarzer*, s. Dissertation *H. Schwarzer*, Univ. München 1964 und Chem. Ber. 1966, im Druck.
111a. Siehe *Kampmeier, J. A.*, u. *R. M. Fantazier*, Chem. Engng. News v. 9. Aug. 1965, S. 113 u. J. Amer. chem. Soc. 1966, im Druck, für Perester α,β-ungesättigter Carbonsäuren; *Singer, L. A.* u. *N. P. Kong*, Tetrahedron Letters *1966*, 2089.
112. Siehe z.B. *Kosower, E. M.*, u. *I. Schwager:* J. Amer. chem. Soc. *86*, 5532 (1964).
113. *Deno, N. C., P. T. Groves* u. *G. Saines:* J. Amer. chem. Soc. *81*, 5790 (1959).
114. *Roberts, J. D., A. Streitwieser* u. *C. M. Regan:* J. Amer. chem. Soc. *74*, 4579 (1952).
115. *Breslow, R., J. Lockhart* u. *H. W. Chang:* J. Amer. chem. Soc. *83*, 2375 (1961).
116. — *H. Höver* u. *H. W. Chang:* J. Amer. chem. Soc. *84*, 3168 (1962).
117. *Manat, S. L.*, u. *J. D. Roberts:* J. org. Chemistry *24*, 1336 (1959).
118. Siehe z.B. *Roberts, J. D.:* Notes on Molecular Orbital Calculations, W. A. Benjamin, New York 1962.
119. *Vincow, G., M. L. Morrell, W. V. Volland, H. J. Dauben* u. *J. F. Hunter:* J. Amer. chem. Soc. *87*, 3527 (1965); s.a. Chem. Engng. News v. 28. 6. 1965, S. 43.
120. Siehe z.B. *Arnett, E. M., W. G. Bentrude, J. J. Burke* u. *P. McC. Duggleby:* J. Amer. chem. Soc. *87*, 1541 (1965).
121. Siehe bei *Streitwieser, A.:* Solvolytic Displacement Reactions, McGraw-Hill, 1962, S. 103.

122. Siehe z.B. Ref. 14b, S. 138 u. 385.
123. *Walling, Ch.:* Free Radicals in Solution, J. Wiley, 1957, S. 412.
124. *Bridger, R. F.,* u. *G. A. Russell:* J. Amer. chem. Soc. *85,* 3754 (1963).
125. *Böhme, H.:* Ber. dtsch. Chem. Ges. *74,* 248 (1941); *Bordwell, F. G., G. D. Cooper* u. *H. Morita:* J. Amer. chem. Soc. *79,* 376 (1957).
126. *Rüchardt, C., H. Böck* u. *I. Ruthardt:* Unveröffentl. u. Angew. Chem. *78,* 268 (1966).
127. *Moryganov, B. N., N. M. Lapshin, L. M. Salova* u. *T. A. Plishkina:* J. Gen. Chem. (USSR) *32,* 2632 (1962).
128. *Strain, F.:* Pittsburgh Glass Co., US-Pat. 2374789 v. 1. 5. 1945; Chem. Abstr. *39,* 3010 (1945).
129. — *W. E. Bissinger, W. R. Dial, H. Rudoff, B. J. DeWitt, H. C. Stevens* u. *J. H. Langston:* J. Amer. chem. Soc. *72,* 1254 (1950).
130. *Bartlett, P. D.,* u. *H. Sakurai:* J. Amer. chem. Soc. *84,* 3269 (1962).
131. *Martin, M. M.:* J. Amer. chem. Soc. *83,* 2869 (1961).
132. Die Verbindung wurde als sehr explosiv erkannt (*45*).
133. *Rüchardt, C.,* u. *R. Hecht:* Tetrahedron Letters *1962,* 957.
134. *Martin, M. M.:* J. Amer. chem. Soc. *84,* 1986 (1962).
135. *Rüchardt, C.,* u. *R. Hecht,* Chem. Ber. *98,* 2471 (1965); Tetrahedron Letters *1962,* 961.
136. *Starnes, W. H.:* J. Amer. chem. Soc. *85,* 3708 (1963).
137. *Roberts, J. D.:* Privatmitteilung und Abstr. 141. National Meeting Amer. Chem. Soc. März 1962, S. 8—10; Ph.D. Thesis *M. E. H. Howden,* California Institute of Technology, 1962.
138. *Slaugh, L. H.:* J. Amer. chem. Soc. *87,* 1522 (1965).
139. *Martin, M. M.,* u. *D. C. DeJongh:* J. Amer. chem. Soc. *84,* 3526 (1962).
140. *Bartlett, P. D.,* u. *R. E. Pincock:* J. Amer. chem. Soc. *84,* 2445 (1962); *Bartlett, P. D.,* u. *J. M. McBride:* J. Amer. chem. Soc. *87,* 1727 (1965).
141. *Skell, P. S., D. L. Tuleen* u. *P. D. Readio:* J. Amer. chem. Soc. *85,* 2849, 2850 (1963); *Skell, P. S.:* Organic Reaction Mechanisms, The Chemical Society, Special Publication 19, S. 131 (1965). Siehe aber *Haag, W. O.,* u. *E. I. Heiba:* Tetrahedron Letters *1965,* 3679, 3683; und *Benson, S. W., D. M. Golden* u. *K. W. Egger:* J. Chem. Phys. *42,* 4265 (1965).
142. — Privatmitteilung.
143. *Hiatt, R.,* u. *T. G. Traylor:* J. Amer. chem. Soc. *87,* 3766 (1965) isolierten in viscosen Lösungsmitteln bis zu 77 % Di-tert.-butylperoxyd, das Produkt der Käfigrekombination.
144. *Bartlett, P. D.,* u. *R. E. Pincock:* J. Amer. chem. Soc. *82,* 1769 (1960).
145. — *B. A. Gontarev* u. *H. Sakurai:* J. Amer. chem. Soc. *84,* 3101 (1962).
146. Siehe z.B. *Schmidt, U., K. H. Kabitzke* u. *K. Markau:* Angew. Chem. *77,* 378 (1965).
147. *Rauhut, M. M.* et al.: Symposium on Chemiluminecence, Durham N.C. 1965, Preprints S. 347, Zit. v. *K. D. Gundermann:* Angew. Chem. *77,* 573 (1965); *Rauhut, M. M., D. Sheehan, R. A. Clarke* u. *A. M. Semsel:* J. org. Chem. *30,* 3587 (1965). Photochemistry and Photobiology *4,* 1097 (1965).
148. *Minato, H.,* u. *P. D. Bartlett:* Zit. in Ref. 79b.
149. *Bell, E. R., F. F. Rust* u. *W. E. Vaughan:* J. Amer. chem. Soc. *72,* 337 (1950); *Mayo, F. R.,* u. *A. A. Miller:* J. Amer. chem. Soc. *80,* 2480 (1958); *Walling, Ch.,* u. *E. S. Savas:* J. Amer. chem. Soc. *82,* 1738 (1960).

150. *Milas, N. A.*, u. *A. Golubovic:* J. Amer. chem. Soc. *80*, 5994 (1958).
151. Privatmitteilung von Prof. *P. D. Bartlett.*
152. *Rüchardt, C.*, u. *H. Schwarzer:* Angew. Chem. *74*, 251 (1962).
153. Ähnliche Fragmentierungen unter Bildung von Tropyliumionen beschrieb *K. Conrow:* J. Amer. chem. Soc. *81*, 5461 (1959).
154. *Pincock, R. E.:* J. Amer. chem. Soc. *86*, 1820 (1964).
155. *Dimroth, K.*, vorgetr. vor d. Münchener Chem. Ges. am 17. Nov. 1964.
156. *Brooker, L. G. S., A. C. Craig, D. W. Heseltine, P. W. Jenkins* u. *L. L. Lincoln:* J. Amer. chem. Soc. *87*, 2443 (1965).
157. *Pincock, R. E.:* J. Amer. chem. Soc. *87*, 1274 (1965).
158. — u. *T. E. Kiovsky:* J. Amer. chem. Soc. *87*, 2072,4100 (1965).
159. *Wieland, H.*, u. *J. Maier:* Ber. dtsch. chem. Ges. *64*, 1205 (1931).
160. *Criegee, R.:* Ber. dtsch. chem. Ges. *77*, 722 (1944).
161. *Cope, A. C.*, u. *G. Holzman:* J. Amer. chem. Soc. *72*, 3062 (1950).
162. *Criegee, R.*, u. *R. Kaspar:* Liebigs Ann. Chem. *560*, 127 (1948).
163. *Winstein, S.*, u. *G. C. Robinson:* J. Amer. chem. Soc. *80*, 169 (1958).
164. *Bartlett, P. D.*, u. *J. L. Kice:* J. Amer. chem. Soc. *75*, 5591 (1953).
165. *Goering, H. L.*, u. *A. C. Olson:* J. Amer. chem. Soc. *75*, 5853 (1953).
166. *Denney, D. B.*, u. *D. Z. Denney:* J. Amer. chem. Soc. *79*, 4806 (1957).
167. *Bartlett, P. D.*, u. *B. T. Storey:* J. Amer. chem. Soc. *80*, 4954 (1958).
168. Siehe z.B. *Goering, H. L.:* Rec. Chem. Progr. *21*, 109 (1960).
169. *Holmquist, H. E., R. S. Rothrock, C. W. Theobald* u. *B. E. Englund:* J. Amer. chem. Soc. *78*, 5339 (1956).
170. *Hedaya, E.*, u. *S. Winstein:* Tetrahedron Letters *1962*, 563.
171. *Rieche, A., G. Hilgetag* u. *G. Schramm:* Angew. Chem. *71*, 285 (1959).
172. *Corey, E. J.*, u. *R. W. White:* J. Amer. chem. Soc. *80*, 6686 (1958).
173. *Sneen, R. A.*, u. *N. P. Matheny:* J. Amer. chem. Soc. *86*, 3905, 5503 (1964).
174. *Akhtar, M., P. Hunt* u. *P. B. Dewhurst:* J. Amer. chem. Soc. *87*, 1807 (1965); *Smolisnky, G.*, u. *B. I. Feuer:* J. org. Chemistry *30*, 3216 (1965).
175. *Nelson, K.*, zit. v. *Winstein, S.*, u. *T. G. Traylor:* J. Amer. chem. Soc. *77*, 3747 (1955), Fußnote 18.
176. *Berson, J. A.*, u. *S. Suzuki:* J. Amer. chem. Soc. *81*, 4088 (1959).
177. *Criegee, R.*, u. *H. Zogel:* Chem. Ber. *84*, 215 (1951).
178. — u. *H. Dietrich:* Liebigs Ann. Chem. *560*, 135 (1948).
179. *Kwart, H.*, u. *R. T. Keen:* J. Amer. chem. Soc. *81*, 943 (1959).
179a. *Francois, H., G. Bex* u. *R. Lalonde,* Bull. Soc. chim. France *1963*, 833; *1965*, 3698, 3702, 3705.
180. *Treibs, W.*, u. *G. Mann:* Chem. Ber. *91*, 1910 (1958).
181. — u. *E. Heyner:* Chem. Ber. *94*, 1915 (1961); *Treibs, W.*, u. *J. Thormer:* Chem. Ber. *94*, 1925 (1961).
182. *Schenck, G. O.*, u. *K.-H. Schulte-Elte:* Liebigs Ann. Chem. *618*, 185 (1958).
183. *Naylor, R. F.:* J. chem. Soc. *1945*, 244.
184. *Shine, H. J.*, u. *R. H. Snyder:* J. Amer. chem. Soc. *80*, 3064 (1958).
185. *Schöllner, R., J. Weiland* u. *M. Mühlstädt:* Z. Chem. *3*, 390 (1963).
186. *Walling, Ch.*, u. *R. B. Hodgdon:* J. Amer. chem. Soc. *80*, 228 (1958).
187. *Denney, D. B.*, u. *D. Z. Denney:* J. Amer. chem. Soc. *82*, 1389 (1960).

(Eingegangen am 26. Oktober 1965)

Organische Katalysatoren

Prof. Dr. Wolfgang Langenbeck

Deutsche Akadamie der Wissenschaften zu Berlin,
Institut für Organische Katalyseforschung Rostock

Inhaltsübersicht

I. Einleitung

Eine Chemie der künstlichen organischen Katalysatoren gibt es noch nicht allzulange. Abgesehen von einigen wenigen Substanzen, die im vorigen Jahrhundert zufällig gefunden wurden, beginnt eine systematische Bearbeitung des Gebietes im Jahre 1908. *Bredig* und *Fajans* fanden damals die stereospezifische katalytische Wirkung von optisch-aktiven Alkaloiden. Der Verfasser lernte diese Arbeiten 1924 in Karlsruhe kennen und begann sich mit dem Problem der organischen Katalyse zu beschäftigen. 1927 wurde von ihm der erste Covalenzkatalysator entdeckt. Ein längst bekannter Stoff, das Isatin, zeigte charakteristische katalytische Wirkungen, die sich aus seinen chemischen Eigenschaften voraussehen ließen. Wesentlich war ein Gesichtspunkt, der hier zum erstenmal entwickelt wurde, und der allein zu Fortschritten führen konnte: Die

Beziehungen zwischen der chemischen Konstitution und der katalytischen Wirkung der Katalysatoren müssen systematisch erforscht werden. Das bedeutet notwendigerweise eine organisch-synthetische Tätigkeit, die mit gleichzeitigen kinetischen Messungen kombiniert werden muß. So ist die organische Katalyse nicht nur ein Teil der physikalischen Chemie, wie die Katalyse allgemein, sondern vor allem ein Anwendungsgebiet der *präparativen organischen Chemie*. Ohne theoretisch begründete, gezielte organische Synthesen kann es keinen dauernden Fortschritt geben. Denn es bleibt die Aufgabe, neue organische Katalysatoren zu finden und bereits bekannte durch Veränderung ihrer Konstitution zu verbessern. Es gilt die Aktivität und Spezifität der organischen Katalysatoren zu steigern. Das letzte, noch sehr entfernt liegende Ziel ist es, eine allgemeine Theorie der organischen Katalysatoren zu schaffen, die insbesondere der Enzymchemie zugute kommen wird. Dabei müssen die modernen Ergebnisse der theoretischen organischen Chemie verwertet werden, doch das ist noch nicht allgemein gelungen. Deshalb wird in diesem Bericht im wesentlichen von experimentellen Tatsachen und weniger von Theorien die Rede sein.

In den letzten 10 Jahren sind über 400 Arbeiten auf unserem Gebiet erschienen. Es ist daher nicht möglich, im begrenzten Rahmen eine vollständige Literaturübersicht zu geben. Wir werden uns auf eine Auswahl beschränken müssen. Auch sehen wir uns gezwungen, ein Gebiet wegzulassen, das eine besondere und weitgehende Entwicklung genommen hat, nämlich die Polymerisation mit Hilfe metallorganischer Verbindungen und Komplexverbindungen. Frühere Zusammenfassungen über organische Katalysatoren vgl. (*109*, *120*, *124*, *126*, *153*, *209*).

Für die weitere Entwicklung der organischen Katalyse ist es wichtig, eine möglichst vollständige Literatursammlung zu besitzen. Eine solche gibt es bisher nur bis 1959 (*126*). Veröffentlichungen, die in diesem Aufsatz nicht zitiert werden, sind deshalb nach dem eigentlichen Literaturverzeichnis in der chronologischen Reihenfolge der Chemical-Abstracts-Referate aufgeführt. Der Raumersparnis wegen mußte bei diesen Zitaten auf die Angabe der Autorennamen und der Titel verzichtet werden.

II. Einteilung und Nomenklatur der organischen Katalysatoren

Bei näherer Kenntnis der organischen Katalysatoren findet man, daß sie nach verschiedenen Mechanismen wirken können, sie unterscheiden sich nämlich in der Natur ihrer Zwischenstoffe. Die vorübergehende Vereinigung von Katalysator und Substrat kann durch verschiedene Arten von chemischen Bindungen geschehen, nämlich durch Covalenzen, koordinative Bindungen und Wasserstoff-Brückenbindungen. Dementsprechend unterscheiden wir

Covalenzkatalysatoren,
Chelatkatalysatoren und
Basenkatalysatoren.

Zu den letzteren gehören wahrscheinlich auch die Einschlußkatalysatoren. Logischerweise müßte es als Gegenstücke zu den Basenkatalysatoren auch Säurekatalysatoren geben, d.h. organische Lewissäuren, die ohne Wasserstoffionen katalysieren, jedoch sind solche Fälle noch nicht bekannt.

Covalenzkatalysatoren haben wir bisher meist Hauptvalenzkatalysatoren genannt (vgl. jedoch *110*). Als die ersten Vertreter dieser Klasse entdeckt wurden, nannte man nämlich eine Hauptvalenz das, was man heute als Atombindung oder Covalenz bezeichnet. Man könnte auch an den Namen „σ-Katalysatoren" denken, da zwischen Katalysator und Substrat neue σ-Bindungen gebildet werden.

Chelatkatalysatoren sind nach ihrer chemischen Natur organische Metallchelate. Theoretisch sollten auch einfache organische Komplexverbindungen mit einzähnigen Liganden brauchbar sein. Jedoch sind sie, vielleicht abgesehen von den Kupferkomplexen, zu unbeständig, um in stark verdünnter Lösung wirken zu können. Bekanntlich wächst die Beständigkeit der Komplexe sehr stark mit der Zähnigkeit der Liganden. Nach allen bisherigen Versuchen lagert sich das Substrat an freie oder nur locker besetzte Koordinationsstellen des Chelats an. Die Zwischenstoffe sind also auch Chelate.

Basenkatalysatoren sind seit langer Zeit immer wieder verwendet worden, meist zu präparativen Zwecken. Seit *Brönstedt* wissen wir, daß ihre Wirksamkeit der Basenstärke parallel geht. Grundsätzlich Neues ist hier kaum zu erwarten. Deshalb interessieren den organischen Katalytiker hauptsächlich die Beziehungen zwischen Konstitution und stereospezifischer Wirkung, die an den Basenkatalysatoren besonders gut zu studieren sind. Bei der Wirkung von Basenkatalysatoren braucht es übrigens nicht immer zur Ausbildung von Wasserstoff-Brückenbindungen zu kommen. Das Substrat kann auch den Charakter einer schwachen Lewis-Säure haben. Allgemein handelt es sich um nucleophile Additionen.

Einschlußkatalysatoren verdanken ihre Wirkung der vorübergehenden Bildung von Einschlußverbindungen, welche hier die Zwischenstoffe sind.

In manchen Fällen kann man eine pH-Verschiebung im Innern des „Wirtes“ feststellen. Dies deutet auf die Ausbildung von Wasserstoffbrücken hin, so daß danach die Einschlußkatalysatoren eine Untergruppe der Basenkatalysatoren bilden würden. Auch schwach basische Elemente, wie der Sauerstoff von Hydroxylgruppen, können wegen der engen Annäherung von Katalysator und Substrat in der Einschlußverbindung zur Wirkung kommen.

Halbleiterkatalysatoren sind erst seit kurzer Zeit bekannt, und ihre Erforschung steht noch in den ersten Anfängen. Es handelt sich um makromolekulare organische Systeme von konjugierten Doppelbindungen und aromatischen Ringen, in denen reaktionsfähige Gruppen vom Typus der Covalenz-, Chelat- oder Basenkatalysatoren enthalten sind. Sie versprechen zum erstenmal eine technische Anwendbarkeit von organischen Katalysatoren, da sie z.T. außerordentlich hitzestabil sind und deshalb ein Arbeiten bei hohen Temperaturen gestatten. Es ist noch nicht in allen Fällen sicher, ob ihre Aktivität unmittelbar mit ihrem Halbleitercharakter zusammenhängt, oder nur ihre Stabilität.

Es gibt ferner eine Reihe von Kombinationen dieser Katalysatoren-Typen, z. B. Covalenz-Basenkatalysatoren und Covalenz-Chelatkatalysatoren. Wir können sie auch *„organische Mischkatalysatoren“* nennen.

Außer den genannten fünf Gruppennamen benötigen wir noch eine spezielle Nomenklatur, um einzelne organische Katalysatoren nach ihrer *Wirkung* zu bezeichnen. Schon in den Frühzeiten der organischen Katalyse fiel es auf, daß die organischen Katalysatoren in ihrer Wirkung zu den Enzymen in naher Beziehung standen. Es war deshalb begreiflich, daß man häufig von „Fermentmodellen“ oder auch von „künstlichen Enzymen“ sprach, etwa in dem Sinne, wie von „künstlichen Farbstoffen“. Jene Bezeichnungen enthalten aber bereits ungewollt eine Theorie, daß nämlich der Mechanismus genau mit dem der Enzyme übereinstimmt. Das ist in manchen Fällen bewiesen worden, aber nicht in allen. Man tut deshalb besser, eine völlig theoriefreie Nomenklatur einzuführen. Man schließt sich zwar eng an die Nomenklatur der Enzyme (*46*) an, bringt aber durch die Endung *„-ator“* statt *„-ase“* deutlich zum Ausdruck, daß es sich um einen künstlichen organischen Katalysator handelt (*130*). Der Kürze wegen ist es zweckmäßig, neben der systematischen Nomenklatur (*46*) auch die Trivialnomenklatur zu benutzen. Beispiele: Oxydator, Peroxydator, Katalator, α-Ketosäuren-Decarboxylator, α-Aminosäuren-Dehydrogenator. Neben dieser Wirkungs-Nomenklatur behält natürlich die rein chemische Nomenklatur ihre Gültigkeit, da ja die Konstitution der Katalysatoren bekannt ist.

III. Allgemeine Elektronentheorie der organischen Katalysatoren (*125*, *129*)

Das wichtigste Problem der organischen Katalyse ist die Aktivierung, d.h. die Steigerung der Reaktionsfähigkeit des Substrats oder der aktiven Gruppen von organischen Katalysatoren. Sie kann nur durch Abzug oder Zufuhr von Elektronen an den reagierenden Molekülstellen erreicht werden, je nachdem, ob es sich um eine elektrophile oder nukleophile Bildung von Zwischenstoffen handelt. Das schönste und zugleich einfachste Beispiel aus der anorganischen Katalyse ist die Aktivierung des Wasserstoffmoleküls am Nickel bei der katalytischen Hydrierung. Wir wissen aus den Arbeiten von *Suhrmann*, daß bei diesem Vorgang Valenzelektronen vom Wasserstoffmolekül auf das Nickel übergehen.

Es ist nun sehr befriedigend, daß man die Aktivierung von organischen Substraten oder Katalysatoren ganz ähnlich erklären kann. Es handelt sich auch hier häufig um den Abzug von Elektronen, und zwar durch Ausbildung von koordinativen Bindungen an Wasserstoffionen (Wasserstoffbrückenbindungen) oder an Metallionen. Der Vorteil dieser Art von Aktivierung besteht darin, daß sie unmittelbar an den reagierenden Atomgruppen angreift, während Induktionseffekte von Substituenten in einiger Entfernung im Molekül ausgelöst werden und dadurch weniger wirksam sind. Es besteht aber auch ein grundsätzlicher Unterschied in der *Richtung*, in welcher der Elektronenentzug geschieht. Induktions- und Mesomerieeffekte können sich nur in der Richtung der Atombindungen auswirken, mit denen die aktive Gruppe an den Rest des Katalysatormoleküls gebunden ist. In Chelaten kann die Richtung des Elektronenentzugs aber auch eine andere sein, und es gilt, die günstigste herauszufinden. Dieser Gesichtspunkt spielt besonders bei den intramolekularen organischen Mischkatalysatoren eine Rolle (Kap. VIII, 2).

IV. Covalenzkatalysatoren

1. Oxydo-reduktatoren

Über den ersten Covalenzkatalysator, das Isatin, ist auch nach 1955 noch viel gearbeitet worden. Isatin und seine Derivate wirken bekanntlich, besonders gut in Pyridinlösung, als Aminosäuren-Dehydrogenatoren nach den Gleichungen:

$$CH_3\text{—}CH(NH_2)\text{—}CO_2H + H_2O + \text{Isatin} \rightarrow CH_3\text{—}CHO + NH_3 + CO_2 + \text{Isatyd}$$

$$\text{Isatyd} + O_2\ (\text{Methylenblau}) \rightarrow 2\,\text{Isatin} + H_2O_2\ (\text{Leukomethylenblau})$$

Der Katalysator bindet 2 Wasserstoffatome des Substrats durch Covalenzen.

Frühere Versuche zur Steigerung der Aktivität des Isatins führten zu der hochwirksamen Isatin-carbonsäure-(4). Da die Variationsmöglichkeiten am Phenylrest des Isatins gering sind, wurden außer den drei isomeren Naphthisatinen auch die Phenyl-, Styryl-, Indolo- und Cumaronoisatine geprüft (*113*). Die Darstellung ging in allen Fällen von den Aminen aus, die nach *Martinet* mit Mesoxalester in die entsprechenden Isatine übergeführt wurden. Die neuen Isatine waren zwar nicht aktiver, als das Isatin selbst, es ließ sich aber zeigen, daß die Aktivität mit zunehmendem Redoxpotential ansteigt. Jedenfalls muß das Redoxpotential des Katalysators zwischen dem der beiden Substrate liegen (*40, 42*). Ersetzt man das gewöhnlich verwendete Lösungsmittel Pyridin durch Dimethylformamid, so ist die Aktivität meistens erheblich größer. Bei Gemischen der beiden Lösungsmittel beobachtet man sogar gelegentlich das Auftreten von Maxima der Aktivität.

Da die bisherigen Synthesen der Isatin-carbonsäure-(4) nicht befriedigten, wurde nach leichter zugänglichen und ebenso aktiven Derivaten gesucht. Die 7-Methyl-isatincarbonsäure-(4) genügte diesen Ansprüchen (*157*). Zu ihrer Synthese wurde p-Tolylsäure nitriert, die 3-Nitrotolylsäure reduziert und nach *Sandmeyer* in das gewünschte Isatin verwandelt. Von der leicht zugänglichen Verbindung konnten nun eine Reihe von Säurederivaten hergestellt werden, nämlich Ester, Amide und Peptide (*157, 158*). Alle Derivate erwiesen sich als viel weniger aktiv, verglichen mit der freien Säure. Daraus folgt, daß der Säurecharakter für die Aktivität wesentlich ist. In der Tat ergab die Messung des Infrarotspektrums (*191*) der freien Carbonsäure das Vorliegen einer Wasserstoff-Brückenbindung, welche die folgende Strukturformel wahrscheinlich macht (I):

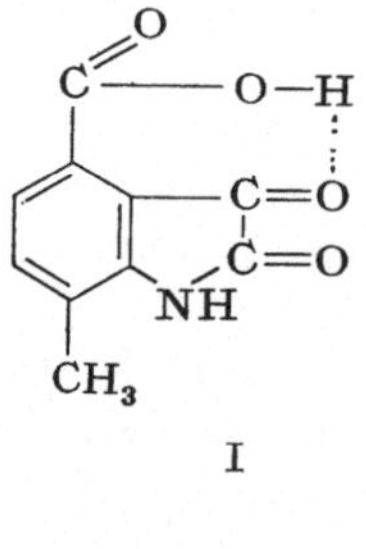

I

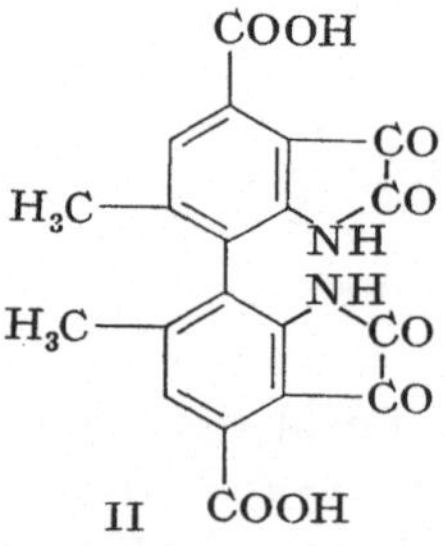

II

Später gelang es, ein Isatinderivat herzustellen, das sogar noch etwas aktiver war, als die Isatin-carbonsäure-(4) und ihr 7-Methyl-Derivat, nämlich eine Dimethyldicarbonsäure des Diisatyls (II) (*154*). Bei der

Aktivitätsbestimmung muß man natürlich berücksichtigen, daß das Katalysatormolekül zwei Isatinreste enthält. Als Ausgangsmaterial diente die 3-Methyl-4-brom-5-nitro-benzoesäure, die nach *Ullmann* zum Diphenylderivat gekuppelt wurde. Das Diisatylderivat sollte dazu dienen, um eine stereochemische Spezifität seiner Atropisomeren nachzuweisen, wie es beim Dimethyl-diisatyl gelang. Die entsprechende Dicarbonsäure ließ sich zwar in die reinen, optisch stark drehenden Antipoden verwandeln, war aber gegenüber D- und L-Aminosäuren nicht stereospezifisch.

Kürzlich gelang es, noch ein viertes Isatin-Derivat von hoher Aktivität darzustellen, die Isatin-sulfonsäure-(4) (*76*). Die Verbindung war an sich schon bekannt, aber ihre Struktur war noch nicht bewiesen. Ein bequemer Syntheseweg besteht in der Umsetzung der Metanilsäure mit Chloralhydrat und Hydroxylamin nach *Sandmeyer*. Dabei entstehen zwei verschiedene Verbindungen, von denen die eine die gesuchte 4-Sulfonsäure ist. Der Konstitutionsbeweis gelang durch Überführung in ein Lacton des 4-Hydroxy-atophans:

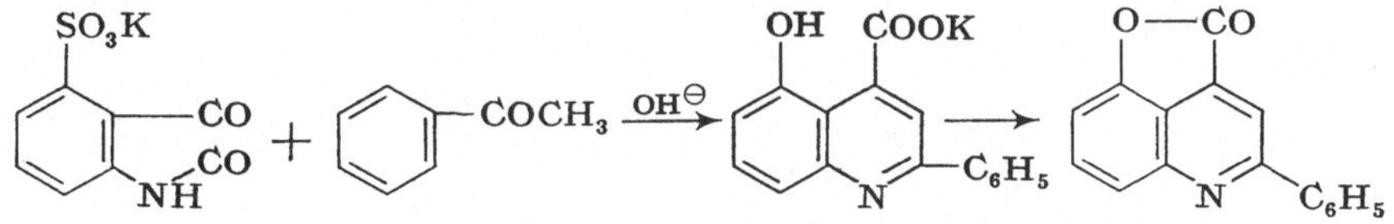

SO_3K CO CO NH + $COCH_3$ $\xrightarrow{OH^{\ominus}}$ OH COOK N C_6H_5 $\longrightarrow$ O—CO N C_6H_5

Die freie Sulfonsäure war fast ebenso wirksam, wie die 7-Methyl-isatin-carbonsäure-(4)[1]. Ebenso wie bei der Carbonsäure waren die Derivate und Alkalisalze viel weniger aktiv.

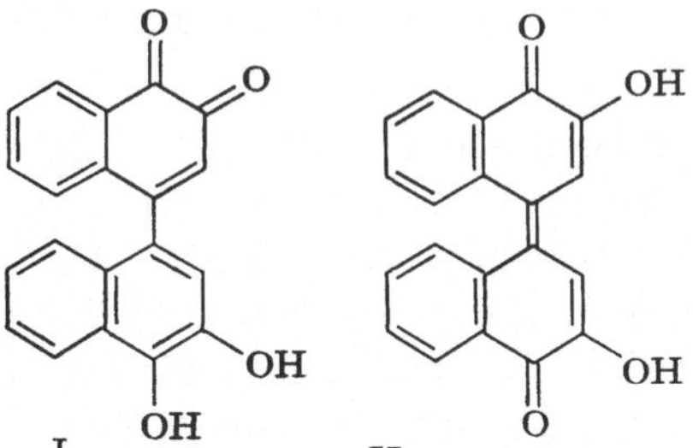

O O OH OH I   O OH OH O II

[1] Die von *Giovannini* und Mitarb. (*71*) angegebene viel geringere Aktivität muß so zu erklären sein, daß die Autoren entweder eine isomere, oder eine unreine Sulfonsäure benutzten. Das Darstellungsverfahren ist nicht angegeben und die Konstitution nicht bewiesen. Die Kritik von *Giovannini* (*71*) an der Aktivierungsregel von *Langenbeck* beruht auf einem Mißverständnis. Die Regel besagt, daß Substitution an den aktivierenden Stellen eine Aktivierung *oder* eine Inaktivierung hervorbringt. Dagegen bleibt bei Substitution an den indifferenten Stellen die Aktivität fast unverändert.

Isatin ist das o-Chinon des Indols. Es ist deshalb verständlich, daß auch die o-Chinone des Naphthalins eine ähnliche dehydrierende Wirkung gegenüber α-Aminosäuren besitzen, wie das Isatin (*37, 38, 41*). Sie haben nur den Nachteil, daß sie nicht beständig gegen irreversible Autoxydation sind und deshalb während der Versuche mit Sauerstoff als Acceptor rasch verbraucht werden. Methylenblau ist hier als Acceptor unwirksam, weil das Redoxpotential der 1,2-Naphthochinone ungünstig liegt (*40*). Durch Substitution der 1,2-Naphthochinone durch Aryl-, besonders durch substituierte Naphthylreste lassen sich aber autoxydationsbeständige Katalysatoren herstellen. Aus der Untersuchung von Derivaten des β-Dinaphthyl-dichinhydrons geht hervor, daß es als o-Chinon I katalytisch wirksam ist, nicht als p-Chinon II. Auch manche o-Chinone des Anthrazens, Acenaphthens und Fluoranthens sind katalytisch gut wirksam (*143, 144*).

Zwei o-Chinon-o-carbonsäuren der Dinaphthylreihe (III und IV) wurden als atropisomere, optisch-aktive Antipoden dargestellt (*176*). IV war nur durch eine vielstufige Synthese zugänglich, III dagegen sehr be-

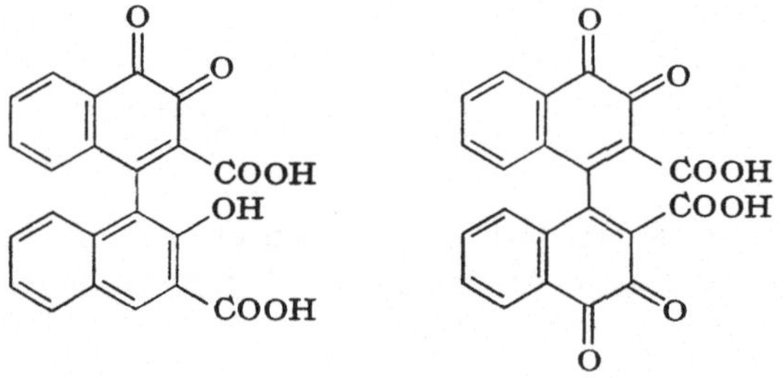

O O COOH OH COOH

III

O O COOH COOH O O

IV

quem durch Teuber-Oxydation von 3-Hydroxy-naphthoesäure-(2). Eine optisch selektive Wirkung gegenüber D- und L-Phenylalanin war zunächst nur bei III festzustellen. Aber auch IV wurde selektiv, als man Hämin zu der Reaktionsmischung gab. Dadurch wurde nämlich die Autoxydation des Hydrochinons beschleunigt und die erste Teilreaktion zwischen optisch aktivem Katalysator und optisch aktiver Aminosäure zur geschwindigkeitsbestimmenden. Das Gemisch von o-Chinon und Hämin ist ein organischer Mischkatalysator (vgl. Kap. VIII).

Einen sehr einfachen Reaktionsmechanismus haben die Hydrochinon- und Brenzkatechin-dehydrogenatoren, z.B. 1,2-Naphthochinon-4-sulfonsaures Kalium (*2*).

Wasserstoffperoxyd konnte als Reaktionsprodukt hier nicht nachgewiesen werden. Wahrscheinlich wird es sofort zur Oxydation des reduzierten Katalysators verbraucht. Schwermetallionen, wie Mn, Co, Fe und

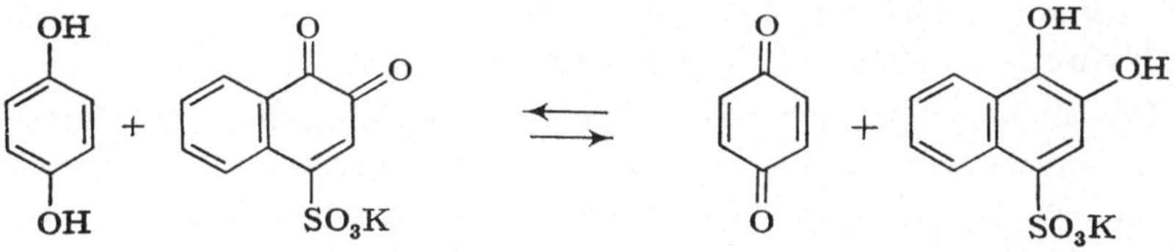

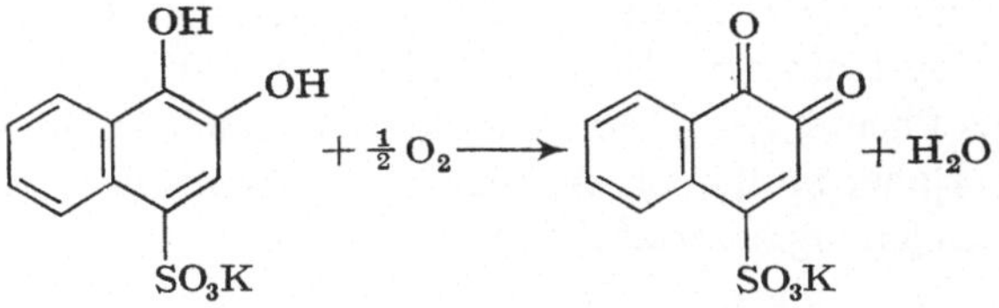

Cu beschleunigen die Reaktion. Die Oxydation des Schwefelwasserstoffs zu Schwefel durch Sauerstoff läßt sich in analoger Weise mit Indigokarmin als Katalysator beschleunigen. Der Farbstoff wird hierzu am besten auf Cellulose aufgefärbt *(164)*.

In der Atmungskette wird reduziertes Nicotinamidadenin-dinucleotid (NAD H_2) durch Lactoflavin zu NAD dehydriert. Derselbe Vorgang verläuft schon mit vereinfachten Modellen der Coenzyme ohne jedes Apoenzym, z.B. *(122)*:

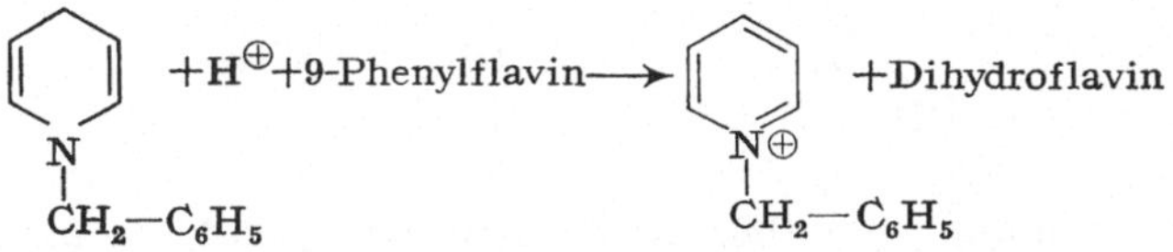

$$\text{N-}CH_2\text{—}C_6H_5\text{-Dihydropyridin} + H^{\oplus} + \text{9-Phenylflavin} \longrightarrow \text{N}^{\oplus}\text{-}CH_2\text{—}C_6H_5\text{-Pyridinium} + \text{Dihydroflavin}$$

$$\text{Dihydroflavin} + O_2 \rightarrow \text{9-Phenylflavin} + H_2O_2$$

2. Mutatoren

α-Keto-aldehyde lagern sich bei Gegenwart von Hydroxylionen in α-Hydroxysäuren um. Man nimmt an, daß dabei die Aldehydgruppe durch Anlagerung des Hydroxyl-Ions aktiviert wird und anschließend eine Hydridverschiebung stattfindet.

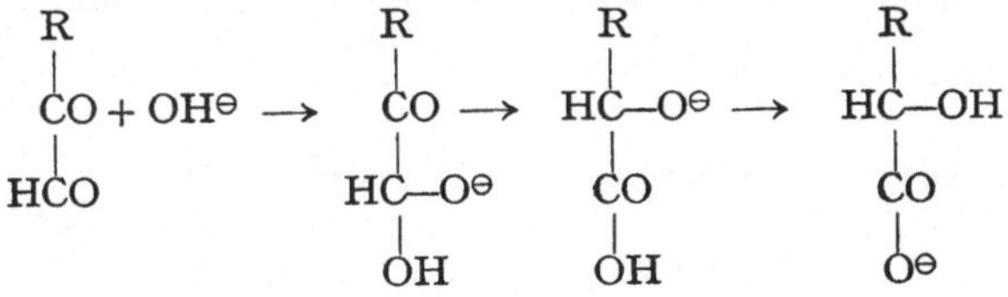

$$\begin{array}{ccccccc} R & & R & & R & & R \\ | & & | & & | & & | \\ CO + OH^{\ominus} & \longrightarrow & CO & \longrightarrow & HC\text{—}O^{\ominus} & \longrightarrow & HC\text{—}OH \\ | & & | & & | & & | \\ HCO & & HC\text{—}O^{\ominus} & & CO & & CO \\ & & | & & | & & | \\ & & OH & & OH & & O^{\ominus} \end{array}$$

Führt man nämlich die Reaktion in schwerem Wasser aus, so enthält die Hydroxysäure kein fest gebundenes Deuterium.

Die analoge Reaktion spielt sich nun bei Gegenwart von Mercaptanen und tertiären Aminen in fast neutralem Medium ab. Es ist zweckmäßig, den basischen Hilfskatalysator gleich in das Mercaptan einzubauen und Dialkyl-cysteamine zu verwenden (*59*). So entstehen in alkoholischer Lösung aus Phenylglyoxal Mandelsäure-ester, aus Methylglyoxal Milchsäure-ester. In wäßriger Lösung entstehen bei pH 7,5 mit wasserlöslichen Cysteaminen die freien Hydroxysäuren. In schwerem Wasser wird aus Phenylglyoxal eine Mandelsäure gebildet, die kein Deuterium enthält. Daher muß auch hier der Mechanismus der Umlagerung als Hydrid-Verschiebung zu erklären sein:

$$\begin{array}{l} \mathrm{R{-}CO{-}HCO} + \mathrm{HS{-}CH_2{-}CH_2{-}NR'_2} \longrightarrow \mathrm{R{-}CO{-}HC(OH){-}S{-}CH_2{-}CH_2{-}NR'_2} \longrightarrow \mathrm{R{-}CO{-}HC(O^{\ominus}){-}S{-}CH_2{-}CH_2{-}\overset{\oplus}{N}H{-}R'_2} \\ \longrightarrow \mathrm{R{-}HC(OH){-}CO{-}S{-}CH_2{-}CH_2{-}NR'_2} \longrightarrow \mathrm{R{-}HC(OH){-}CO{-}OH} + \mathrm{HS{-}CH_2{-}CN_2{-}NR'_2} \end{array}$$

In Übereinstimmung mit diesem Mechanismus hängt die katalytische Wirkung der Dialkylamino-thiole von der Basizität der Aminogruppe und von dem Abstand zwischen ihr und der Thiolgruppe ab. Liegen 2 oder 3 C-Atome dazwischen, so ist die Wirkung am stärksten, bei 4 bis 6 C-Atomen fällt sie stark ab (*62*).

Aminothiole sind echte Fermentmodelle, da auch bei der enzymatischen Umwandlung von Methylglyoxal in Milchsäure bei Gegenwart von schwerem Wasser keine D-haltige Milchsäure entsteht (*60, 61*).

Ähnlich wie die Glyoxalase stereospezifisch wirkt können auch ihre Modelle eine solche Selektivität besitzen, wenn sie optisch aktiv sind. I und II lassen aus Phenylglyoxal (+)-Mandelsäure entstehen.

$$\mathrm{I}\ (+)\text{-}\ \mathrm{C_6H_5{-}CH_2{-}CH(CH_3){-}N(CH_3){-}CH_2{-}CH_2{-}SH} \qquad \mathrm{II}(-)\text{-}\ \mathrm{(2\text{-}Pyridyl){-}CH_2{-}SH}$$

Die maximale opt. Ausbeute beträgt 7,7% (*63, 172, 173*).

Etwas früher als die Umlagerung der α-Ketoaldehyde zu α-Hydroxysäuren wurde ihre Umwandlung in α-Aminosäuren entdeckt (*211*). Zur Ausführung wurden die Ketoaldehyde in wäßriger Lösung bei pH 7 mit Ammoniumsalzen und Mercaptanen versetzt (*212*). So entstanden z.B. Glycin, Alanin, Serin, Phenylglycin, Phenylalanin und Leucin aus den entsprechenden Ketoaldehyden.

Auch diese Reaktion kann nur eine Hydridverschiebung sein, denn in tritium-haltigem Wasser entstanden Aminosäuren, die kein fest gebundenes Tritium enthielten (*213*). Daraus ergibt sich der folgende Reaktionsmechanismus:

$$R{-}\underset{\|}{\overset{}{C}}{-}\overset{H}{\underset{\|}{C}} + HSR' \longrightarrow R{-}\underset{O}{\overset{}{\overset{\|}{C}}}... $$

$$\begin{array}{l} R{-}C(=O){-}C(=O)H + HSR' \longrightarrow R{-}C(=O){-}CH(OH){-}SR' \xrightarrow{+NH_3} R{-}C(=NH){-}CH(OH){-}SR' \\ \longrightarrow R{-}CH(NH_2){-}C(=O){-}SR' \xrightarrow{+H_2O} R{-}CH(NH_2){-}COOH + HSR' \end{array}$$

Mit primären Aminen entstehen Alkylaminosäuren.

3. Ligatoren und Lyatoren

Als *T. Ukai* 1943 3-Benzyl-thiazoliumbromid mit Furfurol und wenig Alkali in alkoholischer Lösung stehen ließ, erhielt er statt des erwarteten Kondensationsproduktes 50–60% des Furfurols an Furoin. Die gleiche Reaktion gelang mit Thiamin (Vitamin B_1). Damit war in den quartären Thiazoliumsalzen eine neue Klasse von organischen Katalysatoren entdeckt und ein wichtiger Hinweis auf die Wirkungsweise des Thiaminpyrophosphats gegeben. Die Arbeit blieb jahrelang unbeachtet, da sie an versteckter Stelle erschien (*204*) und erst 1951 in den Chemical Abstracts referiert wurde. *Mizuhara* nahm 1951 die Versuche wieder auf und konnte sie bestätigen (*160, 161*). Er beobachtete auch bereits die Decarboxylierung von Brenztraubensäure und die Acetoinbildung mit Acetaldehyd bei Gegenwart von Thiamin-pyrophosphat in schwach alkalischer Lösung.

Seit 1956 begann *R. Breslow*, sich mit dem Problem zu beschäftigen (*13–17*). Sein Verdienst ist es, die Versuche von *Ukai* und *Mizuhara* auf breiterer Grundlage weiter entwickelt und begründete Vorstellungen über den Mechanismus der Katalyse mit quartären Thiazoliumsalzen geschaffen zu haben. Ursprünglich nahm er an, daß sich die Brenztraubensäure an die CH_2-Brücke des Thiamins oder des N-Benzyl-thiazoliumsalzes zu einem Zwischenstoff anlagert. Diese Annahme wurde jedoch dadurch widerlegt, daß die Katalyse des Thiamins in schwerem Wasser ein Thiamin zurückläßt, das nach der Spaltung mit Hydrogensulfit einen D-freien Pyrimidinrest liefert. Da dieser die ursprüngliche Methylenbrücke des Thiamins enthält, kann die Anlagerung der Brenztraubensäure nicht an dieser Stelle stattgefunden haben (*85*). Es ließ sich aber zeigen, daß 3,4-Dimethyl-thiazoliumbromid in schwerem Wasser 1 Atom Deuterium aufnimmt. Durch Messung der kernmagnetischen Resonanz ergab sich für das Deuterium die 2-Stellung am Thiazoliumring, die danach besonders reaktionsfähig sein mußte. In der Tat zerfiel 3,4-Dimethyl-2-(hydroxybenzyl)thiazoliumjodid

$$\begin{array}{c} H_3C{-}\overset{\oplus}{N}_3{-}{}_4C{-}CH_3 \\ C_6H_5{-}CHOH{-}C_2 \quad {}_5CH \\ \diagdown_1 \diagup \\ S \end{array} \rightarrow C_6H_5{-}CHO + \begin{array}{c} H_3C{-}\overset{\oplus}{N}{-}C{-}CH_3 \\ HC \quad CH \\ \diagdown \diagup \\ S \end{array}$$

in Pyridinlösung glatt in Benzaldehyd und Thiazoliumsalz. Nach *Breslow* lagert sich auch bei der enzymatischen Reaktion des Thiamin-pyrophosphats die Brenztraubensäure an die 2-Stellung des Thiazoliumringes an. Das wurde bekanntlich 1961 von *Holzer* bewiesen (*78*). Außer einigen quartären Thiazoliumsalzen erwies sich auch das 1,3-Dimethylbenzimidazoliumjodid als katalytisch wirksam. 6-Methyl-thiamin ergibt nur 18 % der katalytischen Wirkung des Thiamins (*8, 10*). Desaminothiaminpyrophosphat hat zwar eine hohe Affinität zum Apoferment, aber ist im Enzymversuch völlig unwirksam (*193*). Daraus folgt, daß auch der primären Aminogruppe bei der Enzymwirkung eine besondere Bedeutung zukommt und daß die quartären Thiazoliumsalze noch keine vollständigen Fermentmodelle sind. Vgl. zu diesem Abschnitt ferner noch (*55, 216–218*).

Eine sehr interessante katalytische Reaktion ist die Kondensation des Formaldehyds mit sich selbst bei Gegenwart von Calcium- oder Bleihydroxyd. Sie erwies sich als Autokatalyse, die Kondensationsprodukte wirken als Autokatalysatoren. Es gibt aber auch organische Katalysatoren, die wirksamer sind als die Autokatalysatoren, nämlich Benzoylcarbinol und seine Derivate (Literatur bei *114*). Die Reaktion läßt sich so leiten, daß bei der katalytischen Hydrierung des Reaktionsgemisches erhebliche Mengen Glykol, Glycerin und Erythrit entstehen (*114*). Der erste Schritt ist eine Acyloincondensation von 2 Molekülen Formaldehyd zu Glykolaldehyd.

Phosphinoxide sind Katalysatoren für die Bildung von Carbodiimiden aus Isocyanaten (*35, 36*)

$$2\,R{-}NCO \xrightarrow{\text{Phosphinoxid}} R{-}N{=}C{=}N{-}R + CO_2$$

Am wirksamsten sind Phospholinoxide, z. B. 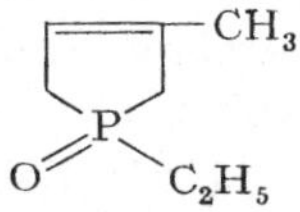 (1-Äthyl-3-methyl-phospholin-1-oxid: Ring mit CH_3, $P(=O)C_2H_5$) Diisocyanate lieferten hochmolekulare Polycarbodiimide. Aus kinetischen Messungen ergab sich, daß die Katalyse wie jede Covalenzkatalyse, aus 2 Teilreaktionen besteht, die mit stark verschiedener Geschwindigkeit ablaufen:

$$R{-}NCO + O{=}PR'_3 \underset{\text{langsam}}{\rightleftarrows} R{-}N{=}PR'_3 + CO_2$$

$$R{-}N{=}PR'_3 + OCN{-}R \underset{\text{schnell}}{\rightleftarrows} R{-}N{=}C{=}N{-}R + O{=}PR'_3$$

4. Transferatoren

Die Wirkungen der Aminopherasen lassen sich schon mit dem Coferment der Aminopherase, dem Pyridoxal nachahmen (*151, 152, 146, 147*). Dabei finden folgende Reaktionen statt:

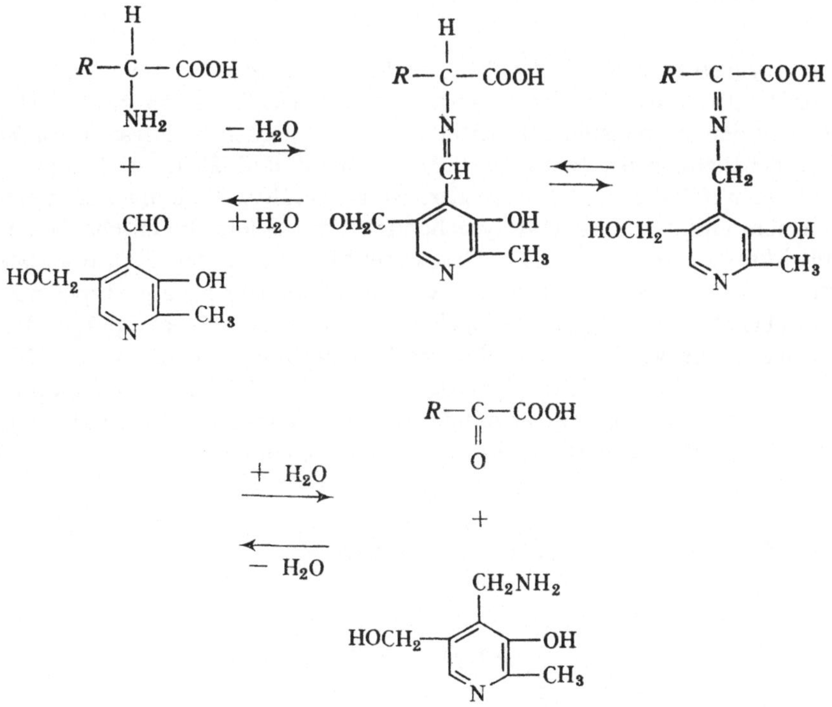

$$R{-}CH(NH_2){-}COOH + \text{Pyridoxal (CHO; HOCH}_2\text{, OH, CH}_3\text{)} \underset{+H_2O}{\overset{-H_2O}{\rightleftarrows}} R{-}CH(COOH){-}N{=}CH{-}\text{Pyridin (OH}_2\text{C, OH, CH}_3\text{)} \rightleftarrows R{-}C(COOH){=}N{-}CH_2{-}\text{Pyridin (HOCH}_2\text{, OH, CH}_3\text{)}$$

$$\underset{-H_2O}{\overset{+H_2O}{\rightleftarrows}} R{-}CO{-}COOH + \text{Pyridoxamin (CH}_2\text{NH}_2\text{; HOCH}_2\text{, OH, CH}_3\text{)}$$

Alle Teilreaktionen sind Gleichgewichtsreaktionen, so daß auch mit dieser Modellreaktion beliebige Aminosäuren mit beliebigen Ketosäuren umaminiert werden können. Die Reaktion kann in wäßriger Lösung bei pH 5 und 80–100 °C ausgeführt werden. So liefert Pyridoxamin mit Glyoxylsäure Glycin (*151*). Die Transaminierung zwischen Amino- und Ketosäuren kann auch in absolutem Äthanol ausgeführt werden (*147*), wodurch die Bildung der Schiffschen Basen gefördert wird. Die Schiffschen Basen lassen sich spektrophotometrisch nachweisen (*146*). In Imidazolpuffer bei pH 8,6 gelingt die Reaktion schon bei 30 °C. Imidazol ist ein spezifischer Beschleuniger, die Reaktion hängt von der Imidazolkonzentration ab. Imidazolpuffer läßt sich nicht durch Boratpuffer der gleichen Konzentration ersetzen. Aluminiumionen oder Morpholin beschleunigen die Imidazol-katalysierte Reaktion nicht (*25, 31–33*).

Serin wird bei Gegenwart von Pyridoxal und Diaryläthylendiamin gespalten, wobei die CH_2OH-Gruppe durch Wasserstoff ersetzt wird. Der abgespaltene Formaldehyd wird vom Diaryl-äthylendiamin gebunden (*18*). Einige Reaktionen des Pyridoxals gibt auch der 4-Nitro-salicylaldehyd, ausgenommen die Transaminierung (*79, 80*).

5. Hydrolatoren

Die Hydrolyse von p-Nitrophenylacetat bei Gegenwart von Imidazol wurde 1956 von *C. T. Bruice* entdeckt (*20*). Die Reaktion gehört seitdem zu den am meisten bearbeiteten der organischen Katalyse (etwa 30 Veröffentlichungen). Sie wird z.B. bei pH 8 und 25 °C in 28,5-proz. wäßrigem Alkohol und Phosphatpuffer ausgeführt. Es kann sich nicht um eine einfache Basenkatalyse handeln, da andere organische Basen unwirksam sind (*20, 21, 23*). Der wesentliche Teil der Katalyse besteht vielmehr in der Bildung von Acylimidazolen, also Covalenz-Zwischenstoffen, die sowohl spektrophotometrisch (*6*) als präparativ nachgewiesen wurden. So sublimiert N-Acetylimidazol ab wenn, (*118*) man Imidazol und p-Nitrophenyl-acetat bei 40–50 °C im Hochvakuum unter Ausschluß von Wasser miteinander reagieren läßt (*118*). Vgl. auch (11). Die Katalyse verläuft also nach den Gleichungen:

$$O_2N-C_6H_4-O-COCH_3 + \text{Imidazol (NH)} \longrightarrow O_2N-C_6H_4-OH + \text{N-COCH}_3\text{-Imidazol}$$

$$\text{N-COCH}_3\text{-Imidazol} + H_2O \longrightarrow \text{Imidazol (NH)} + HOOCCH_3$$

In der Tat ist bekannt, daß N-Acylimidazole sehr leicht hydrolytisch gespalten werden. Daneben spielt zweifellos auch die Basenwirkung des Imidazols eine Rolle, da auch 1-Methylimidazol wirksam ist, wenn auch schwächer.

Außer Imidazol sind verschiedene seiner 4(5)-Derivate und einige Purine wirksam (*22*). Man kann die Katalyse auch in Form einer innermolekularen Reaktion ausführen. So wird 4-(2-acetoxyphenyl)imidazol (I)

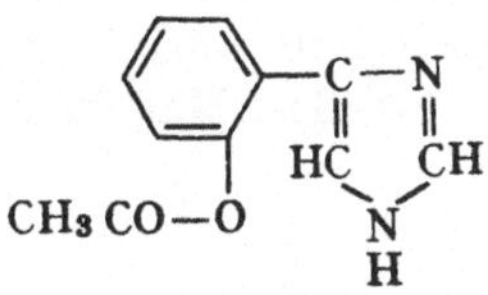

$CH_3CO{-}O$ … C—N, HC CH, N, H

(I)

$O_2N{-}C_6H_4{-}O{-}CO{-}CH_2{-}CH_2{-}CH_2{-}C{-}N$, HC CH, NH

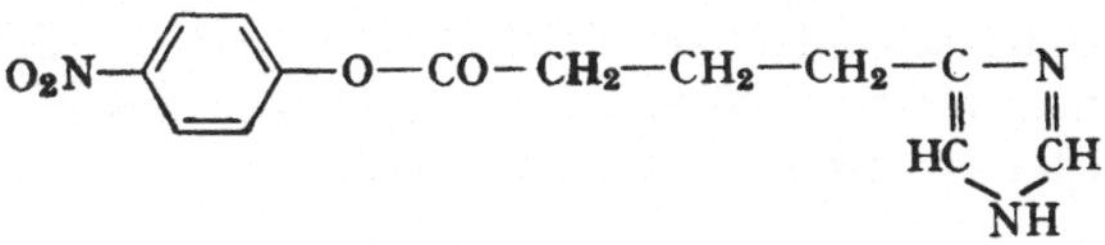

(II)

besonders leicht hydrolysiert (*194, 180*). Dasselbe gilt für Imidazol-4-(5)-buttersäure-p-nitrophenylester (II, *24, 25*). Die Reaktion verläuft über eine Lactamisierung der Carboxylgruppe mit der NH-Gruppe des Imidazolkernes. Analog wird der Imidazol-buttersäureester des n-Propylmercaptans 10^6- bis 10^7mal rascher hydrolysiert, als normale Thioester (*26*). Auch die Ester des 4-(5)-Hydroxymethyl-imidazols (z.B. III)

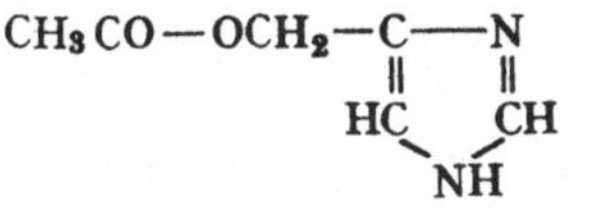

$CH_3CO{-}OCH_2{-}C{-}N$, HC CH, NH

(III)

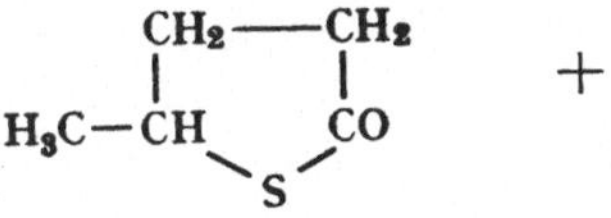

$CH_2{-}CH_2$, $H_3C{-}CH$ CO, S

(IV)

\+

\+ Imidazol (N, NH) ⟶ $CH_2{-}CH_2$, $H_3C{-}CH$, CO—N (Imidazol), SH

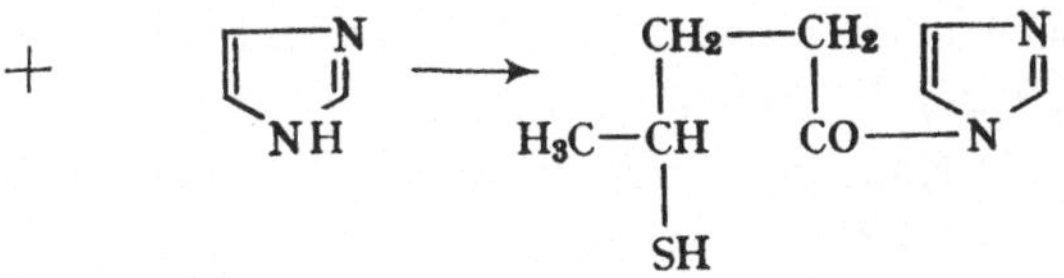

(V)

werden unter dem Einfluß des Imidazolylrestes bei pH 5,5 bis 7,5 und 78 °C 10^5mal schneller verseift als die entsprechenden Methylester (*27*). δ-Thiovalerolacton (IV) wird schon bei 30 °C in Gegenwart von Imidazol hydrolytisch gespalten, wobei ein N-(δ-thiovaleroyl)-imidazol (V) als Zwischenstoff anzunehmen ist (*28*). Auch die Hydrolyse von Phenylacetat, Essigsäureanhydrid und Oxalsäuremethylester wird durch Imidazol katalysiert (*19*).

Man hat eine Reihe von Histidinpeptiden und ähnlichen Verbindungen auf ihre katalytische Wirkung gegenüber p-Nitrophenylacetat geprüft. Sie erwiesen sich z.T. aktiver, verglichen mit Imidazol (*11, 195, 196, 93, 94*). Das gleiche gilt von den Polymeren des 4-(5)-Vinylimidazols (*174, 175*). Eine sehr erhebliche Aktivierung des Imidazols konnte durch seine Verknüpfung mit einer zweiten basischen Gruppe erzielt werden (*64*). Die untersuchten Stoffe sind 4(5)-(2′-Dialkylamino-äthyl)-imidazole. Offenbar erleichtert die basische Gruppe durch Ausbildung einer Wasserstoffbrücke das Entstehen des Zwischenstoffes. Man kann sich das folgendermaßen vorstellen:

$$R{-}O{-}C({=}O){-}R' + \text{HN(Imidazolyl)}{-}CH_2{-}CH_2{-}NR_2 \longrightarrow RO{-}C(R')(O{-}H\cdots N(R_2){-}CH_2{-}CH_2{-})\,{-}\,\text{N(Imidazolyl)}$$

$$\longrightarrow ROH + R'{-}C({=}O){-}\text{N(Imidazolyl)}{-}CH_2{-}CH_2{-}NR_2 \xrightarrow{+\,H_2O} R'{-}COOH + \text{HN(Imidazolyl)}{-}CH_2{-}CH_2{-}NR_2$$

4(5)-(2′-Diäthylamino-äthyl)-imidazol ist 36mal so wirksam wie Imidazol.

Die Imidazolkatalyse hat bei der Peptidsynthese bereits eine präparative Bedeutung erlangt. Methyl-, Thiophenyl- und p-Nitrophenylester von Aminosäuren setzen sich bekanntlich mit Aminosäuren und ihren Estern zu Peptiden um. Diese Reaktion wird durch Imidazol beschleunigt (*114, 115*). Hierbei handelt es sich nicht um eine Hydrolyse, sondern um eine Aminolyse der p-Nitrophenylester.

An die Imidazol-Katalyse schließt sich die Hydroxylgruppen-Katalyse mit einem analogen Covalenz-Mechanismus an. Sie kann entweder intermolekular oder intramolekular sein. Bei der Hydrolyse des γ-Hydroxy-butyramids bildet sich γ-Butyrolacton. Die Hydroxylgruppe hat also die Abspaltung von Ammoniak erleichtert (*12*, vgl. auch *30*). Durch nucleophile Katalysatoren, besonders Phenol- und Thiophenolanionen, läßt sich auch eine intermolekulare Hydroxylgruppen-Katalyse erreichen (*197, 188, 189*). Sie beruht darauf, daß Brenzkatechinester und Acylderivate der O-Mercapto-benzoesäure besonders leicht hydrolysiert werden. So spielen sich folgende Reaktionen ab:

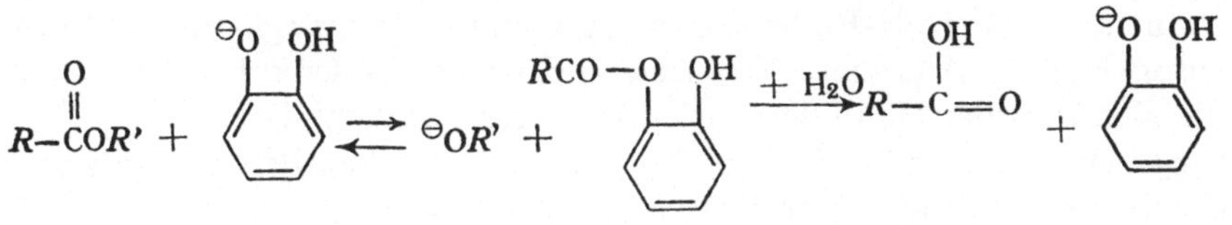

Hydrolyse von Phenyl-chloracetat durch Brenzkatechin-Monoanion

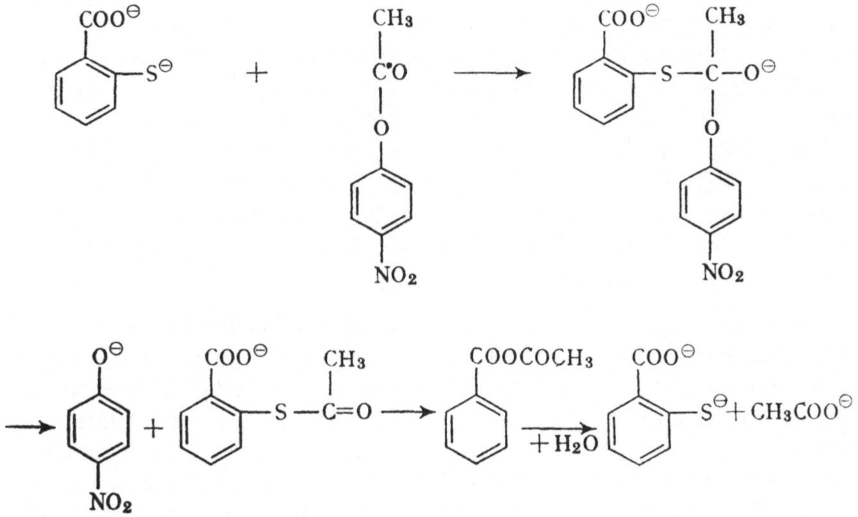

Hydrolyse von p-Nitrophenylacetat durch o-Mercapto-benzoesäure.

V. Chelatkatalysatoren

1. Katalatoren und Peroxydatoren

Der rote Blutfarbstoff ist der am längsten bekannte, nichtenzymatische organische Katalysator (*Schönbein* 1857). Seine nähere Untersuchung gewann erheblich an Interesse, als *Willstätter* und *Pollinger* 1923 zeigten, daß die Oxyhämoglobine verschiedener Tiere auch in ihrer peroxydatorischen Aktivität voneinander abweichen. Diese Ergebnisse wurden nun ergänzt durch Versuche mit den Oxyhämoglobinen anderer Säugetiere und Vögel (*57, 58, 111, 112, 117*). Merkwürdigerweise überragt der Blutfarbstoff des Meerschweinchens bei weitem alle anderen. So ist es bei pH 3,5 fast sechsmal so aktiv, wie Kaninchen-Oxyhämoglobin. Auch die pH-Optima der Oxyhämoglobine weichen stark voneinander ab, bis zu mehr als einer pH-Einheit. Das gilt auch für Metmyoglobin und Cytochrom c (*162*). Alle diese Versuche sind von besonderer Bedeutung für die Kenntnis der Häminfermente. Sie zeigen nämlich, daß schon geringfügige Änderungen im Bau des Eiweißträgers die katalytische Aktivität des Gesamtmoleküls wesentlich verändern können.

Ebenso deutlich sind solche Unterschiede, wenn man die Farbkomponente des Blutfarbstoffs, das Hämin, mit verschiedenen Stickstoffbasen, insbesondere Imidazolderivaten, zu sog. Parahämatinen vereinigt. Es hängt wesentlich von der Konstitution des Imidazolderivats ab, wie groß die Aktivität des Parahämatins ist. So ist das Parahämatin des 1,1'-p-Xylylendiimidazols katalatorisch 5,5mal so aktiv, wie das aus Imidazol (*198*). Als Peroxydator übertrifft das 1,2-Diimidazolyl-(1)-äthan-parahämin das des Imidazols um das 2,8fache. Auch Histidin und seine Peptide unterscheiden sich als Aktivatoren des Hämins ganz erheblich voneinander (*138*, *56*). Das ist besonders bemerkenswert, da ja auch im Hämoglobin das Häm über den Imidazolrest des Histidins an das Globin gebunden ist.

Beziehungen zwischen der Konstitution der Chelate und ihrer katalytischen Wirkung lassen sich am besten erforschen, wenn man ganz von den Naturstoffen abgeht und einfache synthetische Schwermetallchelate untersucht. Schon so einfache Komplexe, wie Kupfer-triäthanolamin zeigen eine ausgesprochene Katalatorwirkung. Der Wirkungsmechanismus des Chelates unterscheidet sich von dem der freien Kupferionen. Die Wirkung der Kupferionen wird durch kettenabbrechende Stoffe wie Methakrylsäure-methylester, gehemmt. Es liegt also eine Kettenreaktion vor. Die Wirkung des Chelates wird dagegen hierdurch nicht behindert. Sie kommt offenbar durch Anlagerung des Wasserstoffperoxids an das Chelat zu einem komplexen Zwischenstoff zustande (*165*–*167*). Viel untersucht wurden die Eisen- und Manganchelate von mehrzähnigen Aminen, wie Triäthylentetramin, Diäthylentriamin und ihren Methylderivaten (*206*–*208*, *85*, *127*, *132*). Besonders die Chelate des Tetramins sind in schwach alkalischer Lösung kräftige Katalatoren. Auch die Chelate des Tri-(äthylamino)-amins $N\ (CH_2{-}CH_2{-}NH_2)_3$ sind wirksam (*84*). Über Alkylderivate des Äthylendiamins vgl. (*3*).

Die Untersuchungen des Rostocker Instituts über Chelatkatalysatoren begannen 1955 (*155*). Zunächst wurden basische Aminosäuren als Chelatliganden untersucht, von denen zu erwarten war, daß sie als dreizähnige Liganden reagieren würden. Die Katalatorwirkung der Kupferionen wird durch Arginin sehr stark aktiviert, weniger durch Histidin. Ganz anders verhält sich Kobalt. Beide Aminosäuren hemmen die Wirkung der Kobaltionen. Die nächstliegende Erklärung ist folgende: Kupfer, das im allgemeinen die Koordinationszahl 4 betätigt, bildet mit den dreizähnigen basischen Aminosäuren ein Chelat mit Koordinationslücke, an die sich das Substrat H_2O_2 anlagern kann. Kobalt, dessen Koordinationszahl 6 ist, lagert dagegen 2 Mol Aminosäure zu einem gesättigten Chelat an, das katalytisch unwirksam ist. Ein Überschuß von Arginin hemmt die Kupferkatalyse stark. Erst allmählich wird dieser Überschuß oxydativ zerstört und schließlich stellt sich die maximale Wirkung wieder ein (*156*). Auch mit einem Überschuß von Histidin beobachtet man eine Induktionsperiode, nicht aber mit Histidinanhydrid. Hier ist das optimale Verhältnis Cu: Histidinanhydrid zwar auch 1:2, aber ein weiterer Überschuß hemmt nicht so stark, wie beim Histidin. Auch wird das Anhydrid nicht oxydativ zerstört (*119*). Über Wirkungen von anderen Aminosäuren vgl. (*159*).

Die Beobachtung von *R. Kuhn* und *A. Wassermann* aus dem Jahre 1933, daß Fe(II)-Chelate des Dipyridyls und Phenanthrolins im Entstehungszustande katalatorisch am aktivsten sind, ließ sich auch an Phenanthrolinderivaten bestätigen (*116*). Die Versuche führten ebenfalls zu dem Gedanken, daß Chelate mit Koordinationslücke am wirksamsten sein müssen, weil sie Wasserstoffperoxid anlagern können. Deswegen wurden die vierzähnigen Chelatliganden von *P. Pfeiffer* untersucht, die aus Salicylaldehyd und Äthylendiamin entstehen. Um wasserlösliche Chelate zu erhalten, wurde der Salicylaldehyd sulfoniert, s. Formel I (*115*).

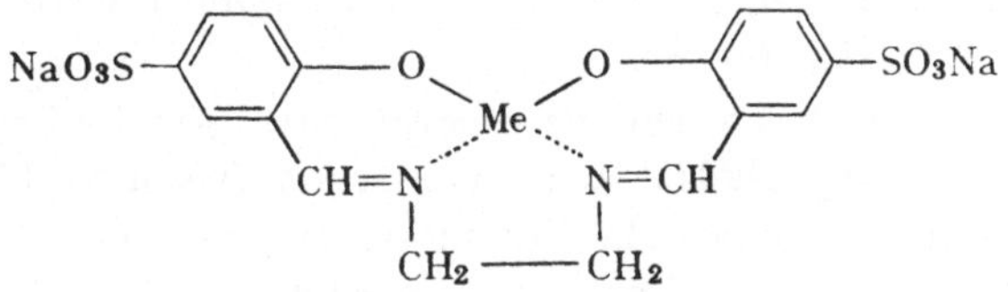

(I)

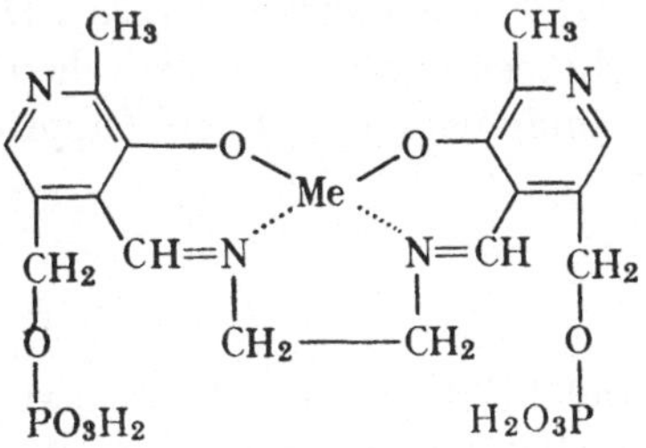

(II)

Die Aktivierungen sind außerordentlich groß. So ist die peroxydatorische Wirkung von I–Co^{2+} 10^4mal so groß, wie die von freien Kobaltionen. I–Mn^{2+} ist gegenüber den freien Mn(II)-Ionen $5 \cdot 10^3$fach als Katalator aktiv. Allerdings muß I hier in starkem Überschuß angewandt werden, weil es bei Gegenwart von Mn(II) rasch oxydiert wird. Auch die Schiffsche Base des Pyridoxylphosphats(II) aktiviert Kobalt, wenn auch nicht ganz so stark wie I.

Das Chelat I läßt sich in verschiedener Weise variieren. Ersetzt man den Salicylaldehyd durch o-Amino-benzaldehyd, so bekommt man mit Kobalt stark aktive Katalatoren. Die Chelate mit dem koordinativ vierzähligen Kupfer sind erwartungsgemäß unwirksam, da sie koordinativ gesättigt sind. Der Ligand wirkt auf Kupfer sogar als Inhibitor (*107*, *100*). Von den verschiedenen Schiffschen Basen des o-Amino-benzaldehyds mit Alkylendiaminen ist nur die des Äthylendiamins wirksam (*101*). Die Schiffsche Base aus Salicyclaldehyd und o-Aminophenol ist ein dreizähniger Ligand (III). Seine sulfonsauren Salze bilden mit Schwermetallionen gut wasserlösliche Chelate.

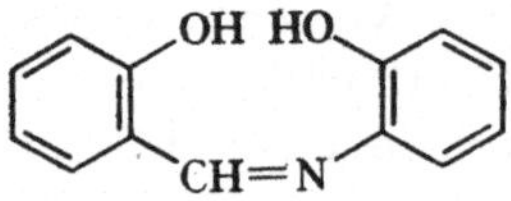

(III)

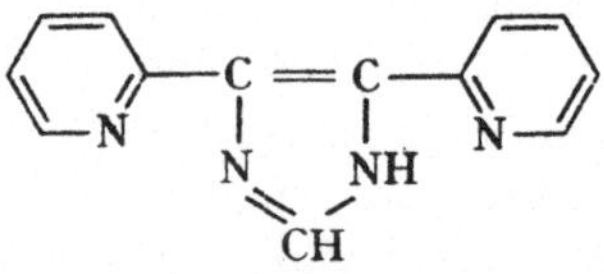

(IV)

Kobalt- und Nickelionen, besonders aber Manganionen werden als Katalatoren aktiviert (*107*, *108*, *99*).

Über Schiffsche Basen von heterocyclischen Aldehyden vgl. (*123*, *183*). Allgemein sind Chelate von Schiffschen Basen verhältnismäßig stabil, weil sie quasi-aromatische Verbindungen sind. Das ist der Grund, weshalb sie für katalytische Versuche so geeignet sind.

Endlich sei noch erwähnt, daß 4,5-Dipyridyl-imidazol(IV) Eisen-(III)-ionen katalatorisch 400fach aktiviert (*123*). Die Zusammensetzung des Chelats wurde nicht bestimmt. Aus sterischen Gründen dürfte der Ligand aber nur zweizähnig wirken und dem Dipyridyl ähneln.

2. Oxydatoren

Zahlreiche Schwermetallchelate wirken als Oxydatoren gegenüber Polyphenolen, ungesättigten Fettsäuren, Cystein und Ascorbinsäure. Als Chelatliganden sind wirksam: Äthanolamin, Diäthanolamin und Triäthanolamin (*97*, *95*, *96*, *168*), Phthalocyanin (*205*), Schiffsche Basen aus Salicylaldehyd und o-Aminophenol oder Äthylendiamin (*107*, *108*). Von Schwermetallionen sind besonders Kupfer, Eisen und Cobalt aktiv. Bei der Oxydation der Ascorbinsäure mit Sauerstoff bei Gegenwart von

Kobalt-sulfosalicylaldehyd-äthylendiimin entsteht Wasserstoffperoxid, welches den Chelatliganden allmählich oxydativ zerstört. Bei Gegenwart von Katalase fällt diese Inaktivierung weg (*200*).

Udenfried und Mitarb. fanden 1954, daß bei der Oxydation der Ascorbinsäure in Gegenwart von Eisen(III)-äthylendiamin-tetraessigsäure Aromaten durch eine gekoppelte Reaktion hydroxyliert werden. Z.B. entsteht aus Benzoesäure o-, m- und p-Hydroxybenzoesäure, aus Salicylsäure 2,3- und 2,5-Dihydroxybenzoesäure (*72, 73*). Die Reaktion scheint spezifisch für Eisen und Kupfer zu sein, Kobalt-sulfosalicylaldehyd-äthylendiimin und andere Kobaltchelate wirken schwächer (*199*, dort auch weitere Literatur). Die Hydroxylierung verläuft wahrscheinlich als Radikalkette über OH- und O_2H-Radikale aus dem zwischendurch gebildeten Hydroperoxid.

Kupfer-phthalocyanin ist ein spezifischer Katalysator für die Bildung von Cumol-hydroperoxid aus Cumol, eine Reaktion, die bekanntlich erhebliche technische Bedeutung hat:

$$C_6H_5-CH(CH_3)_2 + O_2 \longrightarrow C_6H_5-C(CH_3)_2-OOH$$

Auch Kobalt- und Nickel-phthalocyanin sind wirksam (*102–106*, vgl. auch S. 328). Bei niederen Temperaturen und geringer Katalysatorkonzentration beobachtet man eine Induktionsperiode, die bei Zugabe von Cumol-hydroperoxid wegfällt. Die Phthalocyanine sind zugleich Katalysatoren für die Zersetzung des Cumol-hydroperoxids.

Bei optisch-aktiven Substraten kann man auch eine stereospezifische Wirkung von Oxydatoren beobachten (*136, 137*). Als Substrate sind die Antipoden von 3,4-Dihydroxyphenylalanin (DOPA) sehr geeignet. Kupfer-protoporphyrin mit L-Histidin oder L-Histidinanhydrid oxydiert D-DOPA bis zu 33% schneller als die L-Form. Parahämatine von L-Histidin oder L-Histidinanhydrid zeigen den umgekehrten stereospezifischen Effekt.

VI. Organische Mischkatalysatoren

1. Bimolekulare Mischkatalysatoren

Streng genommen müßte man als bimolekulare organische Mischkatalysatoren auch alle Covalenzkatalysatoren bezeichnen, die durch organische Basen beschleunigt werden oder selbst zugleich ein Basenkatalysator sind. Hierzu gehören die Isatine und die Imidazole. Wir wollen aber den Begriff hier etwas enger fassen und nur solche Fälle betrachten, bei denen ein Covalenzkatalysator durch einen Chelatkatalysator aktiviert wird. Diese Fälle sind bisher nur wenig untersucht worden, obgleich sie sehr interessant sind. Solche Mischkatalysatoren sind ja Modelle für Enzyme, die aus Coferment und Apoferment bestehen.

Die in Kapitel IV, 1 beschriebene Dehydrierung von N-Benzyl-dihydro-nicotinamid (BDN) bei Gegenwart von 9-Methyl- oder 9-Phenyl-flavin wird durch Chelate des Sulfosalicylaldehyd-äthylendiimins bei pH 5,7 beschleunigt. Bemerkenswert ist, daß gerade Zink- und Cadmiumionen, die als freie Ionen kaum wirken, in Gegenwart des Liganden zwei- bis dreifach aktivieren. Kupfer (II) und Molybdän (VI) wird nur wenig aktiviert, Eisen (III) und Kobalt (II) sogar gehemmt (*122*). Hierbei wird erwartungsgemäß auf 1 Mol BDN 0,5 Mol O_2 verbraucht.

Ganz anders verläuft die Reaktion, wenn man statt des Zinkchelats von Sulfosalicylaldehyd-äthylendiimin (I) Schiffsche Basen der Sulfonsäuren von 2-Hydroxy-naphthaldehyd-(1) (II), 1-Hydroxy-naphthaldehyd-(2) und 1-Hydroxy-acetonaphthon-(2) einsetzt. Dann wird auf

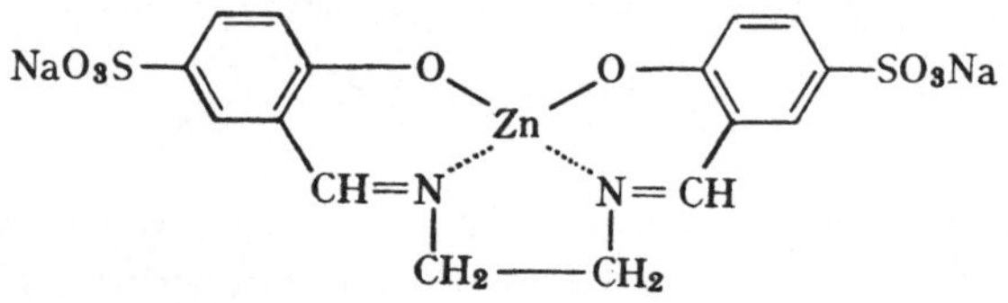

(I)

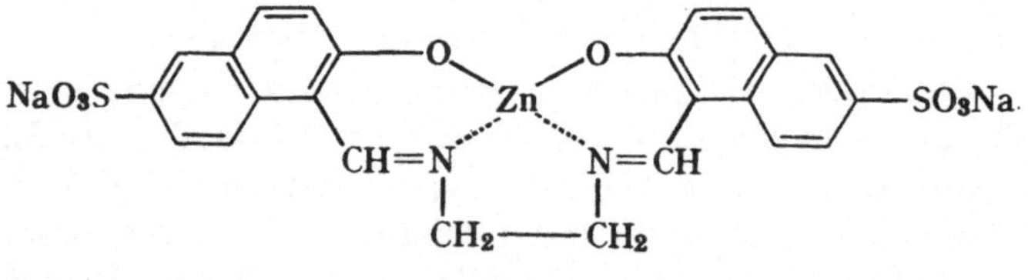

(II)

jedes Mol BDN ein ganzes Mol O_2 verbraucht, und gleichzeitig tritt etwa 1 Mol Acetaldehyd auf, wenn man in wäßrig-alkoholischer Lösung arbeitet (*128*, *133*). Der Reaktionsverlauf ist folgender: Bei der Autoxydation des hydrierten Flavins wird Wasserstoffperoxid gebildet, das sich auch nachweisen läßt. Es wird bei Anwesenheit von I zur Oxydation von weiterem Dihydroflavin verbraucht, mit II dagegen zur Oxydation des Äthanols. Es ist sehr überraschend, daß eine so geringfügige Änderung in der Konstitution des Chelatkatalysators die Katalyse völlig anders leitet.

2. Intramolekulare Mischkatalysatoren

Der Ausdruck „intramolekulare Mischkatalysatoren“ scheint auf den ersten Blick ein Widerspruch in sich selbst zu sein. Bei einem anorganischen Katalysator wäre er es auch. Die organische Chemie bietet aber die Möglichkeit, in ein und demselben Molekül ganz verschiedenartige Gruppen unterzubringen. Z.B. kann die eine Gruppe geeignet sein, eine Covalenzkatalyse in Gang zu bringen, die andere kann als Chelatligand für ein Metallion dienen. Dann ist der Fall denkbar, daß der Covalenz-Zwischenstoff durch das im gleichen Molekül gebildete Chelat aktiviert wird. Die intramolekularen Mischkatalysatoren sind für systematische Aktivierungsversuche besonders günstig. Denn die Richtung, in welcher das komplexe Metallion auf den Covalenz-Zwischenstoff einwirkt, läßt sich durch Veränderung der Konstitution willkürlich ändern (vgl. Kap. III).

Ein schon länger bekanntes Beispiel ist das Pyridoxal. Die Umaminierung von Pyridoxal mit Aminosäuren oder von Pyridoxamin mit α-Ketosäuren (Kap. IV, 4) wird durch Metallionen beschleunigt, wobei besonders Kupfer, Mangan, Eisen und Aluminium wirksam sind (*150, 151, 139–142, 79, 80*). Dabei bilden sich mit der Schiffschen Base aus Pyridoxal und Aminosäure nachweisbare und sogar isolierbare Chelate (*43, 44, 146, 52*). An der Chelatbildung ist meist die phenolische Hydroxylgruppe des Pyridoxals beteiligt. Sie bildet also zusammen mit der Aldehydgruppe den intramolekularen Mischkatalysator.

Die Konstitution der Chelate ist wahrscheinlich folgende (I):

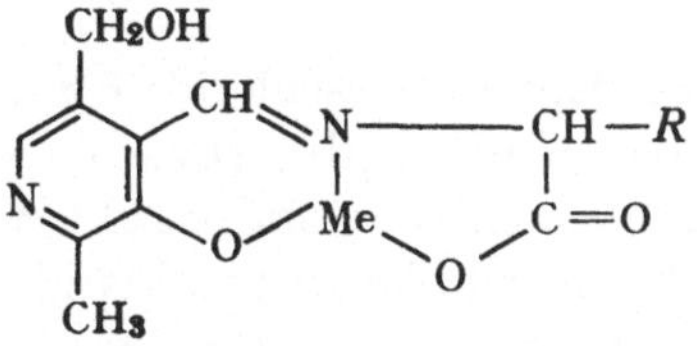

CH_2OH — CH=N—CH—*R* — N — Me — O — C=O — O — CH_3

(I)

R — O — O — *R'*

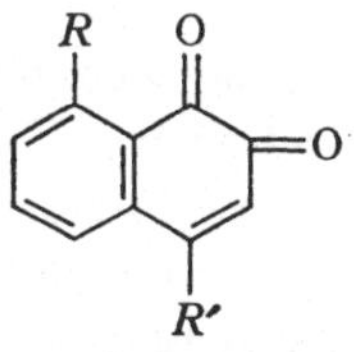

(II)

Die Wirkung wird durch Imidazolderivate noch weiter beschleunigt (*98*).

Geht man von dem natürlichen Coferment ab, so kann man auch mit 8-Derivaten des 1,2-Naphthochinons (II) einen ähnlichen Effekt erzielen (*131, 148*). Naphthochinonderivate sind, wie in Kap. IV, 1 gezeigt wurde, Hydrochinondehydrogenatoren. Die Wirkung wird durch Schwermetallionen verstärkt. Zu einem intramolekularen Mischkatalysator wird das Naphthochinonderivat aber erst, wenn man in 8-Stellung eine komplexbildende Gruppe einfügt, die mit der Hydroxylgruppe des

Naphtho-hydrochinons ein Chelat bilden kann. Folgende Verbindungen wurden dargestellt und in wäßriger Pyridinlösung gemessen:

a) R = H; R′ = SO_3K
b) R = $-NHCOCH_3$; R′ = H
c) R = $-NHCOCH_3$; R′ = SO_3K
d) R = $-NHCOCH_2-NHCO_2-CH_2C_6H_5$; R′ = H
e) R = $-NHCOCH_2N(CH_3)_2$; R′ = H
f) R = $-CO_2H$; R′ = H

Die Gruppe R wirkt als Chelatligand mit, denn bei der Verwendung verschiedener Schwermetallionen zeigen die Katalysatoren a–f in ihrer Aktivität eine ganz verschiedene Reihenfolge:

Kupfer:	$c < f < d < b < a < e$
Eisen:	$f < d < b < e < c < a$
Kobalt:	$a < f < c < e < d < b$
Mangan:	$f < c < a < d < b < e$

Nur beim Eisen wirkt die Gruppe R nicht aktivierend, sondern nur sterisch behindernd, denn 1,2-Naphthochinon-4-sulfonsäure ist der aktivste Katalysator. Der spektrophotometrische Nachweis und die Isolierung der Chelate steht noch aus.

VII. Stereochemische Spezifität von Basenkatalysatoren

Die Reaktion zwischen N-Phthalyl-α-Aminosäure-chloriden und Alkoholen bei Gegenwart von optisch-aktiven Alkaloiden (Brucin, Nicotin) verläuft stereospezifisch. Maximal erhält man 10% optisch-aktive Ester. Da tertiäre Amine nicht nur die Reaktion zwischen Säurechlorid und Alkohol beschleunigen, sondern auch aus ihm das entsprechende Keten bilden, so besteht die ganze Reaktion aus verschiedenen Teilreaktionen. Säurechlorid und Keten reagieren gleichzeitig mit dem Alkohol, und beide Reaktionen werden in verschiedener Weise durch das Alkaloid stereospezifisch beschleunigt (*177*).

Wenn man Beziehungen zwischen stereochemischer Spezifität und physikalischen oder chemischen Einflüssen studieren will, ist es deshalb zweckmäßig, von der eindeutigen Reaktion zwischen Ketenen und Alkoholen bei Gegenwart optisch-aktiver Basen auszugehen. Dabei muß man Ketene wählen, die mit Alkoholen in asymmetrische Ester übergehen (*178, 179*):

$$\begin{matrix}R \\ R'\end{matrix}\!\!>C{=}C{=}O + R''OH \xrightarrow{NR_3'''} \begin{matrix}R \\ R'\end{matrix}\!\!>C<\!\!\begin{matrix}COOR'' \\ H\end{matrix}$$

Meist wurde Phenyl-methyl-keten als Substrat verwendet, als Katalysatoren Acetylchinin, Acetylchinidin und Brucin. Schon ein Zusatz von 1 Mol-% Base beschleunigte die Reaktion stark. In Toluollösung entstanden optisch-aktive 2-Phenyl-propionsäure-ester, deren sterische Reinheit 2–10 % betrug. Ein großer Vorteil der Reaktion ist es, daß sie eindeutig und irreversibel verläuft. Das geht schon aus der Feststellung hervor, daß die Basen die optisch-aktiven Ester nicht racemisieren.

Ein weiterer Vorteil besteht darin, daß die Reaktion auch noch bei sehr tiefen Temperaturen genügend rasch verläuft. Sie gestattet es deshalb erstmalig, die Beziehungen zwischen Temperatur und Stereospezifität in einem weiten Temperaturbereich zu untersuchen. Die Ergebnisse solcher Untersuchungen waren sehr überraschend.

1. Nicht nur die Höhe der Stereospezifität hängt von der Temperatur ab, sondern meist auch der Drehungssinn der Reaktionsprodukte.
2. Bei den durch Acetylchinin und Acetylchinidin katalysierten Reaktionen durchläuft die Stereospezifität ein Maximum oder Minimum.
3. Bei Temperaturen oberhalb –40 °C verlaufen die Temperatur-Spezifitäts-Kurven ziemlich flach, bei sehr tiefen Temperaturen aber sehr steil. So gelingt es, bei –111 °C mit Acetylchinin zu der bisher bei Katalysen noch nie erreichten optischen Ausbeute von 74 % zu gelangen. Katalysatoren von gleicher Konfiguration zeigen ähnliche Temperatur-Spezifitätsfunktionen. Man hat auch schon versucht, diese Erscheinung durch Konformationsanalyse zu deuten (*179*). Zur Theorie der Stereospezifität vgl. auch (*4*, *5*).

VIII. Einschlußkatalysatoren

Die von *Schardinger* entdeckten Cyclodektrine sind cyclische Polysaccharide, deren Glucosereste α-glucosidisch verknüpft sind. α-Dextrin ist ein cyclisches Hexasaccharid, β-Dextrin ein Hepta- und γ-Dextrin ein Octasaccharid. Die Cyclodextrine bilden mit den verschiedensten Substanzen charakteristische Kanaleinschlußverbindungen. Die Wasserstoffionen-Konzentration ist im Innern des Kanals kleiner, als in der Umgebung, wie man aus dem Farbumschlag eingeschlossener Indikatoren folgern kann. Diese basische Reaktion kommt durch die Ausbildung von Wasserstoffbrücken zwischen den Sauerstoffatomen in den inneren Hydroxylgruppen des Cyclodextrins und den Wasserstoffionen des Lösungsmittels oder des Substrates zustande. Der zweite Fall dürfte im allgemeinen wahrscheinlicher sein, da neben dem Substrat nicht mehr genug Platz für das Lösungsmittel ist. Trotz der geringen Protonenaffinität des Sauerstoffs kommt doch eine deutliche pH-Zunahme im Cyclodextrin zustande, da H-Ionen und OH-Gruppen sich im Kanal zwangsläufig nähern.

Auf Grund dieser Eigenschaften sind die Cyclodextrine geeignet, als Einschlußkatalysatoren zu wirken (*47, 49, 50, 51*). Sie sind also eine besondere Form von Basenkatalysatoren, wobei aber die Basenwirkung nur im Innern des Kanals zur Geltung kommt.

Da Acyloine, z.B. Furoin, in alkalischer Lösung als Dienole vorliegen und dadurch rascher durch Luftsauerstoff oxydiert werden als in neutraler und saurer, so sind die Cyclodextrine Acyloin-Oxydatoren. So wird die Oxydation des Furoins bei pH 10,2 durch β-Dextrin doppelt aktiviert, die des Dioxindols 3,3fach. Eine Ausnahme macht das α-Pyridoin, das schon an sich immer in der Dienolform vorliegt (*48*). Weitere Katalysen sind die alkalische Verseifung von Estern und Aryl-pyrophosphaten, die Synthese von α-Hydroxy-nitrilen und die Decarboxylierung von β-Keto- und α-Cyan-carbonsäuren. Da die Cyclodextrine optisch-aktiv sind, so beobachtet man bei geeigneten Substraten auch stereospezifische Wirkungen. Beispiele sind die partielle Verseifung von D,L-2-Chlormandelsäure-äthylester, die Anlagerung von Cyanwasserstoff an 2- und 4-Chlorbenzaldehyd und die partielle Oxydation von 2,2'-Dichlorbenzoin.

Amylose liefert ebenfalls Einschlußverbindungen, da sie zwar keine cyclische, aber eine Helix-Struktur besitzt. Sie kann deshalb auch als Einschlußkatalysator wirken (*121*). Die Autoxydation von Dioxindol, 3-Amino-oxindol und 5,7-Dibrom-3-amino-oxindol wird beschleunigt, ebenso die Entfärbung von Methylenblau oder Dichlorphenol-indophenol durch Hydroxyaceton, Benzoylcarbinol und 5-Brom-di-oxindol.

Die Polymerisation von 2,3-Dimethylbutadien-(1,3) läßt sich in der Thioharnstoff-Einschlußverbindung ausführen. Man erhält dabei ein röntgenkristallines Polymerisat. Die bekannte Umlagerung von Maleinsäure in Fumarsäure bei Gegenwart von Thioharnstoff ist aber keine Einschlußkatalyse. Sie verläuft nämlich mit manchen Alkylderivaten des Thioharnstoffs, die keine Einschlußverbindungen liefern, rascher als mit dem Grundkörper und wird durch H-Ionen stark beschleunigt (*134*).

IX. Organische Halbleiterkatalysatoren

Von *H.-W. Krause*, Rostock

Anorganische Halbleiter zeigen gegenüber den verschiedensten Substraten gute katalytische Eigenschaften. Sie sind ausgezeichnete Katalysatoren für Redox- und Radikalreaktionen. An einer Beziehung zwischen den elektrophysikalischen und den katalytischen Eigenschaften besteht dabei kein Zweifel, so daß der Gedanke nahe liegt, auch organische Halbleiter hinsichtlich ihrer katalytischen Wirkung zu untersuchen. Tatsächlich katalysieren eine Reihe hochpolymerer aber auch niedermolekularer Verbindungen, die z. T. Metalle enthalten und die nach ihren elektrischen Eigenschaften zu den Halbleitern gehören, eine Anzahl von chemischen Reaktionen. (Es soll hier nicht auf die in biologisch wichtigen Systemen ablaufenden katalytischen Vorgänge eingegangen werden, die zunehmend aus der Sicht organischer Halbleiter betrachtet werden (*34*). Es wird nur kurz von dem katalytischen Verhalten synthetisch gewonnener organischer Verbindungen mit Halbleitereigenschaften berichtet werden.)

Die Ursachen und das Wesen der katalytischen Aktivität organischer Halbleiter sind noch weitgehend unbekannt. Zum tieferen Verständnis sind mehrere Gesichtspunkte Gegenstand eingehender Untersuchungen geworden, obgleich insgesamt die Entwicklung noch am Anfang steht.

Der Gesichtspunkt, eine Beziehung zwischen dem Ladungstransport (Leitfähigkeit) und der katalytischen Aktivität zu finden, wurde an Polymeren mit konjugierten Systemen geprüft. Es zeigte sich, daß hohe Leitfähigkeit und geringe Aktivierungsenergie der Leitfähigkeit wesentliche Bedingungen für die katalytische Aktivität sind und miteinander parallel gehen (*53, 185, 186*). Hier muß eingeschränkt werden, daß die Leitfähigkeitsmessungen unabhängig und nicht während des katalytischen Reaktionsablaufes gemessen wurden, so daß die gefundenen Beziehungen nicht unbedingt beweiskräftig sind.

Weiter wurde auf die Wichtigkeit der chemischen und strukturellen Faktoren bei Polychelaten im Hydrazin-Zerfall, der Wasserstoffperoxid-Zersetzung u.a. hingewiesen. Bei diesen Polychelaten wurden allerdings keine Beziehungen zwischen der katalytischen Aktivität und der Leitfähigkeit festgestellt (*9, 87, 88, 90–92*).

Schließlich gilt das Interesse einem möglichen Zusammenhang zwischen der Aktivität und der Konzentration der paramagnetischen Zentren, der nicht gekoppelten Spins, ein Gedanke, der von *Nesmejanow*

(*163*) und auch *Berlin* (*7*) geäußert und an einer größeren Zahl hochkonjugierter Polymerer untersucht wurde (*66–69, 202*)[2].

Es ist zu erwarten, daß weitere Untersuchungen über den Einfluß der strukturellen Faktoren, der Leitfähigkeit, der Anzahl der freien Spins und die Wechselwirkung dieser verschiedenen Faktoren wesentliche Aufschlüsse über die Ursachen der katalytischen Wirkung der organischen Halbleiter vermitteln werden.

Bei einem Vergleich der von verschiedenen Autoren mitgeteilten Meßergebnisse ist zu beachten, daß die katalytischen Eigenschaften erheblich durch die Herstellungsbedingungen der Katalysatoren, die Art der Ausgangsstoffe, die Reinigungsverfahren u. a. beeinflußt werden. In einigen Fällen wird eine konstante katalytische Wirkung erst nach mehrmaliger Versuchsdurchführung erhalten (*53*).

Die p-leitenden Metallphthalocyanine (Abkürzung für Phthalocyanin = Pc) werden schon seit Jahren, hauptsächlich wegen der strukturellen Ähnlichkeit zum Hämin und Chlorophyll, aber auch wegen ihrer relativ leichten Darstellung Reinigung und ihrer Thermostabilität zu katalytischen Untersuchungen herangezogen. Die Frage eines Zusammenhangs zwischen katalytischen und Halbleiter-Eigenschaften wurde beim Ameisensäurezerfall an verschiedenen Metall-Pc geprüft (*74, 75*). Die Verbindungen sind bis über 300 °C gegen Ameisensäure beständig, der Zerfall verläuft nach einer Kinetik nullter bzw. gehemmter nullter Ordnung zu neunzig bis hundert % zu $H_2 + CO_2$ und nur zu einem kleinen Teil zu $H_2O + CO$. Für die Reaktionsrichtung ist die Modifikation und Herstellungsweise von Bedeutung. Die Aktivierungsenergien des Ameisensäurezerfalls in Gegenwart der β-Modifikationen sind sehr ähnlich (s. Tab.), für die α-Modifikationen liegen sie um etwa 3–4 kcal/Mol tiefer. Die davon abweichenden Werte (*187*) (s. Tab.) beruhen möglicherweise auf dem Vorliegen eines Gemisches verschiedener Modifikationen bzw. sie sind durch die Herstellungsverfahren bedingt. Auffallend ist, daß die verschiedenen Metallionen bei gleicher Kristallmodifikation die elektrischen und katalytischen Eigenschaften nur unwesentlich beeinflussen[3]. Aus der Gültigkeit der Cremer-Schwab-Beziehung kann geschlossen werden, daß für alle der gleiche Zerfallsmechanismus vorliegt.

Neben der Dehydrierung der Ameisensäure katalysieren die Metall-Pc verschiedene Oxydationsreaktionen. So wird die Autoxydation von Cumol durch Cu, Co, Ni, Fe, Mn und Zn-Pc erheblich beschleunigt. Die Reaktionsrichtung und die chemische Natur der entstandenen Produkte ist dabei stark temperaturabhängig und variiert mit dem im Chelat ent-

[2] Vgl. (203, *169–171*).

[3] Vgl. dazu das Verhalten der Metall-Pc gegenüber Gasen (*86*).

haltenen Metall. Cu–Pc beschleunigt die Bildung von Cumolhydroperoxid, das erst oberhalb 105 °C wieder zersetzt wird. Anders liegen die Verhältnisse bei den Pc des Fe, Mn und Co, die neben der Autoxydation auch die Zersetzung des entstandenen Peroxids katalysieren unter gleichzeitiger chemischer Veränderung des Katalysators (z. B. Co-Chelat). Die Autoxydationsgeschwindigkeit fällt deshalb nach Überschreiten eines Maximalwertes schnell auf einen der neugebildeten Spezies entsprechenden Wert (*102*). Das Ni-Pc zeigt ein dem Co-Pc analoges Verhalten, oberhalb 87 °C tritt eine merkliche Zersetzung des Peroxids ein, jedoch beruht die relativ schnelle Inaktivierung nicht auf einem oxydativen Abbau, sondern ist bedingt durch die Absorption des während der Reaktion durch Autoxydation aus α-Methylstyrol gebildeten α-Methylstyrol-hydroperoxids, das schon in geringen Konzentrationen hemmt (*105*). Die Arrhenius-Geraden der Cu-, Co- und Ni-Pc besitzen bei Temperaturen um 100 bzw. 80–85 und 87 °C einen Knick, der einen Wechsel im Reaktionsmechanismus von der Tieftemperaturkatalyse, der Aktivierung des molekularen O_2, zur bimolekularen Zersetzung des Hydroperoxids anzeigt. Dazu gegensätzlich verhält sich das Vanadium-Pc (*106*).

Der auf Grund kinetischer Messung abgeleitete Reaktionsmechanismus steht mit dem p-Leiter-Charakter des Cu-Pc im Einklang. Die Chemisorption des molekularen O_2 spiegelt sich in der sinkenden Aktivierungsenergie der Leitfähigkeit wider, d. h. infolge der Acceptorwirkung des O_2 wird dem Cu-Pc ein Elektron entzogen. Als Startreaktion wird die Bildung eines reaktionsfähigen Cu-Pc-Sauerstoffradikals angenommen, das den angeregten O_2 für den Ablauf der Reaktionskette zur Verfügung stellt.

$$\text{Cu-Pc} + O_2 \longrightarrow \text{Cu-Pc}(+) \cdots\cdot O_2\cdot(-)$$
$$\text{Cu-Pc}(+) \cdots O_2\cdot(-) + \text{RH} \longrightarrow \text{Cu-Pc} + \text{R}\cdot + \text{HO}_2\cdot$$

Mit fallender Aktivierungsenergie der Leitfähigkeit der Metall-Pc steigt ihre katalytische Aktivität (s. Tab.).

Noch rascher als Cumol ist das m-Diisopropylbenzol und Phenylcyclopentan autoxydierbar (*103*). Auch Ester werden oxydiert (*181*). Darüber hinaus katalysieren die Pc in höherem T-Bereich die Zersetzung der Peroxide wie an Diacylperoxiden (Dibenzoyl-, Dilauroyl- und tert.-Butylhydroperoxid (*182*)) sowie an Cumolhydroperoxid (*104*) nachgewiesen wurde. Die häufig zum Nachweis eines Halbleiters dienende katalatorische Fähigkeit zeigt sich nicht bei monomeren Pc. Nimmt man eine Beziehung zwischen Leitfähigkeit und katalytischen Eigenschaften an, so sollten die durch relativ geringe Aktivierungsenergie der Leitfähigkeit ausgezeichneten Metall-Poly-Pc wirksame Katalysatoren darstellen.

Nach verschiedenen Varianten hergestellte Poly-Pc des Cu zersetzten H_2O_2 tatsächlich sehr schnell, wobei die Aktivität sowohl von der Anfangskonzentration des H_2O_2 als auch der Temperatur stark abhängt. Die Kinetik ist kompliziert, es tritt eine schnelle Inaktivierung ein (durch H_2O_2 oder O_2). Ein Vergleich der Werte für die Aktivierungsenergie der Leitfähigkeit mit denen der Zersetzungsgeschwindigkeit des H_2O_2 läßt erkennen, daß hier eine direkte Beziehung vorliegt (*185*) (s. Tab.). Die Produkte mit der geringsten Ausdehnung des π-Elektronensystems und entsprechend höherer Anregungsenergie der Leitfähigkeit sind schlechtere Katalysatoren. Allerdings gilt hier die schon eingangs erwähnte Einschränkung. Derselbe Arbeitskreis untersuchte zur weiteren Prüfung der eben erwähnten Ergebnisse Poly-Pc des Cu, Polymere des Tetracyanoäthylens und Dehydrochlorierungsprodukte des Tetrachloräthans bei der Oxydation des Cumols, Cyclohexans, Äthylbenzols, Toluols und Benzols (*186*). O_2 wird quantitativ zur Bildung der Hydroperoxide verbraucht, die nicht zersetzt werden. Die Reaktionsfähigkeit nimmt vom tertiären C-Atom zum primären hin ab, letzteres wird nicht angegriffen. Auch hier besitzen die Polymeren mit der geringsten Anregungsenergie der Leitfähigkeit die höchste katalytische Aktivität (s. Tab.), die im übrigen nicht an die Anwesenheit von Metallionen gebunden, dagegen durch thermische Behandlung der Katalysatoren erheblich beeinflußbar ist. *Eley* und Mitarb. haben im Anschluß an ältere Arbeiten die Aktivierung des H_2 am festen freien Radikal α,α'-Diphenyl-β-pikryl-hydrazyl (*54*) und in Gegenwart von monomerem und polymerem Cu-Pc (*1*) studiert. Hier erwies sich die Wirkung des chemisorbierten H_2 auf die ESR-Spektren und die katalytische Aktivität der pH_2–oH_2-Umwandlung sowie die Reaktion

$$H_2 + D_2 \rightleftharpoons 2\,HD$$

als nützlich zur Unterscheidung der verschiedenen Reaktionsmechanismen. Die Meßergebnisse deuten auf drei Typen von aktiven Zentren hin, einmal die im Chelat gebundenen Cu-Atome, zum anderen die während der thermischen Behandlung entstehenden ungepaarten σ-Elektronen (freie Radikalelektronen) und drittens auf die ungepaarten π-Elektronen, die während der Reaktion mit H_2 bzw. D_2 durch Öffnung der Doppelbindungen entstehen können.

Keier und Mitarb. haben in einer Reihe von Arbeiten über die katalytische Aktivität organischer Halbleiter besonderen Wert auf die strukturellen Faktoren der Polymeren gelegt. Als Testreaktion diente vorwiegend der Hydrazinzerfall, der nach den folgenden Bruttogleichungen ablaufen kann:

$$N_2H_4 \longrightarrow N_2 + 2H_2 \qquad (1)$$

$$3N_2H_4 \longrightarrow 4NH_3 + N_2 \qquad (2)$$

Um den strukturellen Einfluß zu erfassen, wurden Chelatpolymere untersucht, die

a) verschiedene Metallionen bei gleichen Donatoratomen und gleichen organischen Resten (*87*),

b) verschiedene Metallionen bei gleichen Donatoratomen und unterschiedlichen Resten (*87*) und

c) gleiche Metallionen aber bei verschiedenen Donatoratomen enthielten (*88*).

Die nach a) und b) untersuchten Polymeren gehören zur Klasse der Thiocarbamate mit der Polymer-Einheit:

```
  S                   S
 / \                 //\    /
     C—HN—R—NH—C       Me
 \ //                 \ /   \
  S                    S
```

wobei R den organischen Rest versinnbildlicht.

Die Verbindungen haben Molekulargewichte zwischen 53000 und 67000. Die Kupferchelate enthalten 1-wertiges Kupfer, das zu einer Verknüpfung (–S–Cu–S–) führt. Erstaunlich ist die große Selektivität. Das Kupferchelat wirkt nur nach (1), die Co-Chelate und Ni-Chelate nach (1) und (2), wobei mit steigender Temperatur der Reaktionsweg (1) überwiegt. Großen Einfluß haben die organischen Reste (s. Tab.). Die Thermostabilität, die Leitfähigkeit und die Aktivierungsenergie der Leitfähigkeit werden durch sie beeinflußt. Ein Vergleich der katalytischen Aktivität des polymeren Ni-Chelates mit dem Diphenylrest an Stelle von R, mit dem p-Leiter NiO ergibt eine etwa 15mal höhere Anfangsgeschwindigkeit für das polymere Chelat. Noch deutlicher wird die Differenz beim Vergleich der spez. Geschwindigkeit bis zu 0,05 ml zers. Hydrazin pro cm^2 Oberfläche. Sie ist am Nickel-Polychelat 200mal höher als am NiO. Ähnliches gilt auch für die Cu- und Co-Chelate. Trotz großer Unterschiede im Leitfähigkeitsverhalten der Polymeren (bei den Co-Chelaten um 7 Zehnerpotenzen) ist die spez. Aktivität von annähernd gleicher Größe.

Spürbaren Einfluß auf die katalytische Aktivität hat die chemische Natur der Donatoratome, wobei die Reihenfolge bei den Substraten Hydrazin (*9, 88*), H_2O_2 (*90–92*), HCOOH (*9*) und iso-Propanol (*9*) variiert. Von den Strukturen

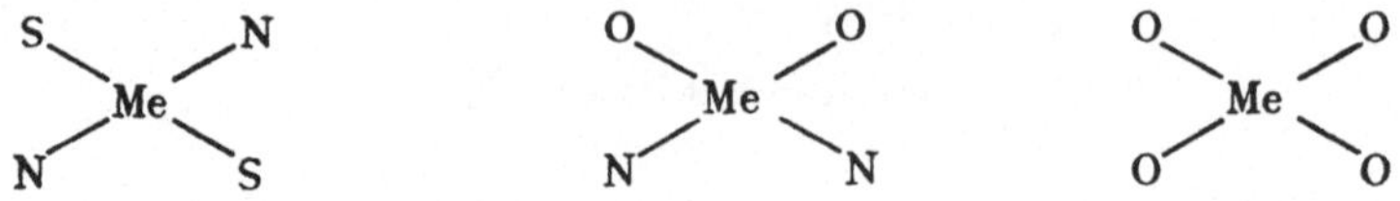

(I) (II) (III)

(Polymere Einheiten s. Tab.)

sind die Cu-Chelate der Struktur I im Hydrazinzerfall die aktivsten, dann folgen die Co- und Ni-Chelate. Auf diese Reihenfolge üben die Polymeren mit verschiedenen organischen Resten einen unterschiedlichen Einfluß aus. Die Aktivität der Cu-Chelate mit verschiedenen Donatoratomen nimmt in Reihenfolge (N,S), (S,S), (N,O), (O,O) ab (*9*). Die katalytische Aktivität und Selektivität wird bestimmt durch das Metallion, das organische Radikal im Polymeren und der Art der Donatorgruppen. Zwischen der Aktivität und den elektrischen Eigenschaften der untersuchten Polymere ist eine Wechselbeziehung nicht erkennbar. Die Ursachen der Chemisorption und Katalyse der Polymeren sind wahrscheinlich nicht durch die Halbleitereigenschaften bestimmt, für die in einigen Fällen zu beobachtende Widerstandsänderungen bei Beladung mit Hydrazindampf und Sauerstoff sprechen, sondern durch die Elektronenkonfiguration des Zentralions. Vorstellungen über den Leitungsmechanismus fehlen. Vom selben Arbeitskreis stammen Untersuchungen der katalytischen Aktivität von Dehydrochlorierungsprodukten des Polyvinylidenchlorides gegenüber dem Ameisensäure- und Hydrazinzerfall, der Dehydrierung von Isopropanol und der Oxydation von CO (*89*).

Organische Halbleiter auf Polyacrylnitril-Basis verdienen besondere Beachtung. Für das thermisch bearbeitete PAN nimmt man folgende Struktur an:

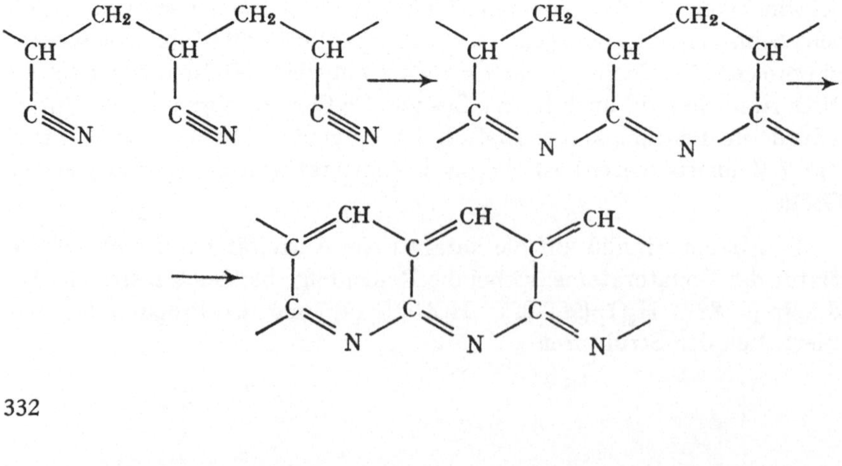

Die quellfähigen und besonders thermostabilen Produkte haben eine Konzentration ungepaarter Spins zwischen 10^{18}–10^{19}/g. Eine katalytische Aktivität war auf Grund dieser Tatsache für Redoxreaktionen anzunehmen (*7, 201*), wie auch am Beispiel der H_2O_2-Zersetzung qualitativ nachgewiesen wurde. *Roginskij* und Mitarbeiter (*53*) verwendeten ungetränktes und mit Metallsalzen getränktes, thermisch behandeltes PAN. Während der Ameisensäure- und Hydrazinzerfall (dieser allerdings erst in einem Temperaturbereich, in dem der Selbstzerfall schon ein beträchtliches Ausmaß annehmen kann) katalysiert wird, findet keine Hydrierung des Äthylens statt. Das eingeführte Metallsalz hat keinen Einfluß auf die Aktivität, die im gemessenen Temperatur-Bereich in der Größenordnung bekannter anorganischer Halbleiter liegt (*184*). Auf den Zusammenhang zwischen den katalytischen Eigenschaften und den paramagnetischen Zentren einer Anzahl Polymerer mit konjugierten Bindungen weisen Arbeiten von *Traynard* und Mitarb. hin (*66–69, 202*). Als Testreaktion dienten der N_2O-Zerfall, die Dehydrierung und Dehydratisierung von Alkoholen, die Isomerisierung des 1-Butens, die Oxydation des Tetralins, die Hydrierung des Äthylens und die Ameisensäurezersetzung. Die katalytische Aktivität (s. Tab.) wird mindestens durch zwei

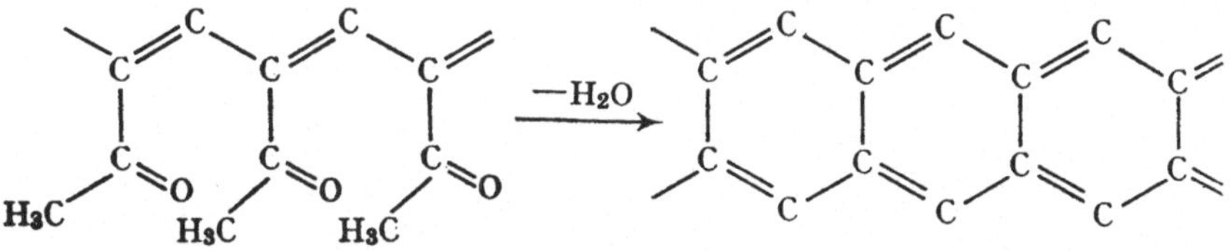

$\xrightarrow{-H_2O}$

Faktoren bestimmt, die Zahl der Spins und die Struktur des Polymeren. Vergleicht man die Konzentration der paramagnetischen Zentren verschiedener PAN-Präparate mit ihrer katalytischen Aktivität in der N_2O-Zersetzung, so findet man nahezu parallelen Verlauf, wie er auch in anderen Fällen beobachtet wurde (*169–171, 203*). Der Bau der Polymeren hat großen Einfluß auf die Reaktionsgeschwindigkeiten und es scheint, daß hier eine Beziehung zur Ausdehnung des konjugierten Systems vorliegt.

Strukturell ähnlich sind Polymere, die aus β-Chlorvinylmethylketon erhalten wurden (*163*) (s. Tab.)

Sie katalysieren die Oxydation des Toluols zu Benzaldehyd und Benzoesäure. Ihre spez. Aktivität liegt um 2–3 Größenordnungen höher als die des Kohlenstoffs.

Die Photooxydation des Isopropanols in flüssiger Phase mit Luftsauerstoff wird durch eine Reihe von Farbstoffen, die dem n- bzw. p-Typ angehören, katalysiert (*81*). Die Absorptionsgeschwindigkeit des O_2 hängt mit dem Leitungsmechanismus zusammen und ist bei den Defektelektronenleitern größer. Die Oxydation verläuft nach einem Kettenmechanismus unter intermediärer Bildung von H_2O_2. Unterschiede treten im Verhältnis des gebildeten Acetons zum absorbierten O_2 auf (s. Tab.). Beachtung verdient auch die Tatsache, daß die Art der Ladungsträger einen weitgehend selektivierenden Einfluß ausübt. So bilden die n-Leiter vorwiegend Pinakol, die p-Leiter Aceton.

Die folgende Tabelle gibt den größten Teil der bisher untersuchten Substanzen wider, wegen der noch zusätzlich getesteten Verbindungen muß auf die Originalliteratur verwiesen werden.

Tabelle der organischen Halbleiterkatalysatoren

Lfd. Nr.	Verbindung	spezif. Oberfläche m^2/g	Aktiv.-Energie d. Leitfähigkeit eV	Substrat	Aktiv.-Energie Substrat kcal/Mol	Paramagnet. Zentren/g	Katalyt. Aktivität	σ_0 $\Omega^{-1}\,cm^{-1}$	Lit.
1	Pc-Cu β-Mod.	—	1,77[2])	HCOOH	22,5	—	212[3])	—	(*74*)
2	Pc-Cu β-Mod. +5 % Mod. α	—	1,83[1])	HCOOH	21,5	—	219[3])	—	(*74*)
3	Pc-Ni β-Mod.	—	1,60[1])	HCOOH	23,6	—	257[3])	—	(*74*)
4	Pc-Ni β-Mod.	—	1,45[2])	HCOOH	23,8	—	171[3])	—	(*74*)
5	Pc-Co β-Mod.	—	1,58[1])	HCOOH	23,1	—	230[3])	—	(*74*)
6	Pc-Fe β-Mod.	—	1,10[1])	HCOOH	24,9	—	225[3])	—	(*74*)
7	Pc-Zn β-Mod.	—	1,73[1])	HCOOH	28,5	—	235[3])	—	(*74*)
8	Pc-Fe	—	—	HCOOH	52,6	—	—	—	(*187*)
9	Pc-Co	—	—	HCOOH	22,7	—	—	—	(*187*)
10	Pc-Ni	—	—	HCOOH	7,2	—	—	—	(*187*)

Tabelle der organischen Halbleiterkatalysatoren

Lfd. Nr.	Verbindung	spezif. Oberfläche m^2/g	Aktiv.-Energie d. Leitfähigkeit eV	Substrat	Aktiv.-Energie Substrat kcal/Mol	Paramagnet. Zentren/g	Katalyt. Aktivität	σ_0 $\Omega^{-1}\,cm^{-1}$	Lit.
11	Pc-Mn	—	—	HCOOH	20,9	—	—	—	(*187*)
12	Pc-Ni	—	1,60	Cumol	5,0[4])	—	11,0[7])	—	(*102*)
13	Pc-Co	—	1,60	Cumol	6,3[5])	—	9,7[7])	—	(*102*)
14	Pc-Cu	—	1,64	Cumol	9,3[6])	—	6,7[7])	—	(*102*)
15	PP_c-1-Cu[8])	4,1	5,1[8])	H_2O_2	13,0	$6{,}7 \cdot 10^{20}$	$2{,}8 \cdot 10^{-2}$ [10])	$10^{-1{,}6}$	(*185*)
16	PP_c-2-Cu[11])	0,55	3,7[8])	H_2O_2	13,0	$5{,}1 \cdot 10^{20}$	$2{,}4 \cdot 10^{-1}$ [10,12])	$10^{-1{,}6}$	(*185*)
17	PP_c-3-Cu	1,2	4,9[9])	H_2O_2	—	—	$6{,}0 \cdot 10^{-3}$ [10])	$10^{-2{,}6}$	(*185*)
18	PP_c-4-Cu	8,8	12,6[9])	H_2O_2	—	—	$1{,}9 \cdot 10^{-3}$ [10])	$10^{-0{,}6}$	(*185*)
19	PP_c-2-Cu[11])	0,55	3,7[9])	Cumol	11	$5{,}1 \cdot 10^{20}$	sehr aktiv	$10^{-1{,}6}$	(*186*)
20	PP_c-1-Cu[8])	4,1	5,1[9])	Cumol	—	$6{,}7 \cdot 10^{20}$	aktiv	$10^{-1{,}6}$	(*186*)
21	TCÄ-1-Cu[16])	—	7,4[9])	Cumol	—	—	aktiv	$2 \cdot 10^{-2}$	(*186*)
22	TCÄ-2-Cu[17])	—	7,3[9])	Cumol	—	—	aktiv	$2 \cdot 10^{-2}$	(*186*)
23	PV-1[18])	0,30	13,6[9])	Cumol	—	$3{,}6 \cdot 10^{19}$	inaktiv	$1 \cdot 10^{-5}$	(*186*)
24	PV-2[19])	0,35	6,7[9])	Cumol	—	$7 \cdot 10^{19}$	aktiv	$1 \cdot 10^{-5}$	(*186*)
25	Pc-Cu	0,78	—	o—p H_2	—0,45; 5,4	—	—	—	(*1*)

26	PP_c-1-Cu [13])	6,9	—	o—p H_2	—0,9; 10,7	$2,5 \cdot 10^{17}$	5,35 [14])	—	(*1*)
27	PP_c 2-Cu[20])	3,14	—	o—p H_2	—0,25; —	$1,0 \cdot 10^{19}$	—	—	(*1*)
28	DBDC-Ni	0,27	—	N_2H_4	13	—	$7,5 \cdot 10^{-2}$ [20])	—	(*87, 9*)
29	DBDC-Cu	0,98	0,69	N_2H_4	20	—	$2,3 \cdot 10^{-2}$ [20])	$3,5 \cdot 10^{20}$	(*87, 9*)
30	DBDC-Co	2,22	—	N_2H_4	16	—	$1,4 \cdot 10^{-2}$ [20])	—	(*87, 9*)
31	DBDC-Zn	5,75	—	N_2H_4	—	—	0	—	(*87, 9*)
32	DBDC-Cd	0,05	—	N_2H_4	—	—	0	—	(*87*)
33	NiO	1,0	1,32	N_2H_4	9—10	—	$5 \cdot 10^{-3}$ [20])	—	(*87*)
34	EBDC-Ni	0,14	—	N_2H_4	—	—	$5 \cdot 10^{-3}$ [20])	—	(*87, 9*)
35	EBDC-Co	0,53	0,22	N_2H_4	—	—	$1 \cdot 10^{-2}$ [20])	$5,5 \cdot 10^{-4}$	(*87, 9*)
36	EBDC-Cu	0,19	1,9	N_2H_4	10	—	$6,6 \cdot 10^{-2}$ [20])	$2,1 \cdot 10^{9}$	(*87, 9*)
37	EBDC-Zn	5,3	0,59	N_2H_4	—	—	$2,0 \cdot 10^{-4}$ [20])	$1,5 \cdot 10^{-3}$	(*87*)
38	HBDC-Cu	—	1,31	N_2H_4	—	—	$3,0 \cdot 10^{-2}$ [20])	$8,5 \cdot 10^{-1}$	(*87, 9*)
39	HBDC-Ni	0,30[21]) 0,19[21])	—	N_2H_4	—	—	0[21]) $6,6 \cdot 10^{-2}$ [22])	—	(*87, 9*)
40	HBDC-Co	0,14	—	N_2H_4	—	—	$1,0 \cdot 10^{-2}$ [20])	—	(*87, 9*)
41	PBDC-Cu	1,51[21]) 0,51[22])	0,22	N_2H_4	9	—	$4,0 \cdot 10^{-3}$ [21])	$4,0 \cdot 10^{5}$	(*87, 9*)
42	DTPA-Cu	0,07	—	N_2H_4	2,7	—	$2,17 \cdot 10^{-1}$ [23])	—	(*88, 9*)
43	DTPA-Cu	0,10	—	N_2H_4	—	—	$2,15 \cdot 10^{-1}$ [23])	—	(*88*)
44	DTPA-Cu	0,24	—	N_2H_4	—	—	$2,20 \cdot 10^{-1}$ [23])	—	(*88*)

Tabelle der organischen Halbleiterkatalysatoren

Lfd. Nr.	Verbindung	spezif. Oberfläche m^2/g	Aktiv.-Energie d. Leitfähigkeit eV	Substrat	Aktiv.-Energie Substrat kcal/Mol	Paramagnet. Zentren/g	Katalyt. Aktivität	σ_0 Ω^{-1} cm^{-1}	Lit.
45	DMTPA-Cu	0,238	—	N_2H_4	4,6	—	$4,7\cdot10^{-2}$ [23]	—	*(88)*
46	RW-Cu	0.50	—	N_2H_4	—	—	$7,5\cdot10^{-2}$ [23]	—	*(88)*
47	MSAI-Cu	11,20	—	N_2H_4	4,3	—	$5,0\cdot10^{-3}$ [23]	—	*(88, 9)*
48	MSA-Cu	0,80	—	N_2H_4	—	—	$5,0\cdot10^{-3}$ [23]	—	*(88)*
49	MSAE-Cu	0,66[22]	—	N_2H_4	9,3[21]	—	$1,2\cdot10^{-2c}$ [22,23]	—	*(88, 9)*
50	PAN-1[24]	0,06	—	HCOOH	21	$1,8\cdot10^{19}$	0,58[25]	—	*(53)*
51	PAN-2	0,4	—	HCOOH	25	$4,0\cdot10^{18}$	0,44[26]	—	*(53)*
52	PAN	3	—	N_2O	—	$5,0\cdot10^{19}$	61[27]	—	*(68)*
53	PAN	3	—	$C_6H_{11}OH$	—	$5,0\cdot10^{19}$	0,76[28]	—	*(68)*
54	PAN	3	—	1-Buten	—	$5,0\cdot10^{19}$	5[29]	—	*(68)*
55	PBI	1	—	N_2O	—	$5,0\cdot10^{19}$	30[27]	—	*(68)*
56	PBI	1	—	$C_6H_{11}OH$	—	$5,0\cdot10^{19}$	0,32[28]	—	*(68)*
57	PBI	1	—	1-Buten	—	$5,0\cdot10^{19}$	0	—	*(68)*
58	PI	38	—	N_2O	—	10^{15}—10^{16}	0,4[27]	—	*(68)*
59	AS	70	—	N_2O	—	$1,0\cdot10^{19}$	8[27]	—	*(68)*

60	AS	70	—	1-Buten	—	$1{,}0 \cdot 10^{19}$	3[29])	—	(*68*)
61	PIC	1,6	—	N_2O	—	$8{,}0 \cdot 10^{19}$	40[27])	—	(*68*)
62	PIC	1,6	—	$C_6H_{11}OH$	—	$8{,}0 \cdot 10^{19}$	0,27[28])	—	(*68*)
63	PIC	1,6	—	1-Buten	—	$8{,}0 \cdot 10^{19}$	4[29])	—	(*68*)
64	BC	36	—	N_2O	—	10^{15}—10^{16}	1,2[27])	—	(*68*)
65	BC	36	—	1-Buten	—	10^{15}—10^{16}	0,1[29])	—	(*68*)
66	PDD	6	—	N_2O	—	$5{,}0 \cdot 10^{18}$	2[27])	—	(*68*)
67	PMI	2	—	N_2O	—	$\sim 10^{17}$	40[27])	—	(*68*)
68	PVM-1[30])	0,32	0,8	Toluol	—	$\sim 10^{19}$	3,7[31])	—	(*163*)
69	PVM-2	0,30	0,85	Toluol	—	$\sim 10^{19}$	2,0[31])	—	(*163*)
70	A-Kohle	~600	—	Toluol	—	—	3,9[32])	—	(*163*)
71	Graphit	20	—	Toluol	—	—	0,7[32])	—	(*163*)
72	Fluorescein[33])	—	—	Isopropanol	—	—	1,93[34])	—	(*81*)
73	Eosin Y[33])	—	—	Isopropanol	—	—	1,61[34])	—	(*81*)
74	Malachitgrün[35])	—	—	Isopropanol	—	—	0,56[34])	—	(*81*)
75	Kristallviolett[35])	—	—	Isopropanol	—	—	0,64[34])	—	(*81*)

Bemerkungen zu der vorhergehenden Tabelle auf Seiten 335—340.

Pc = Phthalocyanin
PP_c = Poly-Phthalocyanin
TCÄ = Tetracyanoäthylen
PV = Polyvinylen
BDC = Bis-dithiocarbamat
DBDC = Diphenylen-bis-dithiocarbamat
EBDC = Äthylen-bis-dithiocarbamat
HBDC = Hexamethylen-bis-dithiocarbamat
PBDC = Phenylen-bis-dithiocarbamat
TPA = Bis-(thiopicolinamid)
DTPA = Diphenylen-bis-(thiopicolinamid)
MTPA = Bis-(6-methyl-thiopicolinamid)
DMTPA = Diphenylen-bis-(6-methyl-thiopicolinamid)
RW = Rubeanwasserstoff
MSAI = 5,5'-Methylen-bis-salizylaldehyddiimin
MSA = 5,5'-Methylen-bis-salizylaldehyd
MSAE = 5,5-Methylen-bis-salizylaldehyd-äthylendiimin
PBI = Polybenzimidazol
PI = Polyimin
AS = Anilinschwarz
PIC = Polyisopren-Chloranil
BC = Benzidin-Chloranil
PDD = Polydiphenyldiacetylen
PMI = Pyromellithimid
PVM = Poly-β-Chlorinylmethlkoton

1) = sublimiert
2) = grobkristallin von 1)
3) = Temp., für die gleiche Aktivität vorliegt
4) = unterhalb 90 °C für [Kat] = ∞
5) = unterhalb 85 °C für [Kat] = ∞
6) = unterhalb 105 °C für [Kat] = ∞
7) = Aktivität in: $E_{[Kat]_0} - E_{[Kat]_\infty}$ kcal/Mol
8) = aus Pyromellithsäure ohne Kat. hergestellt
9) = in kcal/Mol
10) = Zersetzungsgeschwindigkeit v_0 in mMol/m^2·sec, bei 41 °C, H_2O_2: 0,43 %ig
11) = aus Pyromellithsäure mit Katalysator
12) = H_2O_2: 0,21 %ig
13) = aus Pyromellithnitril
14) = abs. v pro Oberflächeneinheit, Moleküle·cm^{-2}, sec^{-1} bei 77 °K
15) = wie m, etwas modifiziert
16) = TCÄ + Cu-Acetylacetonat
17) = TCÄ + Cu-Acetylacetonat in Nitrobenzol
18) = Thermische Dehydrochlorierung bei 500 °C inerte Atmosphäre
19) = Thermische Dehydrochlorierung bei 400 °C in Luft
20) = Geschwindigkeit v^0 in cm^3/m^2·Min. bei 104 °C
21) = Lit. (87)
22) = Lit. (9)
23) = Geschwindigkeit v_0 in cm^3/m^2·Min. bei 108 °C
24) = mit 0,01 % $CuCl_2$
25) = in mMol/sec·$m^2 \cdot 10^2$ bei 242 °C
26) = in mMol/sec·$m^2 \cdot 10^2$ bei 261 °C
27) = willkürliche Einheit /m^2
28) = %H_2/m^2, %H_2O/m^2
29) = in %/m^2
30) = mit $FeCl_3$
31) = Gew.-% umgesetztes Toluol bei 380 °C
32) = Gew.-% umgesetztes Toluol bei 270 °C
33) = p-Leiter
34) = gebildetes Aceton/absorb. O_2 bei 42—43 °C
35) = n-Leiter

Formeln zu der vorhergehenden Tabelle der Seiten 335—340

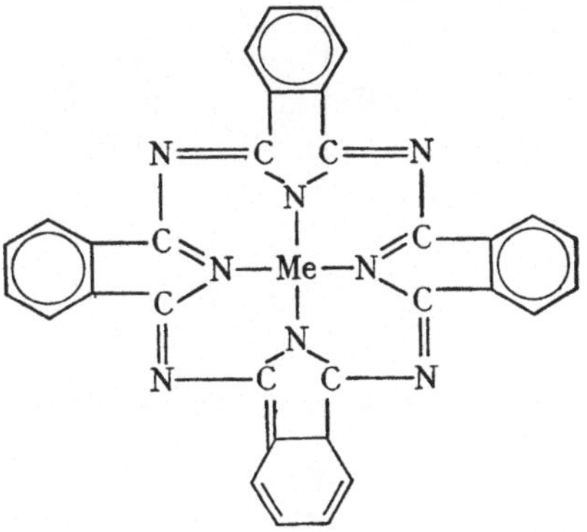

1–14, 25

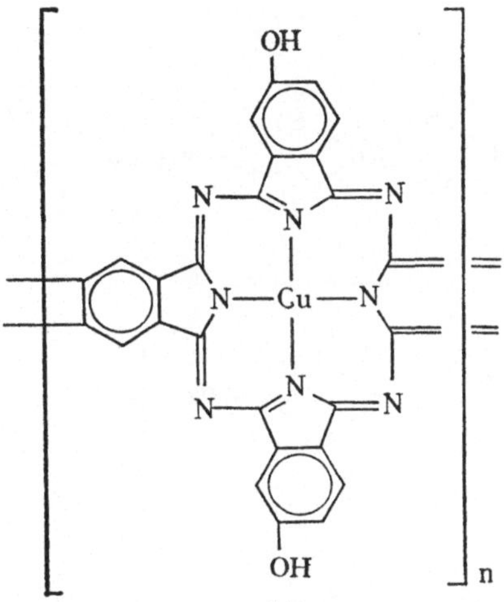

17

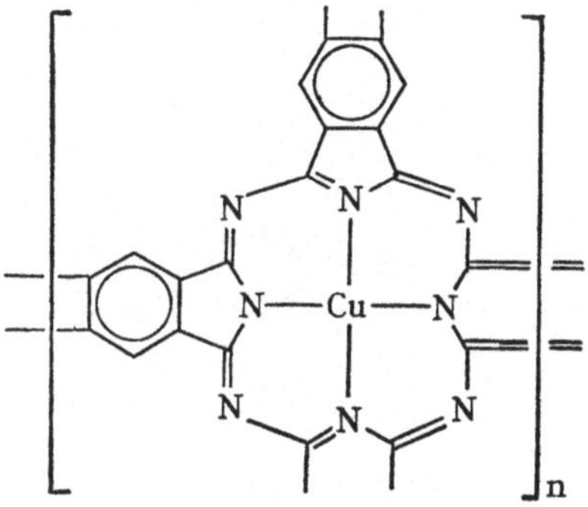

15, 16, 19, 20

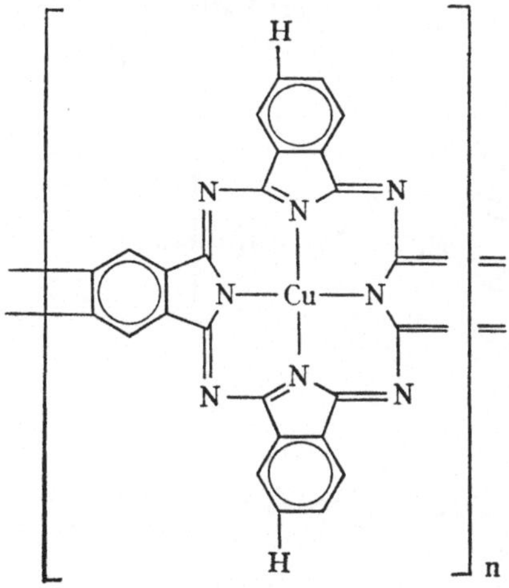

18

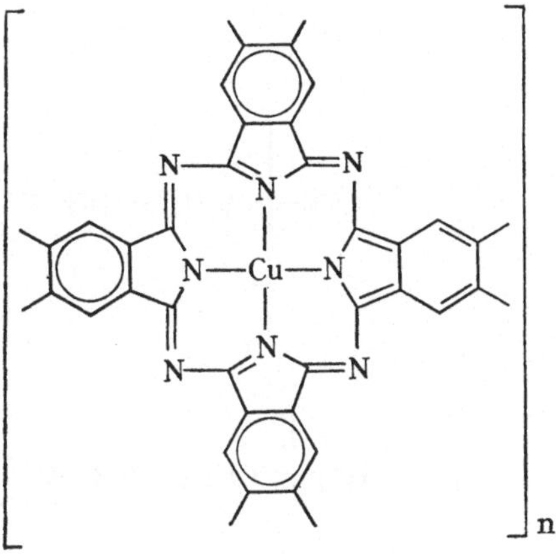

26–27

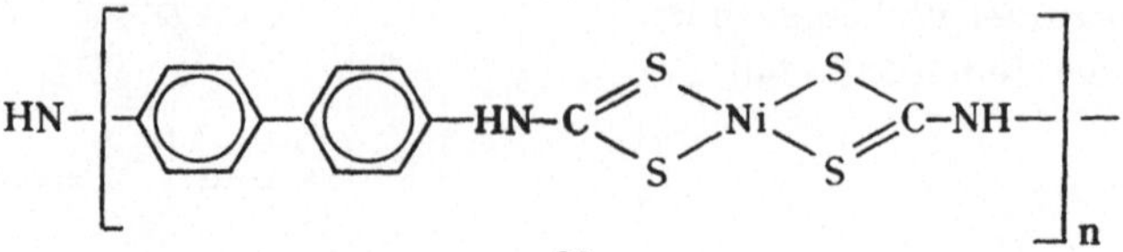

28

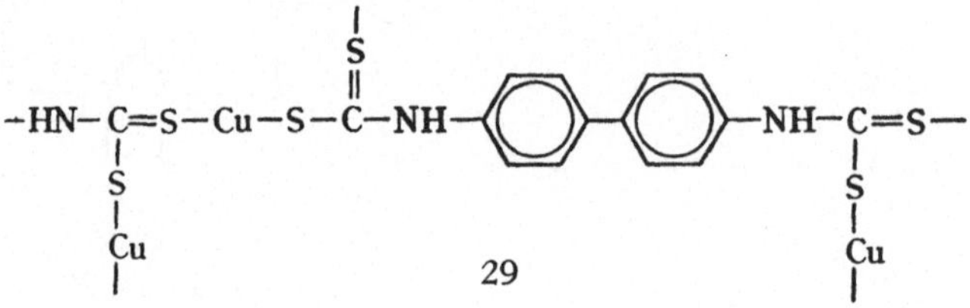

29

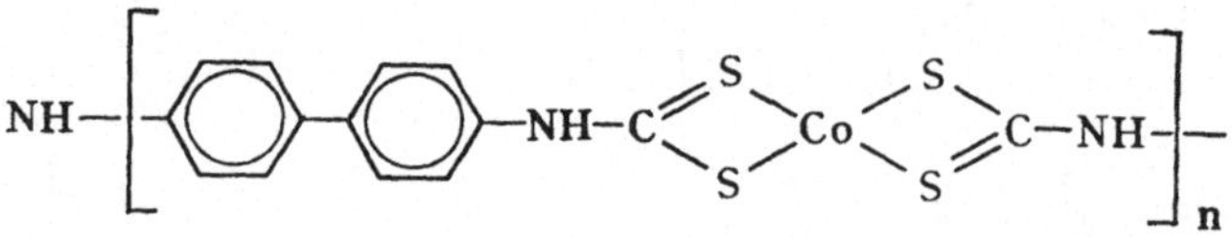

30

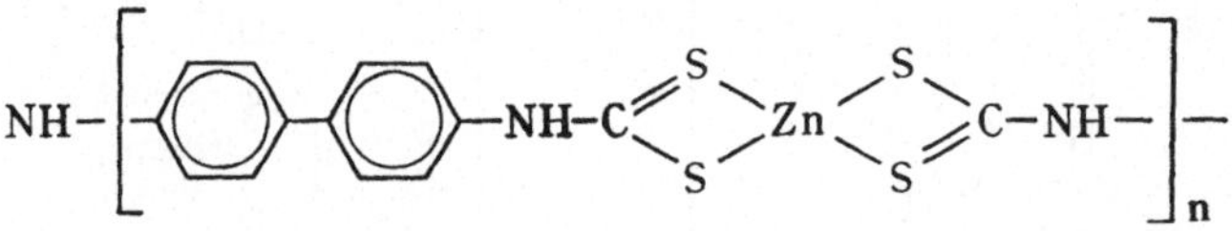

31

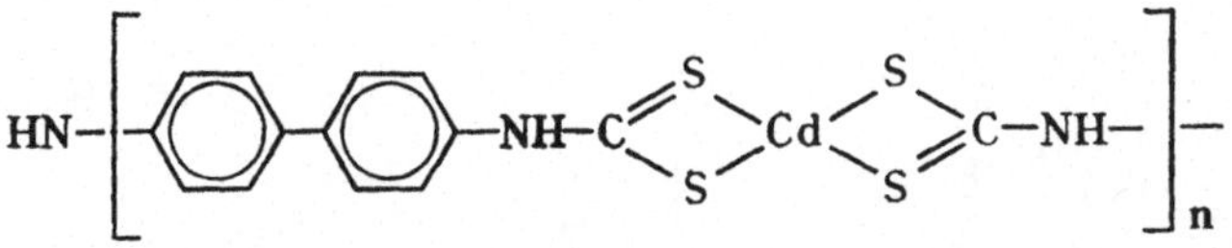

32

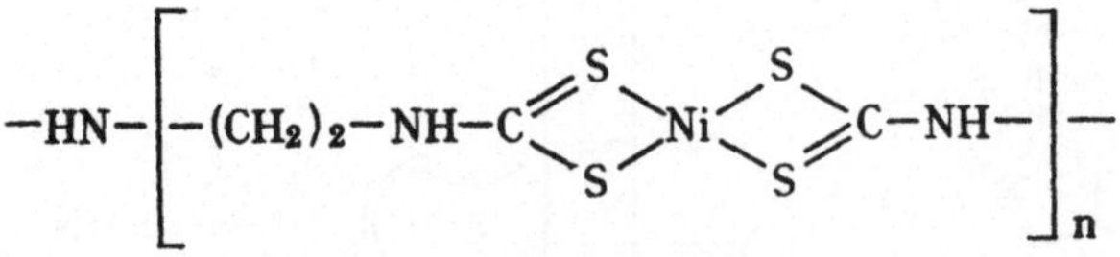

34

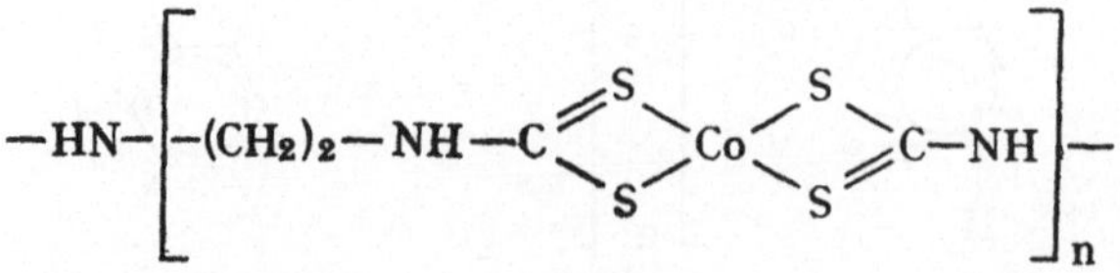

35

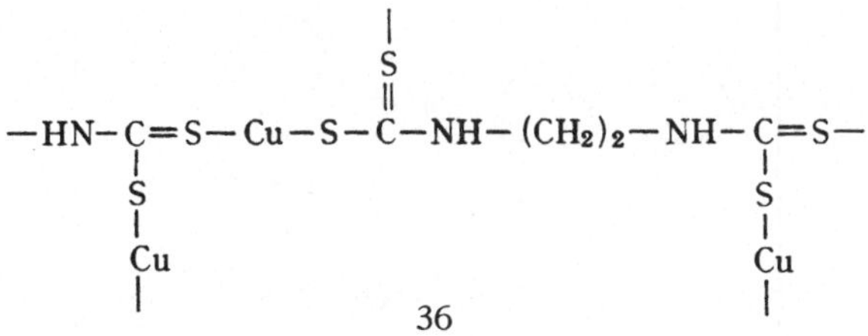

S
‖
—HN—C=S—Cu—S—C—NH—$(CH_2)_2$—NH—C=S—
S S
Cu Cu

36

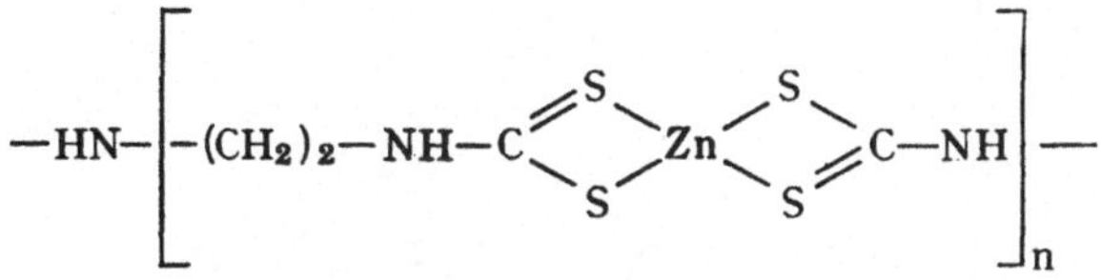

—HN—[—$(CH_2)_2$—NH—C(=S)(S)Zn(S)(S=)C—NH]$_n$—

37

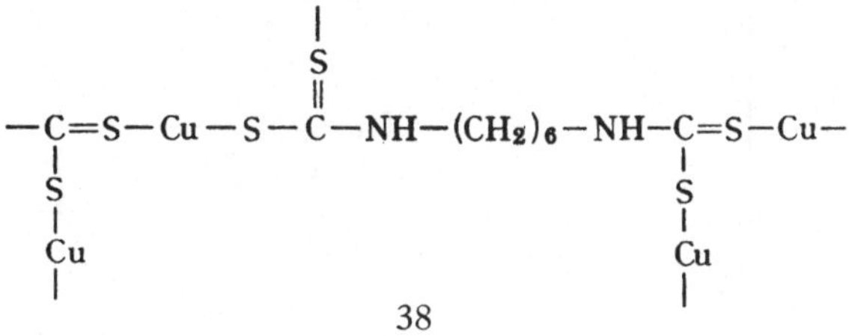

S
‖
—C=S—Cu—S—C—NH—$(CH_2)_6$—NH—C=S—Cu—
S S
Cu Cu

38

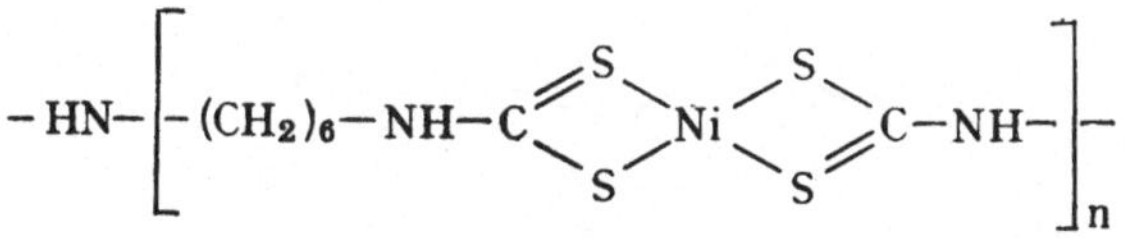

—HN—[—$(CH_2)_6$—NH—C(=S)(S)Ni(S)(S=)C—NH—]$_n$—

39

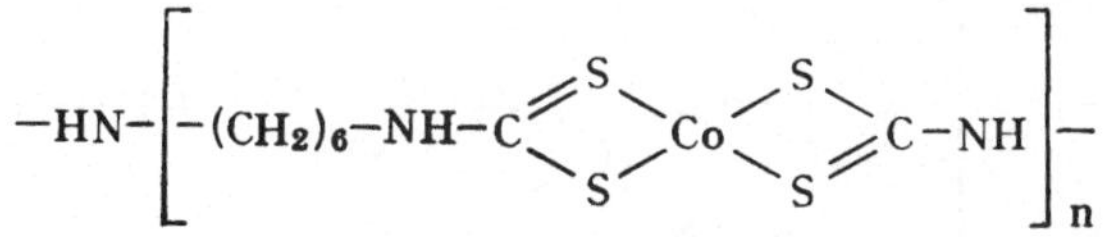

—HN—[—$(CH_2)_6$—NH—C(=S)(S)Co(S)(S=)C—NH]$_n$—

40

S
‖
HN NH—C=S—Cu—S—C—NH NH—C=S—
S S
Cu Cu

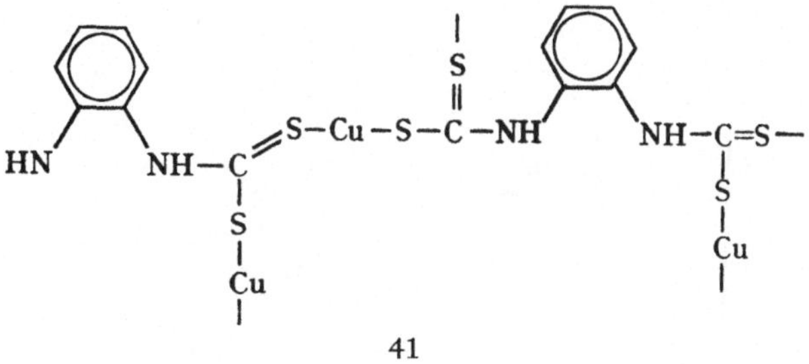

41

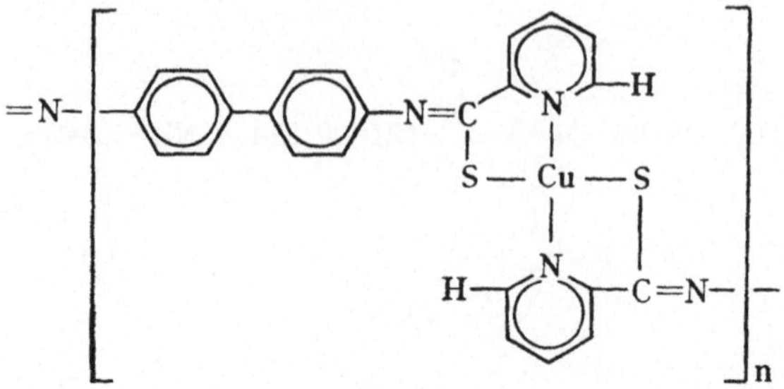

=N– [biphenyl–N=C(S–Cu–S)(pyridyl–H) …]$_n$

42–44

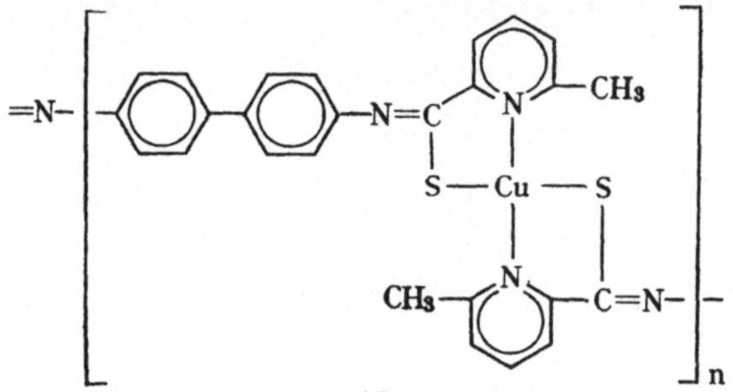

=N– [biphenyl–N=C(S–Cu–S)(pyridyl–CH_3) …]$_n$

45

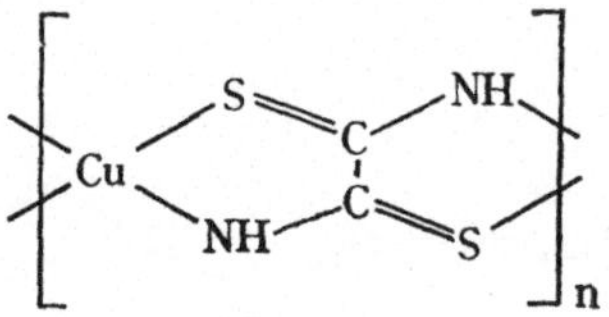

[Cu(S=C–NH)(NH–C=S)]$_n$

46

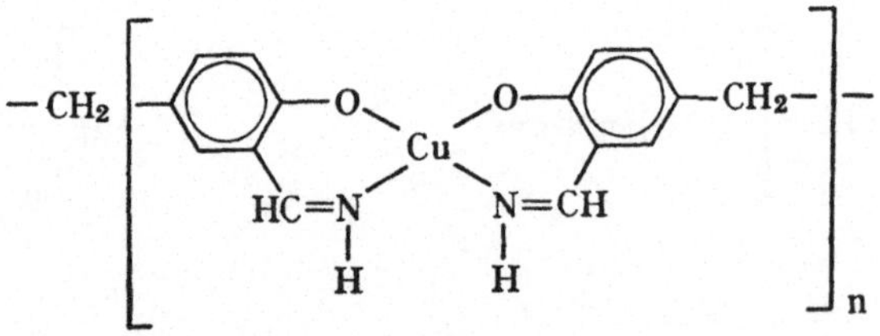

–CH_2 [O–Cu–O, HC=N–H, N=CH–H, –CH_2–]$_n$

47

[O–C$_6$H$_3$–CH_2–C$_6$H$_3$–O, O=CH, CH=O, Cu]$_n$

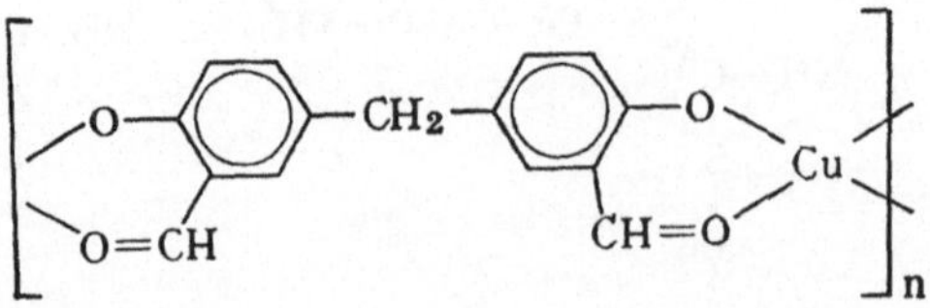

48

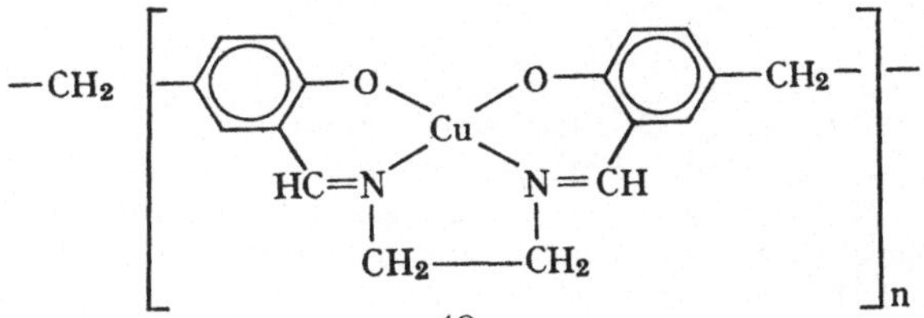

49

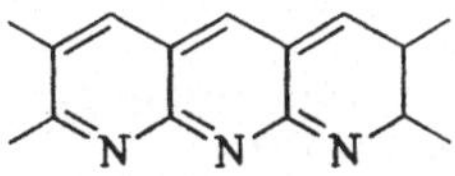

50–54

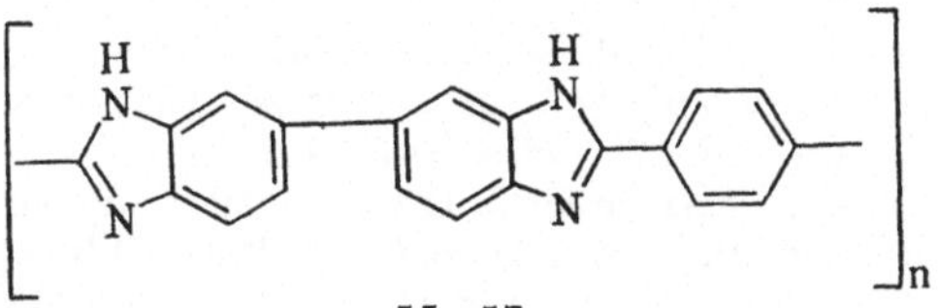

55–57

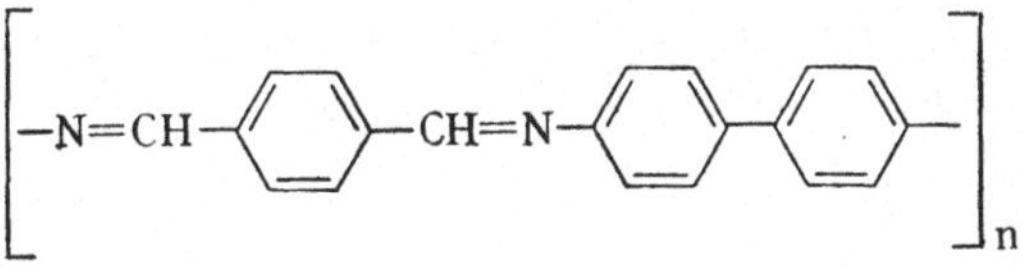

58

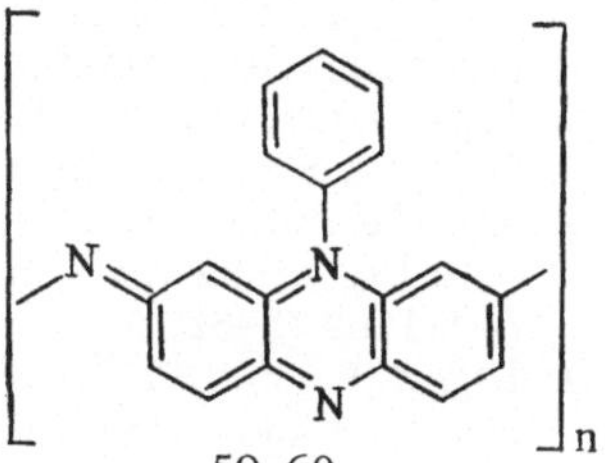

59, 60

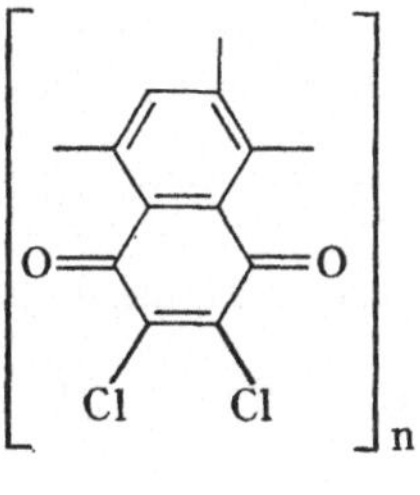

61–63

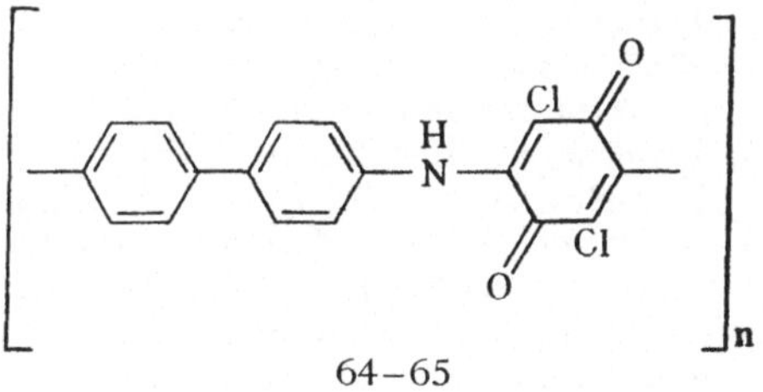

64–65

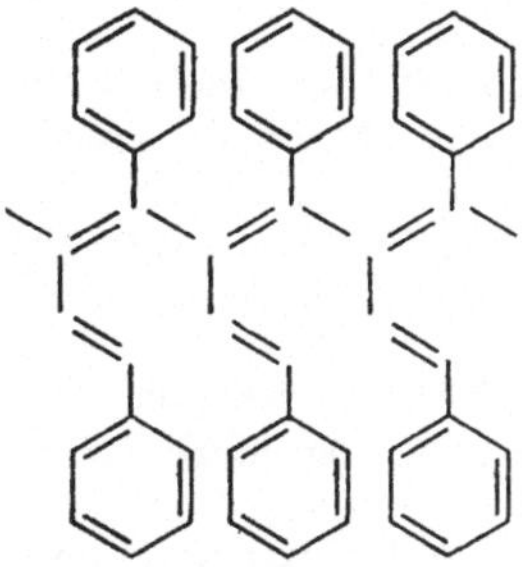

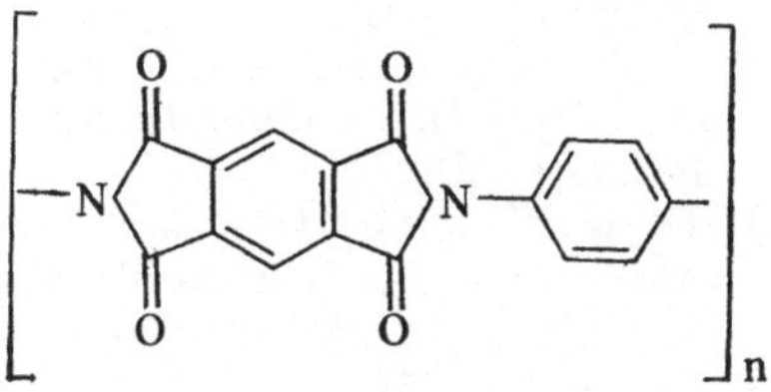

67

66

68, 69

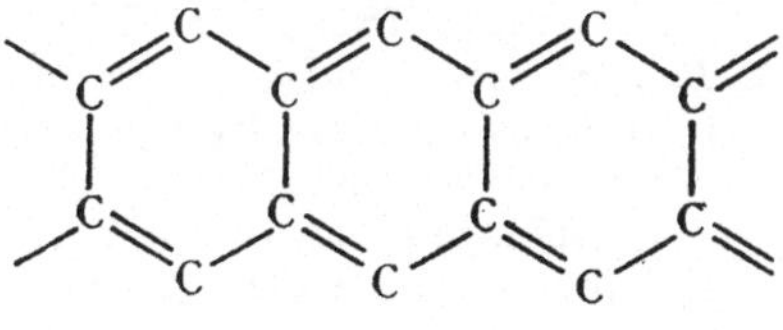

Literatur

1. *Acres, G. J. K.*, u. *D. D. Eley:* Aktivierung von H_2 durch Kupfer-Polyphthalocyanine. Trans. Faraday Soc. *60*, 1157 (1964).
2. *Augustin, M., J. Schneider* u. *W. Langenbeck:* Organische Katalysatoren LXII, Katalytische Wirkungen von o-Chinonen VII. J. prakt. Chem. (4) *13*, 245 (1961).
3. — u. *W. Langenbeck:* Über organische Katalysatoren LXVIII, Chelatkatalyse XIII. J. prakt. Chem. (4) *19*, 186 (1963).
4. *Balandin, A. A., E. J. Klabunowskij* u. *J. I. Petrov:* Konstitutionelle Beziehungen bei der stereospezifischen Katalyse. Doklady Akad. Nauk UdSSR *127*, 557–60 (1959).
5. —— Enzymwirkung und optisch aktive Katalysatoren vom Standpunkt der Multiplett-Theorie. J. Phis. Chim. (russ.) *33*, 2492 (1959).
6. *Bender, M. L.*, and *B. W. Turnquest:* The imidazole-catalysed hydrolysis of p-nitrophenyl acetate. J. Amer. chem. Soc. *79*, 1652 (1957).
7. *Berlin, A. A.* u. Mitarb.: Katalytische Eigenschaften einiger Polymerer. Izvest. Akad. Nauk SSSR Otdel Khim. Nauk *1959*, 1689.
8. *Biggs, J.*, and *P. Sykes:* 6-Methylthiamine chloride-hydrochloride. J. chem. Soc. [London] *1961*, 2595.
9. *Boreskov, G. K., N. P. Keier, L. F. Rubtsova* u. *E. G. Rukhadze:* Katalytische Eigenschaften von Chelatpolymeren. Doklady Akad. Nauk SSSR *144*, 1069 (1962).
10. *Biggs, J.*, and *P. Sykes:* Two isomeric homologs of thiamine. J. chem. Soc. [London] *1959*, 1849.
11. *Brecher, A. S.*, and *A. K. Balls:* Catalysis of nonchymotryptic hydrolysis of p-nitrophenyl acetate. J. biol. Chem. *227*, 845 (1957).
12. *Bruice, Th. C.*, and *F. H. Marquardt:* Hydroxyl group catalysis IV. Mechanism of intramolecular participation of the aliphatic hydroxyl group in amide hydrolysis.
13. *Breslow, R.:* Mechanism of thiamine action. Chem. and Ind. Brit. inds. Fair Rev. Apr. *1956*, R 28, C.A. *51*, 6802 (1957).
14. — The mechanism of thiamine action. II. Rapid deuterium exchange in thiazolium salts. J. Amer. chem. Soc. *79*, 1762 (1957).
15. — Mechanism of thiamine action. Participation of a thiazolium zwitterion. Chem. and Ind. [London] *1957*, 893.
16. — Mechanism of thiamine action. IV. Evidence from studies on model systems. J. Amer. chem. Soc. *80*, 3719 (1958).
17. — The mechanism of thiamine action: evidence from studies on model systems. CIBA Foundation Study Group Nr. 11, 65 (1961), C.A. *56*, 14622 (1962).
18. *Brode, E.*, u. *L. Jaenicke:* Modelluntersuchungen über die biologische Aktivierung von Ein-Kohlenstoff-Einheiten. II. Ein Modell der Serinhydroxymethylase-Reaktion.
19. *Brouwer, D. M., M. J. v. d. Vlugt*, and *E. Havinga:* Mechanism of the catalysis of hydrolytic processes by imidazole. Koninkl. Ned. Akad. Wetenschap., Proc., Ser. B, *60*, 275 (1957).
20. *Bruice, T. C.*, and *G. L. Schmir:* The catalysis of the hydrolysis of p-nitrophenyl acetate by imidazole and its derivatives. Arch. Biochem. Biophysics *63*, 484 (1956), C.A. *50*, 16313 (1956).
21. —— Imidazole catalysis. I. The catalysis of the hydrolysis of phenyl acetates by imidazole. J. Amer. chem. Soc. *79*, 1663 (1957).

22. —— Imidazole catalysis. II. The reaction of substituted imidazoles with phenyl acetates in aqueous solution. J. Amer. chem. Soc. *80*, 148 (1958).
23. — and *R. Lapinski:* Imidazole catalysis IV. The reaction of general bases with p-nitrophenyl acetate in aqueous solution. J. Amer. chem. Soc. *80*, 2265 (1958).
24. — and *J. M. Sturtevant:* An intramolecular model for an esteratic enzyme. Biochim. biophysica Acta *30*, 208 (1958).
25. —— Imidazole catalysis. V. Intramolecular participation of the imidazolyl group in the hydrolysis of some esters and the amide of γ-(4-imidazolyl)-butyric acid and 4-(2-acetoxy-ethyl)-imidazole. J. Amer. chem. Soc. *81*, 2860 (1959).
26. — Imidazole catalysis. VI. Intramolecular nucleophilic catalysis of the hydrolysis of an acyl thiol. The hydrolysis of n-propyl-γ-(4-imidazolyl)thiolbutyrate. J. Amer. chem. Soc. *81*, 5444 (1959). C.A. *54*, 9894 (1960).
27. — and *T. H. Fife:* A facile base-catalyzed ester hydrolysis involving alkyl-oxygen cleavage. The Mechanism of hydrolysis of esters of 4(5)-hydroxymethylimidazole. J. Amer. chem. Soc. *83*, 1124 (1961).
28. — and *J. J. Bruno:* Imidazole catalysis IX. The bell-shaped pH-dependence of the rate of imidazole catalysis of δ-Thiovalerolactone hydrolysis. J. Amer. chem. Soc. *84*, 2128 (1962).
29. — and *R. M. Fopping:* The imidazole-catalyzed (Nonmetal ion mediated) Transamination of phenylglycine by β-Pyridoxal. A reaction occurring at ambient temperatures by way of Michaelis-Menten-kinetics. J. Amer. chem. Soc. *84*, 2448 (1962).
30. — *T. H. Fife, J. J. Bruno,* and *P. Benkovic:* Hydroxyl group catalysis V. Imidazole catalysis X. General base catalysis of ester hydrolysis by imidazole and the influence of a neighbouring hydroxyl group. J. Amer. chem. Soc. *84*, 3012 (1962).
31. — and *R. M. Topping:* Catalytic reactions involving azomethines. I. The imidazole catalysis of the transamination of pyridoxal by α-aminophenylacetic acid. J. Amer. chem. Soc. *85*, 1480 (1963).
32. —— Catalytic reactions involving azomethines. II. The pH-dependence of the imidazole catalysis of the transamination of pyridoxal by α-aminophenylacetic acid. J. Amer. chem. Soc. *85*, 1488 (1963).
33. —— Catalytic reactions involving azomethines. III. The influence of the transamination of pyridoxal by α-aminoacetic acid. The transamination of the morpholine imine of pyridoxal. J. Amer. chem. Soc. *85*, 1493 (1963).
34. *Calvin, M.:* Energy reception and Transfer in photosynthesis. Free radicals in photosynthetic systems. Rev. Mod. Phys. *31*, 147, 157 (1959).
35. *Campbell, T. W.:* Carbodiimide. Angew. Chem. *74*, 127 (1962).
36. — and *J. I. Monagle:* Mono- and polycarbodiimides. J. Amer. chem. Soc. *84*, 1493 (1962).
37. *Cassebaum, H.*, u. *W. Langenbeck:* Organische Katalysatoren XLV. Katalytische Wirkungen von o-Chinonen V. Chem. Ber. *90*, 339 (1957).
38. — Darstellung einiger Dehydrasemodelle auf Chinon- und Isatin-Basis. Chem. Ber. *90*, 2876 (1957).
39. — Nachtrag zur Arbeit „Dehydrogenasemodelle auf Chinon- und Isatin-Basis“. Chem. Ber. *91*, 246 (1958).
40. — Beziehungen zwischen Redoxpotential und Dehydrasewirkung von Chinonen und Isatinen. Z. Elektrochem. *62*, 426 (1958).

41. — u. *H. Hofferek:* α-Aminosäure-Dehydrogenasewirkung und Autoxydation 4- und 5-substituierter β-Naphthochinone. Chem. Ber. *92,* 1643 (1959).
42. — u. *K. Liedel:* Beziehungen zwischen Konstitution und α-Aminosäure-Dehydrogenasewirkung von Isatinen. J. prakt. Chem. (4) *12,* 91 (1961).
43. *Christensen, H. N.:* Metal chelates of pyridoxylidene amino acids. J. Amer. chem. Soc. *79,* 4073 (1957).
44. — Dissociation of copper pyridoxylidenevaline. J. Amer. chem. Soc. *80,* 2305 (1958).
45. *Clasen, H.:* Polymerisation in einer Kanaleinschlußverbindung. Angew. Chem. *68,* 493 (1956).
46. Commission of Enzymes of the International Union of Biochemistry, Report of the, Pergamon Press 1961.
47. *Cramer, F.:* Über Einschlußverbindungen, V. Mitteil.: Basenkatalyse durch innermolekulare Hohlräume. Chem. Ber. *86,* 1576 (1953).
48. — u. *W. Krum:* Zur Konstitution des α-Pyridoins. Chem. Ber. *86,* 1586 (1953).
49. — and *W. Dietsche:* Asymmetric catalysis by inclusion compounds. Chem. and Ind. [London] *1958,* 892.
50. — Probleme der chemischen Polynucleotidsynthese. Angew. Chem. *73,* 49, 55 (1961).
51. — u. *W. Kampe:* Katalyse der Decarboxylierung durch Cyclodextrine. Eine Modellreaktion für die Wirkungsweise der Enzyme. Tetrahedron Letters *1962,* 353.
52. *Davis, L., F. Roddy,* and *D. E. Metzler:* Metal chelates of imines derived from pyridoxal and amino acids. J. Amer. chem. Soc. *83,* 127 (1961).
53. *Dokukina, E. S.* u. Mitarb.: Katalyse an organischen Halbleitern, erhalten durch thermische Bearbeitung von Polyacrylnitril. Doklady Akad. Nauk SSSR *137,* 893—5 (1961).
54. *Eley, D. D.,* and *H. Inokuchi:* Organic solids and heterogeneous catalysis. Electron transfer in α,α'-Diphenyl-β-picryl-hydrazyl. Ber. Bunsenges. physik. Chem. *63,* 29 (1959).
55. *Downes, J. E.,* and *P. Sykes:* Thiazolium salts as catalysts in the acyloin condensation. Chem. and Ind. *1957,* 1095.
56. *Faust, G.,* u. *M. Klepel:* Darstellung von Peptiden mit endständigen funktionellen Gruppen und Bestimmung der Katalaseaktivität von Peptid-Metallchelaten. J. prakt. Chem. (4) *11,* 133 (1960).
57. *Fittkau, S.:* Über die Darstellung kristallisierter Oxyhämoglobine und deren peroxydatische Aktivität. Wiss. Z. Univ. Halle, Math.-Nat. *3,* 839 (1954).
58. *Franz, R.-D.:* Peroxydasewirkung von Oxyhämoglobinen einiger Vögel. Wiss. Z. Univ. Halle, Math.-Nat. *6,* 823 (1957).
59. *Franzen, V.:* Basische Thiole als Katalysatoren der intramolekularen Cannizzaro-Reaktion. Chem. Ber. *88,* 1361 (1955).
60. — Wirkungsmechanismus der Glyoxalase I. Chem. Ber. *89,* 1020 (1956).
61. — Basische Thiole, eine neue Gruppe von Fermentmodellen. Angew. Chem. *68,* 381 (1956).
62. — Beziehungen zwischen Konstitution und katalytischer Aktivität von Thiolaminen bei der Katalyse der intramolekularen Cannizzaro-Reaktion. Chem. Ber. *90,* 623 (1957).
63. — Asymmetrische Katalyse der intramolekularen Cannizzaro-Reaktion. Chem. Ber. *90,* 2036 (1957).

64. — Bifunktionelle Katalyse der Esterhydrolyse. Angew. Chem. *72*, 139 (1960).
65. *Fuller, E. J.:* Catalysis by pyrocatechol monoanion. J. Amer. chem. Soc. *85*, 1777 (1963).
66. *Gallard, J.*, *v. P. Traynard:* Katalyse durch das pyrolysierte Polyacrylnitril. C. R. hebd.: Séances Acad. Sci: Cr. Paris, *254*, 3529—31 (1962).
67. — *T. Laederich, R. Salle* u. *Ph. Traynard:* Polymere mit konjugierter Struktur. Katalyse durch die konjugierten Polymere. Bull. Soc. chim. France *1963*, 2204.
68. — *M. Nechtschein, M. Soutif* u. *Ph. Traynard:* Polymere mit konjugierter Struktur — Wechselbeziehungen zwischen katalytischen Eigenschaften und paramagnetischen Zentren bei den konjugierten Polymeren. Bull. Soc. chim. France *1963*, 2209.
69. — *T. Laederich, M. Nechtschein, A. Pecher, R. Salle,* and *Ph. Traynard:* Heterogeneous catalysis on organic conjugated polymers. ESR and structural factor. Preprint III. Int. Congress of Catalysis, Amsterdam 1964.
70. *Giovannini, E.* et *P. Portmann:* La réactivité du groupement carbonyle et l'activité déhydrogénasique des composés de la série de l'isatine. Helv. chim. Acta *31*, 1361 (1948).
71. — — *A. Jöhl, K. Schnyder, B. Knecht* et *H. P. Zen-Ruffinen:* La réactivité du groupement carbonyle et l'activité déshydrogenasique des composés de la série de l'isatine. II. (Note préluminaire). Helv. chim. Acta *40*, 249 (1957).
72. *Green, J. H., B. J. Ralph,* and *P. J. Schofield:* Nonenzymatic hydroxylation of aromatic compounds. Nature [London] *198*, 754 (1963).
73. *Grinstead, R. R.:* Oxidation of salicylate by the model peroxidase catalyst iron-ethylenediaminetetraacetatoiron(III)acid. J. Amer. chem. Soc. *82*, 3472 (1960).
74. *Hanke, W.:* Über den Ameisensäuredampfzerfall an Phthalocyaninen. Naturwiss. *52*, 475 (1965).
75. — Katalyse an Metallphthalocyaninen. Z. anorg. allg. Chem., im Druck.
76. *Heuchel, D.:* Über die Isatin-4-sulfosäure und ihre Verhalten als Dehydrogenator. Dissertation Halle/Saale 1965.
77. *Hock, H.*, u. *H. Kropf:* Autoxydation von Kohlenwasserstoffen XXVIII. Autoxydation von Cumol in Gegenwart von Kupferphthalocyanin und Alkali. J. prakt. Chem. *13*, 285 (1961).
78. *Holzer, H.:* Wirkungsmechanismus von Thiaminpyrophosphat. Angew. Chem. *73*, 721 (1961).
79. *Ikawa, M.*, and *E. E. Snell:* Benzene analogs of pyridoxal. The reactions of 4-nitro-salicylaldehyd with amino acids. J. Amer. chem. Soc. *76*, 553 (1954).
80. — — Oxydative deamination of amino acids by pyridoxal and metal salts. J. Amer. chem. Soc. *76*, 4900 (1954).
81. *Inoue, H., S. Hayashi,* and *E. Imoto:* Catalysis by organic Semi-conductors. The Photooxydation of Isopropyl-Alcohol in the Liquid Phase. Bull. chem. Soc. Japan *37* (3) 326—31 (1964).
82. *Ingraham, L. L.*, and *F. H. Westheimer:* The thiamine-pyruvate reaction. Chem. and Ind. *1956*, 846.
83. *Jaenicke, L.*, u. *E. Brode:* Modelluntersuchungen über die biologische Aktivierung von Ein-Kohlenstoff-Einheiten. I. N,N'-Diaryläthylendiamine als Modelle von Tetrahydrofolsäure in nichtenzymatischen Reaktionen. Liebigs Ann. Chem. *624*, 120 (1959).

84. *Jarnagin, R. C.*, and *J. H. Wang:* Investigation of the catalytic mechanism of catalase and other ferric compoundsw ith doubly oxygen-18-labeled hydrogen peroxide. J. Amer. chem. Soc. *80*, 786 (1958).
85. — — The catalytic decomposition of hydrogen peroxide by triäthylentetramineiron(III) complex and related substances. J. Amer. chem. Soc. *80*, 6477 (1958).
86. *Kaufhold, J.*, u. *K. Hauffe:* Über das Leitfähigkeitsverhalten versch. Pc im Vakuum und unter dem Einfluß von Gasen. Ber. Bunsenges. physik. chem. *69*, 168 (1965).
87. *Keier, N. P.* u. Mitarb.: I. Katalytische Aktivität organischer Halbleiter. Chelat-Polymere. Kinetika i Katalis *2*, 509—18 (1961).
88. — — Gesetzmäßigkeiten der Katalyse an Chelatpolymeren verschiedener chem. Zusammensetzung und Struktur. Kinetika i Katalis *3*, 680 (1962).
89. — u. *J. V. Astafjew:* II. Katalytische Aktivität eines Polymeren, das durch Dehydrochlorierung von Polyvinylidenchlorid erhalten wurde. Kinetika i Katalis *3*, 364—5 (1962).
90. — u. Mitarb.: IV. Katalytische Aktivität organischer Polymere. Katalytische Aktivität von Chelatpolymeren bei der H_2O_2-Zersetzung. Kinetika i Katalis *3*, 691 (1962).
91. — Regularities of Catalyses on chelate polymers. Preprint III. Int. Congress of Catalysis, Amsterdam 1964.
92. — u. Mitarb.: Der Mechanismus der Katalyse bei Chelatpolymeren bei der Zersetzung von Wasserstoffperoxid und der Oxydation von Isopropylbenzol. Alma Ata Konf. 1962, 342—6 (1963). C. A. 60. 11412 (1964).
93 *Koltun, W. L., R. E. Clark, R. N. Dexter*, and *F. R. N. Gurd:* Coordination complexes and catalytic properties of proteins and related substances. I. Effect of cupric and zinc ions on the hydrolysis of p-nitrophenyl acetate by imidazole J. Amer. chem. Soc. *80*, 4188 (1958).
94. — — — *P. G. Katroyannis*, and *F. R. N. Gurd:* Coordination complexes and catalytic properties of proteins and related substances (II), the reactivity of carbobenzoxy-L-prolyl-L-histidylglycinamide. J. Amer. chem. Soc. *81*, 295 (1959).
95. *Korpusowa, R. D.*, u. *L. A. Nikolajew:* Oxydation von Polyphenolen mit Kupfer-Äthanolamin-Komplexen. Catalytic action of complex copper compounds on the oxidation reaction of polyphenols. Zhur. Fiz. Khim. *30*, 2831 (1956), C.A. *1958*, 2794.
96. — — Katalytische Eigenschaften einiger Kupferkomplexe und ihrer Aggregate (russ.). C.A. *52*, 17925 (1958).
97. — — Die katalytische Aktivität der Modell-polyphenolase (russ.). Kinetika i Katalis *1*, 244 (1960), C.A. *57*, 13206 (1963).
98. *Krause, H.-W.:* Über organische Katalysatoren LVI, Apofermentmodelle II. Nichtenzymatische oxydative Desaminierung des Alanins bei Gegenwart von Pyridoxal, Kupferionen und Imidazolen. Chem. Ber. *92*, 1914 (1959).
99. — Über organische Katalysatoren LXV. Chelatkatalyse XII. Chem. Ber. *95*, 777 (1962).
100. — Über organische Katalysatoren LXIX. Chelatkatalyse XIV. J. prakt. Chem. (4) *22*, 241 (1963).
101. — u. *H. Mennenga:* Über organische Katalysatoren LXXVIII. Chelatkatalyse XIX. J. prakt. Chem. im Druck.
102. *Kropf, H.:* Katalyse durch Phthalocyanine I. Kinetik und Mechanismus der Autoxydation von Cumol in Gegenwart von Phthalocyaninen. Liebigs Ann. Chem. *637*, 73 (1960).

103. — Katalyse durch Phthalocyanine, II. Katalyse der Autoxydation von Benzolkohlenwasserstoffen durch Kupfer-phthalocyanin. Liebigs Ann. Chem. *637*, 93 (1960).
104. — Katalyse durch Phthalocyanine, III. Zersetzung von Cumylhydroperoxyd in Gegenwart der Phthalocyanine von Kobalt und Kupfer. Liebigs Ann. Chem. *637*, 111 (1960).
105. — Katalyse durch Phthalocyanine. IV. Über die Selbsthemmung der Autoxydation von Cumol in Gegenwart von Nickel-phthalocyanin. Erdöl und Kohle *15*, 78 (1962).
106. — Katalyse durch Phthalocyanine. V. Autoxydation von Cumol in Gegenwart von Phthalocyanin-vanadium. Tetrahedron Letters *1962*, 577.
107. *Kudryavtsew, A. S., J. A. Savich, N. Kundo* u. *L. A. Nikolajew:* Katalytische Eigenschaften von Metallkomplexen mit Schiffschen Basen (russ.). Zhur. Fiz. Khim. *36*, 1382 (1962).
108. — — u. *L. A. Nikolajew:* Katalytische Aktivität von Komplexverbindungen mit Schiffschen Basen (russ.). Zhur. Fiz. Khim. *36*, 1832 (1962).
109. *Langenbeck, W.:* Die organischen Katalysatoren und ihre Beziehungen zu den Fermenten, 2. Auflage. Springer-Verlag, Berlin-Göttingen-Heidelberg 1949.
110. — Über den Chemismus der organischen Katalysen. Z. Elektrochem. *54*, 393 (1950).
111. — u. *S. Fittkau:* Organische Katalysatoren XXXIII. Mitteil. Peroxydasewirkung verschiedener Oxyhämoglobine. Chem. Ber. *87*, 501 (1954).
112. — — Über die katalytischen Wirkungen verschiedener Blutfarbstoffe. Leopoldina (3) *1*, 62 (1955).
113. — *K. Rühlmann, H. H. Reif*, u. *F. Stolze:* Über organische Katalysatoren XXXVII. Künstliche Dehydrasen VII. J. prakt. Chem. (4) *4*, 136 (1956).
114. — *Krüger, K. H., K. Schwarzer*, u. *J. Welker:* Über organische Katalysatoren XXXIX, Über die Formaldehyd-Kondensation VI. J. prakt. Chem. (4) *3*, 196 (1956).
115. — u. *K. Oehler:* Über organische Katalysatoren XLII. Chelatkatalysen III. Chem. Ber. *89*, 2455 (1956).
116. — u. *F. Kasper:* Über organische Katalysatoren XLIII. Chelatkatalysen IV. Chem. Ber. *89*, 2460 (1956).
117. — Über organische Katalysatoren XLVI. Chelatkatalysen V. Über katalytische Wirkungen von Oxyhämoglobinen einiger Säugetiere und Vögel und über Chelatkatalysen. Sitzungsber. Dtsch. Akad. Wiss. Klasse für Chemie, Geologie und Biologie 1957, Nr. 3.
118. — u. *R. Mahrwald:* Über organische Katalysatoren XLVII. Hydrolyse des p-Nitrophenylacetats. Chem. Ber. *90*, 2423 (1957).
119. — *H. Mix* u. *W. Tittelbach-Helmrich:* Über organische Katalysatoren XLVIII. Chelatkatalysen VI. Chem. Ber. *90*, 2699 (1957).
120. — Über organische Katalysatoren L. Entwicklungslinien der organischen Katalysatoren. Tetrahedron *3*, 185 (1958)
121. — u. *R. Koch:* Über organische Katalysatoren LII. Einschlußkatalysen mit Amylose und mit Gallensäuren. Z. physiol. Chem. *311*, 6 (1958).
122. — u. *H. Tkocz:* Über organische Katalysatoren LV. Apofermentmodelle I. Chem. Ber. *92*, 1112 (1959).

123. — *G. Reinisch* u. *Klaus Schönzart:* Über organische Katalysatoren LVIII. Chelatkatalysen VIII. Katalase- und Peroxydasewirkung einiger Chelate mit Liganden der Pyridin- und Imidazolreihe. Chem. Ber. *92,* 2040 (1959).
124. — Neuere Ergebnisse mit organischen Katalysatoren. Mitteilungsblatt der Chem. Ges. in der DDR, Sonderheft 1959.
125. — Elektronentheorie der Aktivierung organischer Katalysatoren. Monatsber. Dtsch. Akad. Wiss. *2,* 357 (1960).
126. — Organitscheskije katalisatory i ich otnoschenije k fermentam (russ.). Moskau 1961.
127. — *M. Augustin* u. *F. H. Richter:* Über organische Katalysatoren LX. Chelatkatalysen X. Chem. Ber. *94,* 831 (1961).
128. — u. *G. Seltmann:* Organisch-katalytische Oxydation des Äthylakohols zu Acetaldehyd. Monatsber. Dtsch. Akad. Wiss. *3,* 379 (1961).
129. — Elektronentheorie der Aktivierung organischer Katalysatoren, 2. Teil. Monatsber. Dtsch. Akad. Wiss. *4,* 416 (1962).
130. — Zur Nomenklatur der organischen Katalysatoren. Monatsber. Dtsch. Akad. Wiss. *5,* 32 (1963).
131. — u. *H.-J. Kreuzfeld:* Über organische Katalysatoren LXXII. Katalytische Wirkungen von o-Chinonen VIII. Liebigs Ann. Chem. *679,* 95 (1964).
132. — *M. Augustin, D. Thrumann* u. *D. Eschrisch:* Organische Katalysatoren LXXIII. Chelatkatalysen XVI. J. prakt. Chem. (4) *27,* 64 (1965).
133. — *G. Seltmann* u. *G. Honigmann:* Über organische Katalysatoren LXVII. Bimolekulare organische Mischkatalysatoren IV. Liebigs Ann. Chem., *689,* 74—77 (1965).
134. — *U. Kaufmann* u. *A. Schellenberger:* Katalytische Eigenschaften einiger N-alkylierter Thioharnstoffderivate bei der Isomerisierung der Maleinsäure. Liebigs Ann. Chem., *690,* 42—49 (1965).
135. *Losse, G., A. Barth* u. *W. Langenbeck:* Über organische Katalysatoren LXIII. Die katalytische Oxydation des 3,4-Dihydroxy-phenylalanins durch Kupfer- und Eisenchelate. Chem. Ber. *94,* 2271 (1961).
136. — — — Über organische Katalysatoren LXVI. Die katalytische Oxydation von Dihydroxy-phenylaminosäuren und ihrer Derivate durch Kupfer- und Eisen(III)-Chelate. Chem. Ber. *95,* 918 (1962).
137. — — — Über die katalytische Oxydation von 3,4-Dihydroxy-phenylalanin und seiner Analogen durch Cu- und Fe-Chelate. Acta biol. et. med. germ. Supplementband II (1962).
138. — u. *G. Müller:* Über organische Katalysatoren LXVII. Die katalatische Aktivierung des Hämins durch Histidinderivate und Histidinpeptide. Z. physiol. Chem. *327,* 205 (1962).
139. *Longenecker, J. B.,* and *E. E. Snell:* Pyridoxal and metal-ion catalysis of α,β-elimination reactions of serine-3-phosphate and related compounds. J. biol. Chemistry *225,* 409 (1957).
140. — — Mechanism and optical specifity of transamination reactions. Proc. Natl. Acad. Sci. U.S. *42,* 221 (1956); C. A. *51,* 3682 (1957).
141. — — The comparative activities of metal ions in promoting pyridoxal-catalysed reactions of amino acids. J. Amer. chem. Soc. *79,* 142 (1957).
142. — *M. Ikawa,* and *E. E. Snell:* Cleavage of α-methylserine and α-methylol-serine by pyridoxal and metal ions. J. biol. Chemistry *226,* 663 (1957).

143. *Lukowczyk, B.:* Über organische Katalysatoren LVII. Katalytische Wirkungen von o-Chinonen VI. J. prakt. Chem. (4) *8*, 372 (1959).
144. — u. *W. Junghans:* Katalytische Wirkungen von Acenaphthenchinonen und des Fluoranthenchinons. J. prakt. Chem. (4) *24*, 148 (1964).
145. *Matsuo, Y.:* Pyridoxal catalysis of nonenzymatic transamination in ethanol solution. J. Amer. chem. Soc. *79*, 2016 (1957).
146. — Formation of Schiff bases of pyridoxal phosphate. Reaction with metal ions. J. Amer. chem. Soc. *79*, 2011 (1957).
147. — Pyridoxal catalysis of nonenzymatic transamination in ethanol solution. J. Amer. chem. Soc. *79*, 2016 (1957).
148. *Matwejew, K. J., W. Langenbeck, A. M. Ossipow, H.-J. Kreuzfeld* u. *H.-W. Krause:* Über organische Katalysatoren LXXVI. Katalytische Wirkungen von o-Chinonen IX. Kinetika i Katalis (russ.) *6*, 651 (1965).
149. *Mazur, R. H.:* Acceleration of p-Nitrophenyl ester peptide synthesis by Imidazole. J. org. Chemistry *28*, 2498 (1963).
150. *Metzler, D. E., J. B. Longenecker,* and *E. E. Snell:* The reversible catalytical cleavage of hydroxyamino acids by pyridoxal and metal salts. J. Amer. chem. Soc. *76*, 639 (1954).
151. — *J. Olivard,* and *E. E. Snell:* Transamination of pyridoxamine and amino acids with glyoxylic acid. J. Amer. chem. Soc. *76*, 644 (1954).
152. — *M. Ikawa,* and *E. E. Snell:* A general mechanism for vitamin B_6-catalyzed reactions. J. Amer. chem. Soc. *76*, 648 (1954).
153. *Mix, H.,* u. *W. Langenbeck:* Neuere Entwicklung der organischen Katalysatoren. Ergebnisse der Enzymforschung *13*, 207 (1954).
154. — Über organische Katalysatoren XXXV. Künstliche Dehydrasen VI. Künstliche Carboxylasen VII. Liebigs Ann. Chem. *592*, 146 (1955).
155. — *W. Tittelbach-Helmrich* u. *W. Langenbeck:* Über organische Katalysatoren XXXVI. Chelatkatalysen I. Chem. Ber. *89*, 69 (1956).
156. — Über organische Katalysatoren XXXVIII. Chelatkatalysen II. Naturwiss. *43*, 469 (1956).
157. — u. *H.-W. Krause:* Über organische Katalysatoren XL. Künstliche Dehydrasen VIII. Chem. Ber. *89*, 2630 (1956).
158. — *H.-W. Krause* u. *J. Reihsig:* Über organische Katalysatoren LI. Künstliche Dehydrasen IX. J. prakt. Chem. (4) *6*, 174 (1958).
159. — *F.-W. Wilcke* u. *W. Langenbeck:* Über organische Katalysatoren LIII. Chelatkatalysen VII. Chem. Ber. *91*, 2066 (1958).
160. *Mizuhara, S., R. Tamura,* and *H. Arata:* Thiamine action (II). Proc. Japan. Acad. *27*, 302 (1951); C.A. *46*, 7105 (1952).
161. — Mechanism of the action of thiamine. J. Japan. Biochem. Soc. *22*, 102 (1950); C.A. *45*, 1179 (1951).
162. *Nakamura, Y., T. Samejima, K. Kurihara, M. Tohjo,* and *K. Shibata:* Peroxidase activity of hemoproteins. II. Metmyoglobin and cytochrome c. J. Biochem. [Tokyo] *48*, 862 (1960); C.A. *55*, 11481 (1961).
163. *Nesmejanow, A. N.* u. Mitarb.: Katalytische Eigenschaften von Polymeren, hergestellt auf der Basis von Methyl-β-Chlorvinyl-keton. Doklady Akad. Nauk SSSR *135*, 609—12 (1960).
164. *Nikolajew, L. A.:* Aktivierung der katalytischen Wirkung von Indigocarmin bei der Oxydation von Schwefelwasserstoff. Zhur. Fiz. Khim. *31*, 923 (1957); C.A. *52*, 5105 (1958).
165. — Der Charakter der Katalasewirkung in der homogenen Katalyse (russ.). Zhur. Fiz. Khim. *32*, 1131 (1958); C.A. *52*, 19413 (1958).
166. — Komplexverbindungen und Fermentmodelle. Sowjetwissenschaft, Naturwiss. Beitr. *1958*, 334.

167. — Strukturprobleme in der homogenen Katalyse. C.A. *59*, 1127 (1963).
168. — Le mechanisme catalytique des catalysateurs complexes. Actes cong. intern. catalyse, 2e, Paris 1960, 1, 351 (1961); C.A. *55*, 23609 (1961).
169. *Nicolau, Cl. S., H. G. Thom*, and *E. Politschka:* ESR-studies of some supported hydrogenation-dehydrogenation catalysts. Trans. Faraday Soc. *55*, 1430 (1959).
170. —— Untersuchungen über die ESR und den elektrischen Widerstand von Pt—C-Katalysatoren. Z. anorg. allg. Chem. *303*, 133 (1960).
171. —— ESR- of metal-oxide catalysts. Actes de 2e Congrés de Catalyse, Paris *1960*.
172. *Ose, S.*, and *Y. Yoshimura:* Asymmetric syntheses by optically active aminothiol compounds. Yakugaku Zasshi *77*, 730 (1957).
173. —— Asymmetric syntheses by optically active aminothiol compounds. III. Yakugaku Zasshi *78*, 687 (1958); C.A. *52*, 18289 (1958).
174. *Overberger, C. G.*, and *N. Vorchheimer:* Imidazole-containing Polymers. Synthesis and Polymerization of the monomer 4(5)-Vinylimidazole. J. Amer. chem. Soc. *85*, 951 (1963).
175. — *T. St. Pierre, N. Vorchheimer*, and *S. Taroslavsky:* The esterolytic catalysis of poly-(4(5)-vinylimidazol) and poly-(5(6)-vinylbenzimidazol). J. Amer. chem. Soc. *85*, 3513 (1963).
176. *Pracejus, H.:* Über organische Katalysatoren XLI. Katalytische Wirkungen von o-Chinonen IV. Liebigs Ann. Chem. *601*, 61 (1957).
177. — Optische Aktivierung von N-Phthalyl-α-Aminosäure-Derivaten durch tert. Basen-Katalyse. Liebigs Ann. Chem. *622*, 10 (1959).
178. — Organische Katalysatoren LXI. Asymmetrische Synthesen mit Ketenen I. Alkaloid-katalysierte asymmetrische Synthesen von α-Phenylpropionsäureestern. Liebigs Ann. Chem. *634*, 9 (1960).
179. — u. *H. Mätje:* Organische Katalysatoren. LXXI. Asymmetrische Synthesen mit Ketenen IV. Zusammenhang zwischen dem räumlichen Bau einiger alkaloidartiger Katalysatoren und ihren stereospezifischen Wirkungen bei asymmetrischen Estersynthesen. J. prakt. Chem. (4) *24*, 195 (1964).
180. *Pandis, U. K.*, and *T. C. Bruice:* Imidazole catalysis. VII. Dependence of imidazole catalysis of ester hydrolysis on the nature of the acyl group. J. Amer. chem. Soc. *82*, 3386 (1960).
181. *Paquot, C.*, and *C. Galletaud:* The use of Phthalocyanines as autoxidation catalysts of methyl oleate. Olii minerali, Grassi Saponi Calori Vernici *34*, 330 (1957).
182. *Pedersen, C. J.:* Reversible Oxidation of Pc. J. org. Chemistry *22*, 127 (1957).
183. *Reihsig, J.*, u. *H.-W. Krause:* Über organische Katalysatoren LXXIV. Chelatkatalyse XVII. J. prakt. Chem. (4), im Druck.
184. *Rienäcker, G.*, u. *N. Hansen:* Über den Mechanismus des Ameisensäuredampfzerfalls am Nickel. Z. anorg. allg. Chem. *285*, 283 (1956).
185. *Roginskij, S. S.* und Mitarb.: Katalytische Aktivität von Polyphtalocyaninen des Kupfers hinsichtlich der H_2O_2-Zersetzung. Kinetika i Katalis *4*, 431 (1963).
186. — und Mitarb.: Katalytische Eigenschaften organischer Polymerer mit einem System konjugierter Bindungen. Doklady Akad. Nauk SSSR *148*, 118 (1963).
187. *Rosswurm, H.*, u. *A. Doiwa:* Ameisensäuredampfzerfall an einigen Phthalocyaninen. Naturwiss. *52*, 159 (1965).

188. *Rozengart, V. J.:* Ein neues Modell der Esterase-Katalyse (russ.). Dokl. Akad. Nauk SSSR *133,* 1223 (1960); C.A. *55,* 3679 (1961).
189. — and *L. V. Shepshelevich:* Mechanism of catechol action as an esterase model. Biokhimiya *27,* 689 (1962); C.A. *57* 15501 (1962).
190. *Sacher, E.,* and *K. J. Laidler:* Kinetics of the catalyzed hydrolysis of p-nitrophenyl-acetate. Can. J. Chem. *42* (11) 2404—9 (1964).
191. *Sadler, P. W., H. Mix,* and *H.-W. Krause:* Infrared spectra and dehydrogenase activity of isatin derivatives. J. chem. Soc. [London] *1959,* 667.
192. *Salle, R., J. Gallard* u. *Ph. Traynard:* Katalyse durch organische Halbleiter. C. R. hebd. Séauces Acad. Sci Cr. Paris, *256,* 2588 (1963).
193. *Schellenberger, A., W. Rödel* u. *H. Rödel:* Untersuchungen zur Funktion der Aminogruppe in der Cocarboxylase, II. Darstellung und cocarboxylatische Wirkung von Desamino-thiamin und seinen Phosphorsäureestern. Z. physiol. Chem. *339,* 122 (1964).
194. *Schmir, G. L.,* and *T. C. Bruice:* Imidazole catalysis. III. The solvolysis of 4-(2-acetoxyphenyl)-imidazole. J. Amer. chem. Soc. *80,* 1173 (1958).
195. *Schneider, F.:* Relation between structure, pK value and catalytic properties of imidazole derivatives and histidyl peptides. Z. physiol. Chem. *334,* 26 (1963).
196. — Reaktivität cyclischer Dipeptide des Histidins in Beziehung zur Fermentkatalyse. Z. physiol. Chem. *338,* 131 (1964).
197. *Schonbaum, G. R.,* and *M. L. Bender:* The hydrolysis of p-nitrophenyl acetate by o-mercaptobenzoic acid. J. Amer. chem. Soc. *82,* 1900 (1960).
198. *Schütze, W.,* u. *H. Schubert:* Über organische Katalysatoren (LIX). Katalatische und peroxidatische Wirksamkeit des Hämins bei Gegenwart von Diimidazolen. J. prakt. Chem. (4) *8,* 306 (1959).
199. *Selke, R.,* u. *H.-W. Krause:* Organische Katalysatoren LXX. Chelatkatalyse XV. Wirkung von Kobalt-5-sulfo-salicylaldehyd-äthylendiimin auf die Ascorbinsäureoxydation und die nichtenzymatische Hydroxylierung. J. prakt. Chem. (4) *22,* 319 (1963).
200. —— Organische Katalysatoren LXXV. Chelatkatalyse XVIII. Über die Reaktionsaktivierung der durch Kobalt-N,N'-bis-(5-sulfo-salicyliden)-äthylendiamin katalysierten Ascorbinsäureoxydation. Z. physiol. Chem. *340,* 181 (1965).
201. *Toptschiew, A. V.* und Mitarb.: Über die Möglichkeit der Darstellung von Polyacrylnitrilverbindungen mit Halbleitereigenschaften. Doklady Akad. Nauk SSSR *128,* 312 (1959).
202. *Traynard, Ph.:* Katalyse an organischen Halbleitern. Angew. Chem. *77,* 177 (1965).
203. *Turkewitch, J., J. Mackey,* and *W. H. Thomas:* Some electron and proton resonance studies in heterogeneous catalysis. Actes du 2e Congrés de Catalyse, Paris 1960.
204. *Ukai, T., R. Tanaka,* and *T. Dokawa:* A new catalyst for acyloin condensation I. J. pharm. Soc. Japan *63,* 296 (1943); C.A. *45,* 5148 (1951).
205. *Uri, N.:* Metal-ion catalysis and polarity of environment in the aerobic oxidation of unsaturated fatty acids. Nature [London] *177,* 1177 (1956).
206. *Wang, J. H.:* A synthetic compound with catalase-like activity. J. Amer. chem. Soc. *77,* 822 (1955).
207. — Detailed mechanism of a new type of catalase-like action. J. Amer. chem. Soc. *77,* 4715 (1955).

208. — Enzyme models. Symposium Mol. Biol. Univ. Chicago *1959*, 137; C.A. *53*, 18997 (1959).
209. *Westheimer, F. H.:* Enzyme models: The Enzymes (Boyer-Lardy-Myrbäck). 2. Aufl. Academic Press, New York 1959, S. 259.
210. — and *M. L. Bender:* Imidazole catalysis of the hydrolysis of δ-thiovalerolactone. J. Amer. chem. Soc. *84*, 4908 (1962).
211. *Wieland, Th., G. Pfleiderer* u. *J. Franz:* Eine neue Bildungsweise des Alanins. Angew. Chem. *66*, 297 (1954).
212. — *J. Franz* u. *G. Pfleiderer:* Über die Bildung von Aminosäuren aus α-Ketoaldehyden. Chem. Ber. *88*, 641 (1955).
213. — u. *F. Jaenicke:* Der Mechanismus der oxydo-reduktiven Aminierung von α-Ketoaldehyden. Chem. Ber. *88*, 1967 (1955).
214. — u. *K. Vogeler:* Peptidsynthese aus den Estern unter Imidazol-Katalyse. Über Peptidsynthesen. XXVI. Angew. Chem. *74*, 904 (1962).
215. — *H. Determann* u. *W. Kahle:* Wirkung des Imidazols bei Peptidsynthesen mit den Thiophenyl-Verbindungen. Über Peptidsynthesen XXVII. Angew. Chem. *75*, 209 (1963).
216. *Yount, R. G.:* Mechanism of thiamine action (Dissertation). C.A. *53*, 10349 (1959).
217. *Yatco-Manzo, E., F. Roddy, R. G. Yount,* and *D. E. Metzler:* Catalytic decarboxylation of pyruvate by thiamine. J. biol. Chemistry *234*, 733 (1959).
218. *Yount, R. G.,* and *D. E. Metzler:* Decarboxylation of pyruvate by thiamine analogs. J. biol. Chemistry *234*, 738 (1959).

Chemical-Abstracts-Zitate von vorstehend nicht zitierten Arbeiten

48 (1954): 754, 7080, 1126, 1449.
49 (1955): 7672, 10027, 10402, 11048, 12550, 15413, 16193, 16197, 16211.
50 (1956): 272, 3398, 4102, 4269, 4807, 6349, 6523, 7171, 9841, 10835, 12134, 13133, 16817, 16929, 17524.
51 (1957): 2730, 2731, 3506, 4280, 4464, 5530, 6883, 10379, 10685, 11334, 11430, 12043, 12171, 14852, 15234, 15469, 16489, 17368, 17800.
52 (1958): 1332, 2964, 3890, 4500, 4715, 5294, 7376, 9357, 10907, 11153, 11538, 11770, 12020, 12646, 14539, 14729, 15612, 17343, 17348, 18314, 20298.
53 (1959): 324, 462, 834, 1327, 1429, 2531, 3186, 3331, 5149, 6158, 13231, 13859, 16263, 17077, 18117, 20152, 21099, 21612, 21959, 22113.
54 (1960): 1996, 2911, 3384, 3565, 5149, 5458, 9889, 10024, 12041, 13186, 13781, 15492, 16494, 17478, 19793, 22394, 22737, 24352.
55 (1961): 3557, 3689, 8352, 9361, 10528, 11484, 11487, 11514, 12499, 13015, 15559, 15626, 16625, 17711, 17718, 18573, 19776, 20044, 20906, 21190, 21946, 22148, 23334, 26066.
56 (1962): 1725, 2689, 5429, 6084, 6341, 7206, 9088, 10955, 12088, 12348, 14102, 14967
57 (1962): 103, 705, 1240, 1713, 2038, 2566, 2892, 7077, 8170, 8423, 10560, 10764, 11976, 14942, 15088, 15223, 15236, 15481
58 (1963): 957, 1326, 3306, 4397, 8192, 8870, 8873, 12384, 12393, 13740.
59 (1963): 726, 2615, 3739, 5818, 6632, 7351, 8665.
60 (1964): 2368, 2374, 3964, 3992, 4027, 6716, 7928, 8109, 9114, 10781, 14776.

61 (1964): 910, 10942, 13160, 13163, 14490, 14774.
62 (1965): 2687, 8957, 9073, 9229, 11196, 13003, 15475, 7155.
63 (1965): 3066, 2861, 2865, 5485, 7681, 9779, 11281.

Nachtrag

Nach Abschluß des Manuskriptes erschienen noch folgende wichtigen Arbeiten:

Zu Kap. IV:

Overberger, C. G., R. Sitaramaiah, T. St. Pierre, and *S. Yaroslavsky:* J. Amer. chem. Soc. *87,* 3270 (1965), Selective Catalysis of the Copolymers of 4(5)-Vinylimidazole and Acrylic acid.

Zu Kap. IX:

Manassen, J., and *J. Wallach:* J. Amer. chem. Soc. *87,* 2671 (1965). Organic Polymers. Correlation between Their Structure and Catalytic Activity in Heterogeneous Systems. I. Pyrolyzed Polyacrylonitrile and Polycyanoacetylene.

Herrn Dipl.-Chem. Chr. Döbler und Fräulein H. Suhrbier danken wir für ihre Hilfe bei der Fertigstellung des Manuskripts.

(Eingegangen am 1. Oktober 1965).

Azapeptide, eine Klasse neuartiger Peptidanaloger

Dr. J. Gante

Institut für Organische Chemie der Freien Universität Berlin

Inhaltsübersicht

A. Definition und Historisches

Als „Azapeptide" sollen Peptidanaloge bezeichnet werden, bei denen die zentrale α-CH-Gruppe eines oder mehrerer Aminosäure-Reste in der Peptidkette durch ein N-Atom ersetzt ist. Diese Stoffe können natürlich

R	R
—NH—CH—CO—	—NH—N—CO—
Peptid	Azapeptid

auch als Derivate der Hydrazincarbonsäure (Carbazinsäure) aufgefaßt werden, jedoch liegt es im Interesse einer einfachen Nomenklatur, von „Azaaminosäure-" statt von Hydrazincarbonsäure-Resten im Molekül der Peptidanalogen zu sprechen.

Azapeptide beanspruchen deshalb Interesse, weil sie als Isostere der Peptide physiologische Wirksamkeit erwarten lassen.

Während einfache Carbazinsäure-Derivate – wie z.B. Semicarbazid (*1*), Carbohydrazid (*1*) und der Äthylester (*2*) – schon lange und in großer Fülle bekannt sind, wird in der Literatur über den Aufbau von Azapeptiden nur ganz vereinzelt berichtet.

So beschreibt *Stollé* (*3*) das symmetrische Hydrazindicarbonsäure-dihydrazid („Azaglycyl-azaglycin-hydrazid"), welches sich aus dem Diäthylester und Hydrazinhydrat bildete, und *Diels* (*2*) erhielt beim Erhitzen von Hydrazincarbonsäure-[p-methoxy-phenylester] mit Wasser eine polymere Carbazinsäure (Poly-azaglycin). Die genannten Autoren sind sich über den „Azapeptid-Charakter" der Verbindungen wahrscheinlich jedoch nicht im klaren gewesen.

Neben unseren Arbeiten (s.u.) wurde die bewußte Synthese eines Azapeptids, und zwar des physiologisch interessanten [Azavalyl]^{3}-angiotensin II, erst viel später von *Hess* und Mitarbb. (*4*) durchgeführt. Von *Niedrich* (*5*) wird die Darstellung von Peptidanalogen mit endständiger Azaglycin-amid (Semicarbazid)-Gruppierung beschrieben.

B. Darstellung von Azapeptiden

Für den Aufbau von Azapeptiden konnten wir mehrere Möglichkeiten erschließen.

1. Isocyanat-Methode

Die Reaktion von Hydrazinen bzw. Hydraziden mit α-Isocyanato-fettsäure-äthylestern (Carbonyl-aminosäure-äthylestern) führte zu Azapeptiden (α-Semicarbazino-(4)-fettsäure-Derivaten) mit alternierenden Azaaminosäure- und Aminosäure-Einheiten.

a) *Azapeptide mit freier Amino-Endgruppe*

Die Umsetzung von Hydrazinhydrat, Methyl- und Benzylhydrazin mit Carbonyl-glycin-äthylester (*6*) sowie von Hydrazinhydrat mit Carbonyl-L-leucin-äthylester (*7*) ergab Azaglycin-, Azaalanin- und Azaphenylalanin-Dipeptide mit freier Amino-Endgruppe (*8*). Daß beim Methyl- und Benzylhydrazin tatsächlich die substituierte und nicht die freie Aminogruppe mit dem Isocyanat reagiert hatte, wurde durch die Bildung eines Benzyliden- bzw. p-Nitro-benzyliden-Derivats bewiesen.

$$H_2N{-}NHR \xrightarrow{OCN{-}CH_2{-}CO_2C_2H_5} H_2N{-}\overset{\displaystyle R}{\overset{|}{N}}{-}CO{\vdots}{-}NH{-}CH_2{-}CO_2C_2H_5$$

R = H, CH_3, $CH_2{-}C_6H_5$

$$H_2N{-}NHR \xrightarrow{OCN{-}CH(CH_2{-}CH(CH_3)_2){-}CO_2C_2H_5} H_2N{-}\overset{\displaystyle R}{\overset{|}{N}}{-}CO{\vdots}{-}NH{-}CH(CH_2{-}CH(CH_3)_2){-}CO_2C_2H_5$$

R = H

Die hier sowie im folgenden wiedergegebenen Arbeitsvorschriften sind als typisch für den jeweiligen Reaktionstyp anzusehen. Weitere Versuchsbeschreibungen sind der zitierten Literatur zu entnehmen.

Azaglycyl-glycin-äthylester (*8*)

Zu einer eisgekühlten Lösung von 20 ml (0,41 Mol) Hydrazinhydrat (100 %ig) in 500 ml Äthanol wurden unter starkem Rühren innerhalb von 4 min 48 ml (0,41 Mol) Carbonyl-glycin-äthylester (*6*) getropft. Es wurde noch 10 min im Eisbad sowie 30 min bei Raumtemperatur stehengelassen. Nach anschließender erneuter 1 stdg. Eiskühlung wurde der ausgefallene Niederschlag filtriert, mit kaltem Äthanol gewaschen und aus 700 ml Äthanol umkristallisiert. Nach 48 Std. wurden die Kristalle isoliert. Ausbeute 21 g. Eindampfen des Filtrats auf 200 ml erbrachte weitere 8 g (insgesamt 44 %); farblose Nadeln vom Fp 109°C.

Azaalanyl-glycin-äthylester (*8*)

Zu einer eisgekühlten und stark gerührten Lösung von 1,0 ml (19,1 mMol) Methylhydrazin in 40 ml Äther wurden innerhalb von 10 min 2,25 ml (19,1 mMol) Carbonyl-glycin-äthylester getropft. Nach einer weiteren Std. im Eisbad wurden die ausgefallenen farblosen Nadeln filtriert, mit kaltem Äther gewaschen und getrocknet. Ausbeute 1,88 g (56 %), Fp 71—72°C.

b) *Azapeptide mit geschützter Amino-Endgruppe*

Es bestand nun wie in der Peptidchemie das Problem, die Aminogruppe der Peptidanalogen zu schützen, um am Carboxyl-Ende eine Kettenverlängerung ausführen zu können. Dabei erwies sich auch hier die Carbobenzoxy(Cbo)-Gruppe als sehr geeignet.

Solche geschützten Aza-dipeptide ließen sich aus Cbo-Hydrazin (*9*) und Carbonyl-aminosäure-äthylestern gewinnen, während Cbo-Glycin-

$$Cbo{-}NH{-}NH_2 \xrightarrow{OCN{-}\overset{\displaystyle R}{\overset{|}{C}}H{-}CO_2C_2H_5} Cbo{-}NH{-}NH{-}CO{\vdots}{-}NH{-}\overset{\displaystyle R}{\overset{|}{C}}H{-}CO_2C_2H_5$$

R = H, $CH_2{-}S{-}CH_2{-}C_6H_5$ (L-Form)

hydrazid (*10*) mit Carbonyl-L-leucin-äthylester zu einem Aza-tripeptid umgesetzt wurde (*11*).

$$\text{Cbo–NH–CH}_2\text{–CO–NH–NH}_2 \xrightarrow{\text{OCN–CH(CH}_2\text{–CH(CH}_3)_2\text{)–CO}_2\text{C}_2\text{H}_5}$$

$$\text{Cbo–NH–CH}_2\text{–CO}\,\vdots\,\text{NH–NH–CO}\,\vdots\,\text{NH–CH(CH}_2\text{–CH(CH}_3)_2\text{)–CO}_2\text{C}_2\text{H}_5$$

Im Falle des Cbo-Azaglycyl-glycin-äthylesters konnte eine Kettenverlängerung durchgeführt werden (*11*).

Zunächst wurde mit Hydrazinhydrat das Hydrazid hergestellt. Dieses reagierte mit Carbonyl-glycin-äthylester zum Tetrapeptid-Analogen Cbo-Azaglycyl-glycyl-azaglycyl-glycin-äthylester. Die zweimalige Wiederholung dieser Reaktionsfolge führte schließlich über das Hexapeptid-Analoge zu einem Aza-octapeptid mit je 4 alternierenden Azaglycin- und Glycin-Resten.

$$\text{Cbo–NH–NH–CO}\,\vdots\,\text{NH–CH}_2\text{–CO}_2\text{C}_2\text{H}_5$$

$$\downarrow \text{H}_2\text{N–NH}_2\cdot\text{H}_2\text{O}$$

$$\text{Cbo–NH–NH–CO}\,\vdots\,\text{NH–CH}_2\text{–CO–NH–NH}_2$$

$$\downarrow \text{OCN–CH}_2\text{–CO}_2\text{C}_2\text{H}_5$$

$$\text{Cbo–NH–NH–CO}\,\vdots\,\text{NH–CH}_2\text{–CO}\,\vdots\,\text{NH–NH–CO}\,\vdots\,\text{NH–CH}_2\text{–CO}_2\text{C}_2\text{H}_5$$

$$\downarrow \text{H}_2\text{N–NH}_2\cdot\text{H}_2\text{O, OCN–CH}_2\text{–CO}_2\text{C}_2\text{H}_5$$

$$\text{Cbo–[NH–NH–CO}\,\vdots\,\text{NH–CH}_2\text{–CO]}_3\text{–OC}_2\text{H}_5$$

$$\downarrow \text{H}_2\text{N–NH}_2\cdot\text{H}_2\text{O, OCN–CH}_2\text{–CO}_2\text{C}_2\text{H}_5$$

$$\text{Cbo–[NH–NH–CO}\,\vdots\,\text{NH–CH}_2\text{–CO]}_4\text{–OC}_2\text{H}_5$$

Man kann das Octapeptid-Analoge natürlich auch als eine tetramere Semicarbazino-(4)-acetyl-Verbindung auffassen.

Analog wie die Cbo-Verbindungen wurden – ausgehend vom Tosylhydrazin – die entsprechenden tosyl-geschützten Azapeptide gewonnen, wobei die Kettenverlängerung bis zum Aza-tetrapeptidester durchgeführt wurde (*11*).

Hess u.a. (*4*) führten den [Azavalyl]^3-Rest in das von ihnen beschriebene Analoge des physiologisch wirksamen Octapeptids Angiotension II entsprechend obigem Reaktionsprinzip durch Reaktion von tert.-butyloxycarbonyl-geschütztem Isopropylhydrazin mit Carbonyl-O-benzoyl-L-tyrosin-äthylester ein. Nach Ankuppeln der restlichen Kettenbruchstücke an das entstandene Aza-dipeptid mit bekannten Peptidsynthese-Methoden wurde das gewünschte Angiotension-II-Analoge (L-Asparagyl-L-arginyl-azavalyl-L-tyrosyl-L-valyl-L-histidyl-L-prolyl-L-phenylalanin) erhalten.

Die von *Niedrich* (*5*) beschriebenen Azapeptide mit endständigem Azaglycin-amid (Semicarbazid) bildeten sich entweder analog aus cbo-geschützten Aminosäure- und Peptid-hydraziden mit Isocyansäure oder durch direkte Kupplung des Aminosäure-Derivats mit Semicarbazid.

Cbo-Azaglycyl-glycin-äthylester (*11*)

5,0 g (30,0 mMol) Cbo-Hydrazin (*9*) wurden mit 4 ml (34,0 mMol) Carbonyl-glycin-äthylester übergossen (starke Erwärmung). Das Gemisch wurde gut verrührt und nach dem Erkalten das Reaktionsprodukt aus 20 ml Äthanol umkristallisiert. Ausbeute 8,2 g (92 %), Fp 138—141 °C.

Cbo-Azaglycyl-glycin-hydrazid (*11*)

Zu einer heißen Lösung von 8,1 g (27,5 mMol) Cbo-Azaglycyl-glycin-äthylester in 130 ml Methanol wurden unter Schütteln 1,34 ml (27,6 mMol) Hydrazinhydrat (100 %ig) hinzugefügt und die ausgefallenen Kristalle nach 48 Std. isoliert. Ausbeute 6,7 g (87 %), Fp 124—126 °C.

Cbo-Azaglycyl-glycyl-azaglycyl-glycin-äthylester (*11*)

5,0 g (17,8 mMol) Cbo-Azaglycyl-glycin-hydrazid wurden mit 2,3 ml (19,5 mMol) Carbonyl-glycin-äthylester intensiv durchgerührt (Erwärmung). Das Reaktionsprodukt wurde nach $^1/_2$stdg. Stehen aus 100 ml Äthanol/Wasser (1:1) umkristallisiert und der ausgefallene Niederschlag nach 48 Std. isoliert. Ausbeute 6,2 g (87 %), Fp 193—194 °C (Sintern 180 °C).

Weitere Kettenverlängerung

Die Darstellung des Hexa- und Octapeptid-Analogen (s.o.) gelang analog durch abwechselnde Umsetzung mit Hydrazinhydrat und Carbonyl-glycin-äthylester. Abweichend von obigen Vorschriften wurden jedoch aus Löslichkeitsgründen die Hydrazide in Methanol/Wasser (1:1) dargestellt und die Äthylester aus Äthanol/Wasser (1:1 bzw. 1:2) umkristallisiert.

Cbo-Glycyl-azaglycin-amid (nach *Niedrich*) (*5*)

8,00 g Cbo-Glycin-hydrazid (*10*) wurden in 50 ml 2n HCl gelöst. Nach Filtrieren wurde unter Rühren portionsweise eine Lösung von 6,00 g Kaliumcyanat in 20 ml Wasser hinzugegeben, bis die Lösung schwach alkalisch reagierte, wobei das Gemisch stark aufschäumte (Abzug). Durch Zugabe weiterer Salzsäure wurde auf pH 3 eingestellt. Nach kurzer Zeit kristallisierte das Amid aus. Ausbeute 8,12 g (85 %), aus Wasser Fp 188—190 °C.

Tabelle 1. *Nach der Isocyanat-Methode erhaltene Azapeptide*

Verbindung	Fp [°C]	Ausb. [%]	Lit.
Azagly-gly-OC_2H_5	109	44	(*8*)
Azagly-L-leu-OC_2H_5	80—100	55	(*8*)
Azaala-gly-OC_2H_5	71—72	56	(*8*)
Azaphe-gly-OC_2H_5	79—80	74	(*8*)
Cbo-Azagly-gly-OC_2H_5	138—141	92	(*11*)
Cbo-Azagly-gly-NH—NH_2	124—126	87	(*11*)
Cbo-Azagly-S-bz-L-cys-OC_2H_5	102—105	78	(*11*)
Cbo-Gly-azagly-NH_2	188—190	85	(*5*)
Cbo-L-Leu-azagly-NH_2	144—146	59	(*5*)
Tos-Azagly-gly-OC_2H_5	166—167	86	(*11*)
Tos-Azagly-gly-NH—NH_2	174—177	99	(*11*)
Cbo-Gly-azagly-L-leu-OC_2H_5	64—67	80	(*11*)
Cbo-Gly-gly-azagly-NH_2	190—193	87	(*5*)
Cbo-L-Pro-L-leu-azagly-NH_2	207—210	59	(*5*)
Cbo-(Azagly-gly)$_2$-OC_2H_5	193—194	87	(*11*)
Cbo-(Azagly-gly)$_2$-NH—NH_2	172—173	77	(*11*)
Cbo-Gly-L-pro-L-leu-azagly-NH_2	230—232	35	(*5*)
Tos-(Azagly-gly)$_2$-OC_2H_5	173—175	45	(*11*)
Cbo-(Azagly-gly)$_3$-OC_2H_5	194—195	70	(*11*)
Cbo-(Azagly-gly)$_3$-NH—NH_2	213—215	66	(*11*)
Cbo-(Azagly-gly)$_4$-OC_2H_5	211	65	(*11*)
[Azaval]^3-angiotensin II	193—198		(*4*)

Abkürzungen: gly = glycyl bzw. glycin, ala = alanyl, phe = phenylalanyl, leu = leucyl, bzw. leucin, cys = cystein, pro = prolyl, val = valyl, Tos = p-Toluol-sulfonyl, bz = benzyl

2. Oxdiazolon-Methode

Bei dem bisher geschilderten Synthese-Prinzip der Umsetzung von Hydrazinen und Hydraziden mit Carbonyl-aminosäure-äthylestern wurden nur Peptidanaloge mit alternierenden Azaaminosäure- und Aminosäure-Einheiten erhalten. Zur direkten Verknüpfung zweier Azaaminoacyl-Reste mußten andere Wege eingeschlagen werden.

Hierfür erwiesen sich u. a. 2-[α-(Cbo-Amino)-alkyl]-1,3,4-oxdiazolone-(5) als sehr geeignet. Wir erhielten sie durch Einwirkung von Phosgen auf Cbo-Aminosäure-hydrazide, wobei 2 Mol HCl unter Ringbildung abgespalten werden (*8*).

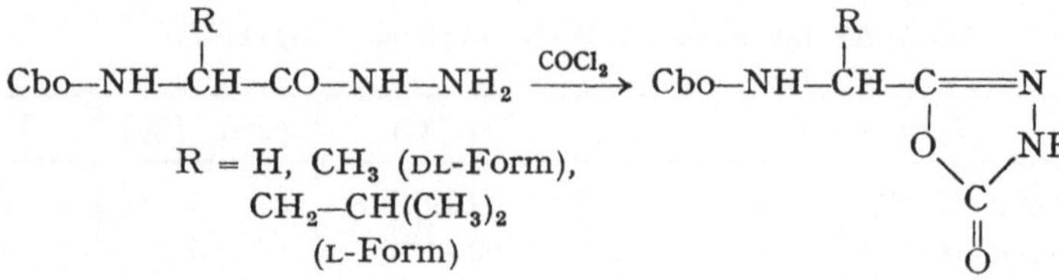

$$\text{Cbo–NH–}\underset{}{\overset{\displaystyle R}{\overset{|}{C}}}\text{H–CO–NH–NH}_2 \xrightarrow{COCl_2} \text{Cbo–NH–}\overset{\displaystyle R}{\overset{|}{C}}\text{H–C}\!=\!\text{N (1,3,4-Oxdiazolon-(5)-Ring: C=N–NH–C(=O)–O)}$$

R = H, CH_3 (DL-Form), CH_2–$CH(CH_3)_2$ (L-Form)

Dieser Heterocyclen-Typ ist auf analoge Weise von *Freund* u.a. (*12*) schon gegen Ende des vorigen Jahrhunderts sowie 1959 von *Dornow* und *Bruncken* (*13*) aus einigen einfacheren Hydraziden und Phenylhydraziden dargestellt worden.

Eine Modifizierung dieser Methode stellte die Umsetzung von Cbo-L-Phenylalanin-hydrazid (*14*) mit Chlorameisensäure-[p-nitro-phenylester] (*15*) in Gegenwart von Triäthylamin dar, wobei wir analog unter Austritt von HCl und p-Nitro-phenol L-2-[α-(Cbo-Amino)-β-phenyläthyl]-1,3,4-oxdiazolon-(5) erhielten (*16*).

Die 2-[α-(Cbo-Amino)-alkyl]-1,3,4-oxdiazolone-(5) ließen sich nun mit an der Aminogruppe ungeschützten Aza-dipeptiden (s.o.) unter Ringöffnung und „aminolytischer Addition“ zu cbo-geschützten Azatetrapeptid-äthylestern kuppeln, die zwei direkt miteinander verknüpfte Azaaminosäure-Einheiten enthalten. Auf diese Weise wurden die Äthylester des Cbo-Glycyl-azaglycyl-azaglycyl-glycins, Cbo-Glycyl-azaglycyl-azaphenylalanyl-glycins, Cbo-DL-Alanyl-azaglycyl-azaglycyl-glycins und Cbo-L-Leucyl-azaglycyl-azaglycyl-glycins erhalten (*8*).

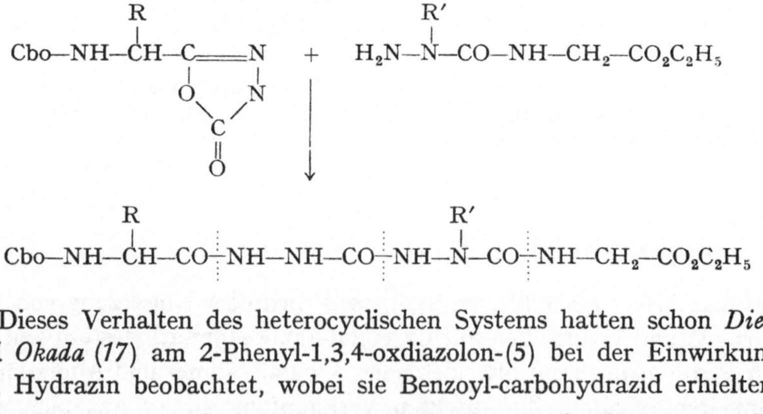

$$\text{Cbo–NH–}\overset{\displaystyle R}{\overset{|}{C}}\text{H–C}\!=\!\text{N (Oxdiazolon-Ring: C=N–N–C(=O)–O)} \;+\; \text{H}_2\text{N–}\overset{\displaystyle R'}{\overset{|}{N}}\text{–CO–NH–CH}_2\text{–CO}_2\text{C}_2\text{H}_5$$

$$\downarrow$$

$$\text{Cbo–NH–}\overset{\displaystyle R}{\overset{|}{C}}\text{H–CO}\,\vdots\,\text{NH–NH–CO}\,\vdots\,\text{NH–}\overset{\displaystyle R'}{\overset{|}{N}}\text{–CO}\,\vdots\,\text{NH–CH}_2\text{–CO}_2\text{C}_2\text{H}_5$$

Dieses Verhalten des heterocyclischen Systems hatten schon *Diels* und *Okada* (*17*) am 2-Phenyl-1,3,4-oxdiazolon-(5) bei der Einwirkung von Hydrazin beobachtet, wobei sie Benzoyl-carbohydrazid erhielten.

Die Reaktion findet übrigens eine Parallele in der Umsetzung der Azlactone (1,3-Oxazolone-(5)) mit Aminen zu Acyl-aminosäureamiden, worauf sich bei Verwendung von Aminosäuren bzw. deren Estern Peptidsynthesen aufbauen lassen (*18*). Das gleiche Verhalten beider heterocyclischer Systeme wird übrigens verständlicher, wenn man die 1,3,4-Oxdiazolone-(5) als "Aza-azlactone" auffaßt.

Auf einem etwas anderen Weg bildete sich ein Aza-tetrapeptid, indem DL-2-[α-(Cbo-Amino)-äthyl]-1,3,4-oxdiazolon-(5) zunächst mit Methylhydrazin unter Ringöffnung zum Methylhydrazid und dieses nachfolgend mit Carbonyl-glycin-äthylester umgesetzt wurde (*8*). In der ersten Reaktionsstufe entstand dabei allerdings das α-Methyl-hydrazid, so daß bei der anschließenden Reaktion kein Aza-alanyl- sondern ein Aza-sarkosyl-Derivat erhalten wurde.

$$\text{Cbo–NH–}\underset{}{\overset{\text{CH}_3}{\text{CH}}}\text{–C(=N–NH–C(=O)–O–)} \xrightarrow{\text{H}_2\text{N–NH–CH}_3} \text{Cbo–NH–}\overset{\text{CH}_3}{\text{CH}}\text{–CO–NH–NH–CO–}\overset{\text{CH}_3}{\text{N}}\text{–HN}_2$$

$$\downarrow \ \text{OCN–CH}_2\text{–CO}_2\text{C}_2\text{H}_5$$

$$\text{Cbo–NH–}\overset{\text{CH}_3}{\text{CH}}\text{–CO}\,\vdots\,\text{NH–NH–CO}\,\vdots\,\overset{\text{CH}_3}{\text{N}}\text{–NH–CO}\,\vdots\,\text{NH–CH}_2\text{–CO}_2\text{C}_2\text{H}_5$$

Aus 2-Methyl- bzw. 2-Phenyl-1,3,4-oxdiazolon-(5) – dargestellt aus Acet- bzw. Benzhydrazid und Phosgen – und ungeschützten Aza-dipeptiden wurden entsprechende Aza-tripeptide mit zwei direkt verknüpften Azaaminoacyl-Resten synthetisiert (*8*).

2-[N-Cbo-Aminomethyl]-1,3,4-oxdiazolon-(5) (*8*)

Zu einer Lösung von 40 g Phosgen in 100 ml Chloroform wurden innerhalb von 10 min 5,21 g Cbo-Glycin-hydrazid (*10*) portionsweise hinzugegeben. Nach einstündigem Rückflußerhitzen und Abfiltrieren von Verunreinigungen wurden mit 200 ml Petroläther 5,3 g (91 %) verfilzter Nadeln vom Fp 117 °C ausfällt. Nach Umfällung aus Essigester/Petroläther (A-Kohle) betrug der Fp 118–119 °C.

L-2-[α-(Cbo-Amino)-β-phenyl-äthyl]-1,3,4-oxdiazolon-(5) (*16*)

Zu einer eisgekühlten gerührten Lösung von 0,73 g (3,6 mMol) Chlorameisensäure-[p-nitro-phenylester] (*15*) in 20 ml gereinigtem (*19*) Essigester wurde eine Lösung von 1,13 g (3,6 mMol) Cbo-L-Phenylalanin-hydrazid (*14*) und 0,50 ml (3,6 mMol) gereinigtem Triäthylamin in 100 ml gereinigtem Essigester innerhalb von 40 min getropft, noch 15 min bei Eisbadtemperatur weitergerührt und das ausgefallene Triäthylammoniumchlorid abfiltriert. Nach Zugabe von 400 ml Petroläther und 48stdg. Aufbewahren im Kühlschrank wurde von Verunreinigungen abfiltriert, das Filtrat auf dem Wasserbad zur Trockne eingedampft (Reste im Vakuum) und der ölige Rückstand zunächst aus 20 ml absolutem Benzol umkristallisiert und sodann aus 6 ml gereinigtem Essigester und 14 ml Petroläther umgefällt. Ausbeute 0,25 g (21 %), Schmelzbereich 115–125 °C, $[\alpha]_D^{21}$: –38,1° (c = 1, Aceton).

Cbo-Glycyl-azaglycyl-azaglycyl-glycin-äthylester (*8*)

0,33 g (1,33 mMol) 2-[N-Cbo-Aminomethyl]-1,3,4-oxdiazolon-(5) und 0,22 g (1,37 mMol) Azaglycyl-glycin-äthylester (s.o.) wurden innig vermengt

10 min auf 145 °C erhitzt, wobei nach anfänglicher Verflüssigung die Mischung wieder erstarrte. Nach Umkristallisieren aus 15 ml Äthanol/Wasser (1:1) erhielt man 0,39 g (71 %) vom Fp 188—190 °C.

Tabelle 2.
2-Substituierte 1,3,4-Oxdiazolone-(5)

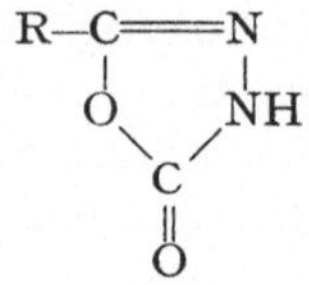

R—C═N, O, NH, C, O (ring structure: R—C═N; C—O; N—NH; O and NH joined via C═O)

R	Fp [°C]	Ausb. [%]	Lit.
CH_3	113—114	63	(*8*)
C_6H_5	136—138	62	(*8*)
Cbo—NH—CH_2	a) 117 b) 117—118	91 78	(*8*) (*16*)
Cbo—NH—CH(CH_3) (DL-Form)	a) 111—112 b) 112—113	86 67	(*8*) (*16*)
Cbo—NH—CH—CH_2—CH(CH_3)(H_3C) (L-Form)	91—92	61	(*8*)
Cbo—NH—CH—CH_2—C_6H_5 (L-Form)	115—125	21	(*16*)

Tabelle 3. *Nach der Oxdiazolon-Methode dargestellte Azapeptide*

Verbindung	Fp [°C]	Ausb. [%]	Lit.
Cbo-DL-Ala-azagly—N(CH_3)—NH_2	165—166	36	(*8*)
Acetyl-azagly-azaala-gly-OC_2H_5	100—135	23	(*8*)
Benzoyl-azagly-azaphe-gly-OC_2H_5	136—137	17	(*8*)
Cbo-Gly-azagly-azagly-gly-OC_2H_5	188—190	71	(*8*)
Cbo-Gly-azagly-azaphe-gly-OC_2H_5	161—163	25	(*8*)
Cbo-DL-Ala-azagly-azagly-gly-OC_2H_5	177—178	57	(*8*)
Cbo-L-Leu-azagly-azagly-gly-OC_2H_5	136—138	47	(*8*)
Cbo-DL-Ala-azagly-azasar-gly-OC_2H_5	140—147	29	(*8*)

Abkürzung: sar = sarkosyl

3. p-Nitro-phenylester-Methode

Es konnte die in der Peptidchemie geläufige Methode der „aktivierten" p-Nitro-phenylester (*20*) auf die Azapeptid-Synthese übertragen werden.

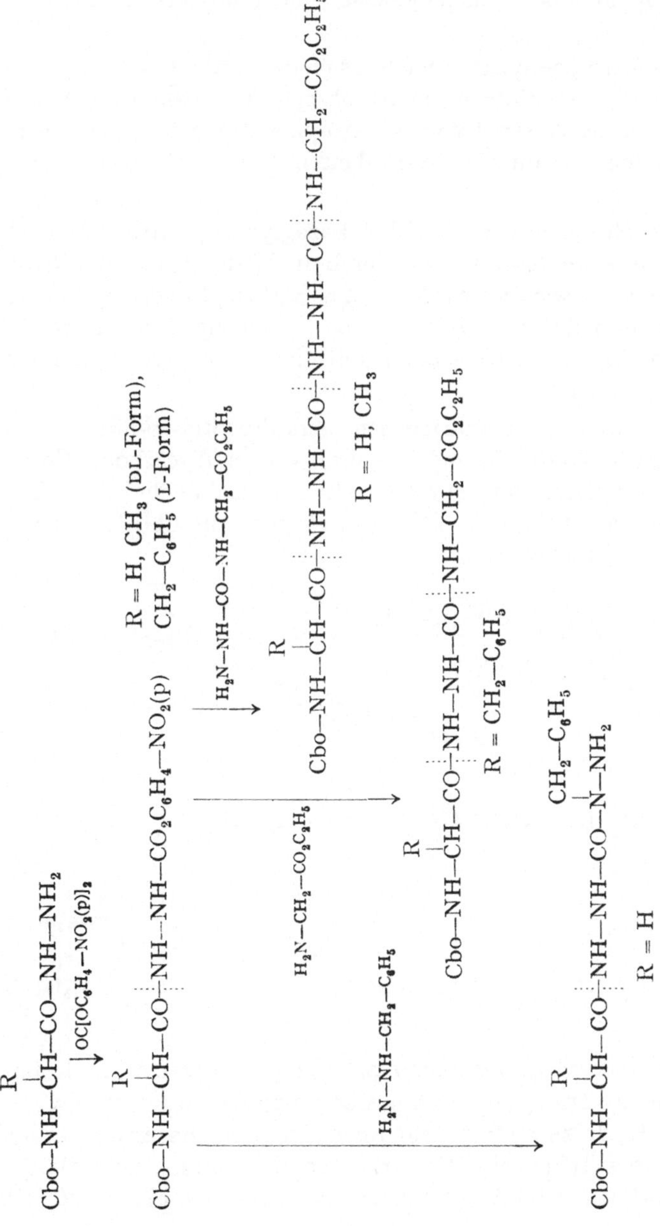

a) *Aktivierung am Carboxyl-Ende*

Durch die Reaktion von Cbo-Aminosäure-hydraziden mit Bis-[p-nitro-phenyl]-carbonat, einem nach *Glatthard* und *Matter* (*21*) bequem zugänglichen reaktiven Kohlensäureester, wurden unter Abspaltung von p-Nitro-phenol Cbo-Aminoacyl-azaglycin-[p-nitro-phenylester] erhalten (*16*).

Die p-Nitro-phenylester zeigten sich der Aminolyse leicht zugänglich, so daß sich beim Erhitzen mit Azaglycyl-glycin-äthylester bzw. Glycin-äthylester unter Austritt von p-Nitro-phenol Aza-tetrapeptide mit zwei benachbarten Azaaminosäure-Einheiten bzw. ein Aza-tripeptid bildeten (*16*).

Bei der Reaktion von Cbo-Glycyl-azaglycin-[p-nitro-phenylester] mit Benzylhydrazin entstand – wie durch die Bildung eines p-Nitro-benzyliden-Derivats bewiesen wurde – das α-Benzyl-hydrazid. Dieser Weg konnte also nicht zum Aufbau von Azaphenylalanin-Peptidanalogen (durch anschließende Umsetzung mit einem Carbonyl-aminosäureester) beschritten werden.

Analog wie die beschriebenen Aza-dipeptid-[p-nitro-phenylester] wurde aus Cbo-Hydrazin und Bis-[p-nitro-phenyl]-carbonat Cbo-Azaglycin-[p-nitro-phenylester] gewonnen. Er entstand auch durch Einwirkung von Chlorameisensäure-[p-nitro-phenylester] auf Cbo-Hydrazin in Gegenwart von Triäthylamin (*22*).

$$\text{Cbo–NH–NH}_2 \xrightarrow{\text{OC[OC}_6\text{H}_4\text{–NO}_2\text{(p)]}_2} \text{Cbo–NH–NH–CO}_2\text{C}_6\text{H}_4\text{–NO}_2\text{ (p)}$$

$$\xrightarrow{\text{H}_2\text{N–NH–CO–NH–CH}_2\text{–CO}_2\text{C}_2\text{H}_5} \text{Cbo–NH–NH–CO–NH–NH–CO–NH–CH}_2\text{–CO}_2\text{C}_2\text{H}_5$$

$$\text{Cbo–NH–NH–CO}_2\text{C}_6\text{H}_4\text{–NO}_2\text{ (p)} \xrightarrow{\text{H}_2\text{N–NH}_2\cdot\text{H}_2\text{O}} \text{Cbo–NH–NH–CO–NH–NH}_2$$

$$\xrightarrow{\text{OC[OC}_6\text{H}_4\text{–NO}_2\text{(p)]}_2} \text{Cbo–NH–NH–CO–NH–NH–CO}_2\text{C}_6\text{H}_4\text{–NO}_2\text{ (p)}$$

Dieser reaktive Ester ergab mit Azaglycyl-glycin-äthylester unter Aminolyse das Tripeptid-Analoge Cbo-Azaglycyl-azaglycyl-glycin-äthylester. Mit Hydrazinhydrat fand Reaktion zum Cbo-Azaglycin-hydrazid statt, welches seinerseits bei erneuter Behandlung mit Bis-[p-nitro-phenyl]-carbonat Cbo-Azaglycyl-azaglycin-[p-nitro-phenylester] lieferte

(*22*). Dieses war erstmalig der aktive Ester eines „reinen“ Azapeptids, und eine Wiederholung der angegebenen Reaktionsfolge schließt die Möglichkeit der Synthese höherer „reiner“ Azapeptide ein.

Cbo-Glycyl-azaglycin-[p-nitro-phenylester] (*16*)

1,62 g (7,3 mMol) Cbo-Glycin-hydrazid und 2,21 g (7,3 mMol) Bis-[p-nitro-phenyl]-carbonat (*21*) wurden in 30 ml gereinigtem Essigester unter Rühren 2 Std. unter Rückfluß erhitzt. Nach dem Erkalten wurden 1,98 g (71 %) des kristallinen Reaktionsprodukts isoliert; Fp 127—128°C.

Cbo-Glycyl-azaglycyl-azaglycyl-glycin-äthylester (*16*)

0,260 g (0,67 mMol) Cbo-Glycyl-azaglycin-[p-nitro-phenylester] und 0,108 g (0,67 mMol) Azaglycyl-glycin-äthylester wurden in 10 ml gereinigtem Essigester 3 Std. unter Rühren unter Rückfluß erhitzt. Nach Abfiltrieren von Verunreinigungen, Abdestillieren des Lösungsmittels (Reste im Vakuum), Umkristallisieren des Rückstandes aus 5 ml Äthanol/Wasser (1:1) und mehrstündigem Stehenlassen wurden 0,065 g (24 %) vom Fp 189—190°C erhalten.

Cbo-Azaglycin-[p-nitro-phenylester] (*22*)

a) Zu einer unter Rückfluß siedenden Lösung von 4,18 g (13,7 mMol) Bis-[p-nitro-phenyl]-carbonat in 20 ml gereinigtem Essigester wurde unter Rühren eine Lösung von 2,28 g (13,7 mMol) Cbo-Hydrazin in 16 ml gereinigtem Essigester innerhalb von 20 min getropft. Es wurde noch 15 min weiter erhitzt, 2,5 Std. bei Raumtemperatur stehengelassen und mit 60 ml Petroläther ausgefällt. Farblose Blättchen, Ausbeute 3,00 g (66 %), Fp 138—139°C.

b) Zu 2,29 g (11,3 mMol) Chlorameisensäure-[p-nitro-phenylester] in 35 ml absol. Äther wurde unter Eiskühlung und Rühren innerhalb von 20 min eine Lösung von 1,88 g (11,3 mMol) Cbo-Hydrazin und 1,56 ml (11,3 mMol) gereinigtem Triäthylamin in 30 ml absol. Äther getropft, wobei Triäthylamin-hydrochlorid ausfiel. Es wurde noch 20 min bei Eisbadtemperatur weitergerührt, der Niederschlag filtriert, mit 15 ml absol. Äther gewaschen und das gesamte Filtrat mit 50 ml Petroläther versetzt und in den Kühlschrank gestellt, wobei das zunächst ölige Produkt innerhalb von 24 Std. kristallisierte. Ausbeute 2,3 g (61 %), Fp 130—132°C. Nach zweimaligem Umfällen aus absol. Äther/Petroläther unter Verwendung von A-Kohle wurden 1,5 g (40 %) vom Fp 137—138°C erhalten.

Cbo-Azaglycin-hydrazid (*22*)

Zu 1,20 ml Hydrazinhydrat (100 %ig) in 60 ml Äthanol wurde unter Eiskühlung und Rühren eine Lösung von 2,31 g Cbo-Azaglycin-[p-nitro-phenylester] in 200 ml Äther innerhalb von 45 min getropft. Nach 5stdg. Stehenlassen bei Raumtemperatur wurde der feinkristalline Niederschlag isoliert. Ausbeute 1,10 g (71 %), Fp 140—141°C.

Cbo-Azaglycyl-azaglycin-[p-nitro-phenylester] (*22*)

0,34 g (1,51 mMol) Cbo-Azaglycin-hydrazid und 0,46 g (1,51 mMol) Bis-[p-nitro-phenyl]-carbonat wurden in 10 ml gereinigtem Essigester unter Rühren 2 Std. erhitzt (Rückfluß). Von Verunreinigungen wurde abfiltriert und mit 10 ml Petroläther ein Öl ausgefällt, welches nach 24 Std. kristallisiert war. Ausbeute 0,41 g (69 %) Fp 157°C.

b) *Aktivierung am Amino-Ende*

Weitere interessante Aspekte für die Azapeptid-Synthese eröffneten sich durch die Reaktion von Azaglycyl-glycin-äthylester mit Bis-[p-nitrophenyl]-carbonat. Dabei wurde ω-[(p-Nitro-phenyl)-oxycarbonyl]-azaglycyl-glycin-äthylester erhalten *(22)*. Im Gegensatz zu den bisher beschriebenen aktiven Estern handelt es sich hier um ein am Amino-Ende aktiviertes Azapeptid.

Die gute Verwendbarkeit auch dieser Verbindung zur weiteren Verlängerung der Peptidanalogen-Kette – diesmal am Amino-Ende – zeigte sich in verschiedenen Reaktionen *(22)*.

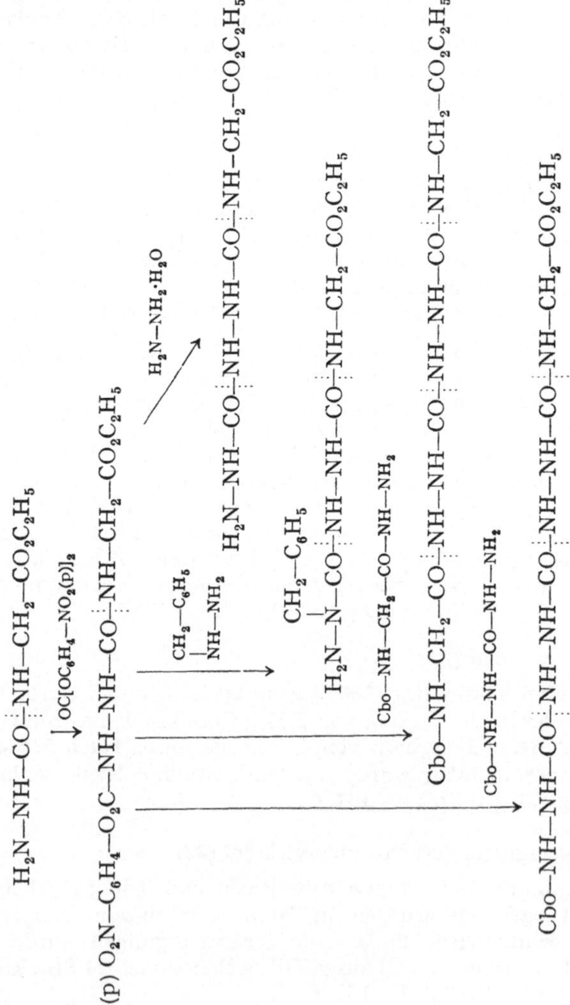

So entstand mit Hydrazinhydrat unter Aminolyse Azaglycyl-aza-glycyl-glycin-äthylester, erstmals also ein ungeschütztes Aza-tripeptid mit zwei benachbarten Azaglycin-Einheiten. Mit Benzylhydrazin bildete sich das entsprechende Azaphenylalanin-Derivat. Die aktive Estergruppe griff also auch hier – wie bei den am Carboxyl-Ende aktivierten Stoffen – das α-N-Atom des substituierten Hydrazins an, was jedoch hier, bei einer Kettenverlängerung am Amino-Ende, zum „richtigen" Produkt führte, nämlich zur Ausbildung einer Azaphenylalanin-Einheit.

Die Reaktion von ω-[(p-Nitro-phenyl)-oxycarbonyl]-azaglycyl-gly-cin-äthylester mit Cbo-Glycin-hydrazid führte zu Cbo-Glycyl-azaglycyl-azaglycyl-glycin-äthylester, also demselben Stoff, der schon über das entsprechende Oxdiazolon bzw. den am Kopfende aktivierten Ester erhalten worden war. Mit Cbo-Azaglycin-hydrazid entstand erstmals ein Aza-tetrapeptid mit drei direkt miteinander verknüpften Azaamino-säure-Resten, nämlich Cbo-Azaglycyl-azaglycyl-azaglycyl-glycin-äthyl-ester.

Eine Variante der Aktivierung an der Aminogruppe ergab sich durch die Umsetzung von Glycin-äthylester mit Bis-[p-nitro-phenyl]-carbonat zum N-[(p-Nitro-phenyl)-oxycarbonyl]-glycin-äthylester (*22*). Bisher waren nur entsprechende o-Nitro-Verbindungen bekannt (*23*). Die Reaktion mit Cbo-Hydrazin zum Cbo-Azaglycyl-glycin-äthylester zeigte, daß auch dieser Stoff zur Azapeptid-Synthese geeignet ist (*22*).

$$H_2N\text{–}CH_2\text{–}CO_2C_2H_5 \xrightarrow{OC[OC_6H_4\text{—}NO_2(p)]_2} (p)\,O_2N\text{–}C_6H_4\text{–}O_2C\text{–}NH\text{–}CH_2\text{–}CO_2C_2H_5$$

$$\xrightarrow{Cbo\text{—}NH\text{—}NH_2}$$

$$Cbo\text{—}NH\text{—}NH\text{—}CO\text{—}NH\text{—}CH_2\text{—}CO_2C_2H_5$$

ω-[(p-Nitro-phenyl)-oxycarbonyl]-azaglycyl-glycin-äthylester (*22*)

3,51 g (21,8 mMol) Azaglycyl-glycin-äthylester und 6,60 g (21,8 mMol) Bis-[p-nitro-phenyl]-carbonat wurden in 50 ml gereinigtem Essigester unter Rühren 2,5 Stdn. unter Rückfluß erhitzt. Von Verunreinigungen wurde heiß abfiltriert. Nach 3stdg. Aufbewahren bei Raumtemperatur waren 3,35 g (47 %) farbloser Nadeln vom Fp 143—144 °C ausgefallen.

Azaglycyl-azaglycyl-glycin-äthylester (*22*)

Zu einer eisgekühlten und stark gerührten Lösung von 0,035 ml (0,72 mMol) Hydrazinhydrat (100 %ig) in 7 ml Äthanol wurden 0,183 g (0,57 mMol) ω-[(p-Nitro-phenyl)-oxycarbonyl]-azaglycyl-glycin-äthylester in kleinen Portionen innerhalb von 12 min hinzugefügt, wobei das Reaktionsprodukt auszufallen begann. Es wurde noch 10 min im Eisbad sowie 1,5 Std. bei Raumtemperatur weitergerührt. Seidenglänzende, farblose Kristalle. Ausbeute

0,111 g (89%), Fp 192°C. Durch Umkristallisation aus Äthanol/Wasser (5:1) erhöhte sich der Fp auf 194°C.

Cbo-Azaglycyl-azaglycyl-azaglycyl-glycin-äthylester (*22*)

0,171 g (0,76 mMol) Cbo-Azaglycin-hydrazid (s. o.) und 0,248 g (0,76 mMol) ω-[(p-Nitro-phenyl)-oxycarbonyl]-azaglycyl-glycin-äthylester wurden in 15 ml gereinigtem Essigester 2 Std. unter Rühren unter Rückfluß erhitzt. Nach 2stdg. Stehenlassen bei Raumtemperatur wurden 0,241 g (77%) farbloser Kristalle vom Fp 182—184°C erhalten.

Tabelle 4. *Aktive N-Carbonsäure-[p-nitro-phenylester]*

Verbindung	Fp [°C]	Ausb. [%]	Lit.
Cbo—NH—NH—$CO_2C_6H_4$—NO_2 (p)	a) 138—139 b) 137—138	66 40	(*22*) (*22*)
Cbo—NH—NH—CH_2—CO⋮NH—NH—$CO_2C_6H_4$—NO_2 (p)	127—128	71	(*16*)
Cbo—NH—CH(CH_3)—CO⋮NH—NH—$CO_2C_6H_4$—NO_2 (p) (DL-Form)	119—121	40	(*16*)
Cbo—NH—CH($CH_2C_6H_5$)—CO⋮NH—NH—$CO_2C_6H_4$—NO_2 (p) (L-Form)	152—153	60	(*16*)
Cbo—NH—NH—CO⋮NH—NH—$CO_2C_6H_4$—NO_2 (p)	157	69	(*22*)
(p) O_2N—$C_6H_4O_2C$—NH—CH_2—$CO_2C_2H_5$	98—99	69	(*22*)
(p) O_2N—$C_6H_4O_2C$—NH—NH—CO⋮NH—CH_2—$CO_2C_2H_5$	143—144	47	(*22*)

Tabelle 5. *Nach der p-Nitro-phenylester-Methode erhaltene Azapeptide*

Verbindung	Fp [°C]	Ausb. [%]	Lit.
Cbo-Gly-azagly-N(CH_2—C_6H_5)—NH_2	170–171	69	(*16*)
Cbo-Azagly-gly-OC_2H_5	138–139	19	(*22*)
Cbo-Azagly-azagly-gly-OC_2H_5	175–176	38	(*22*)
Azagly-azagly-gly-OC_2H_5	192	89	(*22*)
Azaphe-azagly-gly-OC_2H_5	148–150	52	(*22*)
Cbo-L-Phe-azagly-gly-OC_2H_5	146–147	54	(*16*)
Cbo-Gly-azagly-azagly-gly-OC_2H_5	a) 189–190	24	(*16*)
	b) 189–191	73	(*22*)
Cbo-DL-Ala-azagly-azagly-gly-OC_2H_5	180–182	23	(*16*)
Cbo-Azagly-azagly-azagly-gly-OC_2H_5	182–184	77	(*22*)

4. Cbo-Azaglycin-chlorid

Bei Behandlung von Cbo-Hydrazin mit Phosgen bildete sich nicht – wie erwartet – ein 1,3,4-Oxdiazolon-(5) (s.o.), sondern unter Abspaltung von nur einem Mol HCl Cbo-Azaglycin-chlorid (β-Cbo-Hydrazincarbonsäure-chlorid) (*24*).

Es scheiterte der Versuch, diese Substanz zu Azapeptiden zu kuppeln. Sie erwies sich jedoch insofern als reaktiv, als sie sich beim Erhitzen auf über 100 °C unter lebhaftem Aufschäumen und CO_2- und Benzylchlorid-Abspaltung zersetzte. Dabei entstand ein hochschmelzender (210–230 °C) amorpher Stoff, dessen Analysendaten, Löslichkeitsverhältnisse – der Stoff ist in allen gebräuchlichen organischen Lösungsmitteln unlöslich – und hoher Schmelzpunkt das Vorliegen eines Polyazaglycin-Derivats wahrscheinlich machen.

$$\text{Cbo—NH—NH}_2 \xrightarrow{\text{COCl}_2} \text{Cbo—NH—NH—COCl} \xrightarrow{\Delta\ (130\ ^\circ\text{C})} \text{R—[NH—NH—CO]}_x\text{—R}'$$

Die Abspaltung von CO_2 und Benzylchlorid legen es nahe, daß es sich bei dieser Reaktion um einen der Bildung der Leuchsschen Anhydride aus Alkoxycarbonyl-aminosäure-chloriden (*25*) bzw. Cbo-Aminosäurebromiden (*26*) sowie deren Weiterreaktion zu Polypeptiden (*25, 27*) analogen Vorgang handelt.

Cbo-Azaglycin-chlorid (*24*)

Zu einer eisgekühlten Lösung von 32 g Phosgen in 100 ml absol. Äther wurden unter starkem Rühren innerhalb 10 min 3,32 g Cbo-Hydrazin in 70 ml absol. Äther getropft. Dabei fiel etwas Cbo-Hydrazin-hydrochlorid aus. Nach halbstdg. Stehenlassen im Eisbad wurde rasch filtriert und das Filtrat im Vakuum unter Eiskühlung zur Trockne gebracht. Zu der mit A-Kohle behandelten und filtrierten Lösung des Rückstandes in 30 ml absol. Äther gab man 75 ml Petroläther, wobei das Reaktionsprodukt kristallin ausfiel. Nach $^1/_2$ Std. wurde filtriert, mit Petroläther/Äther (3:1) gewaschen und im Vakuum über P_2O_5 und Paraffin getrocknet. Bei allen Operationen ist auf gründlichen Feuchtigkeitsausschluß zu achten. Ausbeute 2,69 g (59%), Fp 79°C (Zers.).

Thermische Zersetzung von Cbo-Azaglycin-chlorid (*24*)

0,36 g Cbo-Azaglycin-chlorid wurden 10 min auf 130°C erhitzt, wobei unter starkem Aufschäumen neben der Bildung von CO_2 und Benzylchlorid ein amorpher Stoff entstand, welcher mit 7 ml Benzol aufgekocht, heiß filtriert, mit heißem Benzol gut ausgewaschen und im Vakuum bei 80°C getrocknet wurde. Ausbeute 0,09 g, Schmelzbereich 210—230°C (Zers. unter Schäumen).

C. Reaktionen der Azapeptide und übrigen Azaaminosäure-Derivate

1. Von der Peptidchemie her geläufige Reaktionen

Die Azapeptide zeigen sich mehreren, in der Peptidchemie geläufigen Reaktionen zugänglich.

So konnten wir die Cbo-Gruppe verschiedener Peptidanaloger nach *Ben Ishai* und *Berger* (*28*) mit 2n HBr/Eisessig abspalten (*16, 29*). *Niedrich* (*5*) entfernte sie mit 4n HBr/Eisessig, durch Hydrierung am Pd-Kontakt in Methanol/HCl sowie durch Natrium in flüssigem Ammoniak nach *du Vigneaud* und *Behrens* (*30*), wobei im letzteren Falle auf äußersten Feuchtigkeitsausschluß geachtet werden mußte. Auch *Hess* u.a. (*4*) wandten HBr/Eisessig sowie katalytische Hydrierung zur Abtrennung der Cbo-Gruppe an, während sich der tert.-Butyloxycarbonyl-Rest durch Einwirkung von HCl ablöste.

Verschiedene Azapeptidester konnten alkalisch bzw. sauer zu den Carbonsäuren verseift werden, ohne daß ein hydrolytischer Einfluß auf Bindungen im Inneren der Molekel beobachtet wurde (*4, 29*).

Daß eine Verlängerung der Azapeptid-Kette mit den üblichen Peptidsynthese-Methoden möglich ist, konnte von *Niedrich* (*5*), *Hess* u.a. (*4*) sowie von uns (*29*) gezeigt werden. So wandten *Hess* u.a. zum Aufbau ihres Angiotensin-II-Analogen die Dicyclohexyl-carbodiimid-Methode (*31*) an und verwendete *Niedrich* u.a. das Azid-Verfahren (*32*), während wir zwei Aza-tetrapeptide nach der Anhydrid-Methode (*33*) zu einem Aza-octapeptid verknüpften.

Mit Benzaldehyd bzw. p-Nitro-benzaldehyd lieferten ungeschützte Azapeptide oder deren Hydrobromide Benzyliden- bzw. p-Nitro-benzyliden-Derivate (*8, 16, 22, 29*).

Azaglycyl-glycin-äthylester ließ sich mit alkoholischem Natriumäthylat unter Abspaltung von Äthanol zu dem auf anderem Wege schon von *Lindenmann* (*34*) dargestellten 3,6-Dioxo-hexahydro-1,2,4-triazin cyclisieren (*29*).

$$H_2N\text{—}NH\text{—}CO\text{—}NH\text{—}CH_2\text{—}CO_2C_2H_5 \xrightarrow{[NaOC_2H_5]}$$

```
           O
           ‖
           C
         /   \
      HN       CH2
       |        |
      HN       NH
         \   /
           C
           ‖
           O
```

Diese Verbindung ist das Aza-Analoge des 2,5-Diketopiperazins, welches auf entsprechende Weise entsteht (*35*).

Die Azapeptide reduzieren ammoniakalische Silbernitrat-Lösung sowie schwach schwefelsaure Kaliumpermanganat-Lösung. Mit Ninhydrin ergeben die Hydrobromide eine kräftige Gelbfärbung, während sich die übrigen Verbindungen indifferent zeigen. Die cbo-geschützten Stoffe geben die Biuret-Reaktion.

Azaglycyl-glycin-äthylester-hydrobromid (*29*)

10,0 g (34 mMol) Cbo-Azaglycyl-glycin-äthylester (s.o.) wurden in 138 ml 2n HBr/Eisessig unter Schütteln bei Feuchtigkeitsausschluß gelöst. Man ließ 1 Std. stehen und zog Lösungsmittel im Vakuum (P_2O_5-Rohr auf Siedekapillare, Wasserbadtemperatur $\leq 38\,°C$) so lange ab, bis sich das Hydrobromid abzuscheiden begann. Nach weiteren 2 Std., Hinzufügen von 250 ml absol. Äther und Kühlung im Eisbad wurde der Niederschlag filtriert, gut mit absol. Äther gewaschen und im Vakuum über NaOH getrocknet. Ausbeute 6,45 g (79 %), Fp 167 °C (Zers.); farblose Blättchen.

Cbo-Azaglycyl-glycyl-azaglycyl-glycin (*29*)

10,3 g (25,1 mMol) Cbo-Azaglycyl-glycyl-azaglycyl-glycin-äthylester (s.o.) wurden unter Erwärmen in 300 ml Methanol/Wasser (2:1) gelöst und nach Abkühlen 30 ml 1n NaOH unter Schütteln hinzugegeben. Nach 4 Std. bei Raumtemperatur wurde mit 30 ml 1n HCl versetzt, das Lösungsmittel im Vakuum abgedampft und der Rückstand in 160 ml Äthanol gelöst. Nach Abfiltrieren des NaCl und Nachwaschen mit 20 ml Äthanol fiel das Reaktionsprodukt mit 750 ml Äther ($CaCl_2$-trocken) aus; nach 3 Std. wurde rasch (Substanz ist hygroskopisch) filtriert, gewaschen und im Vakuum über P_2O_5 getrocknet. Ausbeute 8,0 g (83 %), Schmelzbereich 100—155 °C (Zers.).

N-Benzyliden-azaalanyl-glycin-äthylester (*8*)

Eine Lösung von 0,28 g (1,6 mMol) Azaalanyl-glycin-äthylester (s. o.) und 0,20 ml (2,0 mMol) Benzaldehyd in 3,0 ml Äthanol wurde 30 min unter Rückfluß erhitzt. Danach wurden 2,5 ml Wasser hinzugefügt und die kurz darauf ausgefallenen Kristalle nach 30 min aufgearbeitet. Ausbeute 0,26 g (61 %), Fp 115—116°C.

3,6-Dioxo-hexahydro-1,2,4-triazin (bisher unveröffentlicht)

Eine Mischung von 20 g (124 mMol) Azaglycyl-glycin-äthylester, 425 ml Äthanol und 10 ml 1 n alkoholischer Natrium-äthylat-Lösung (frisch bereitet) wurde 5 min unter Rückfluß erhitzt, wobei das Reaktionsprodukt schon teilweise ausfiel. Nach Hinzufügen von 10 ml 1 n HCl und 50 ml Wasser und kurzem Aufkochen bis zur vollständigen Auflösung des Niederschlages schieden sich bei 20stdg. Stehen 8,74 g (61 %) farbloser Kristalle vom Fp 195—196 °C ab.

Tabelle 6. *Azapeptid-Umwandlungsprodukte*

Verbindung	Fp [°C]	Ausb. [%]	Lit.
Azagly-gly-$OC_2H_5 \cdot HBr$	167	79	(*29*)
Gly-azagly-$OC_6H_4—NO_2$(p)·HBr	>95	92	(*16*)
Gly-azagly-$NH_2 \cdot HCl$	183—185	78	(*5*)
L-Leu-azagly-$NH_2 \cdot CH_3COOH$	108—110	78	(*5*)
L-Leu-azagly-$NH_2 \cdot HCl$	154—157		(*5*)
L-Pro-L-leu-azagly-$NH_2 \cdot HBr$		>90	(*5*)
Azagly-gly-azagly-gly-$OC_2H_5 \cdot HBr$	85—120	88	(*29*)
Cbo-Azagly-gly-azagly-gly-OH	100—155	83	(*29*)
N-[p-Nitro-benzyliden]-azagly-gly-OC_2H_5	174—176	90	(*29*)
N-[p-Nitro-benzyliden]-azaphe-gly-OC_2H_5	178—179	52	(*8*)
N-Benzyliden-azaala-gly-OC_2H_5	115—116	61	(*8*)
Cbo-DL-Ala-azagly-N(CH_3)—N=CH—C_6H_4—NO_2 (p)	201—202	62	(*8*)
Cbo-Gly-azagly-N($CH_2—C_6H_5$)—N=CH—C_6H_4—NO_2 (p)	180—190	32	(*16*)
N-[p-Nitro-benzyliden]-azaphe-azagly-gly-OC_2H_5	212	49	(*22*)
N-[p-Nitro-benzyliden]-azagly-gly-azagly-gly-OC_2H_5	187—194	43	(*29*)
3,6-Dioxo-hexahydro-1,2,4-triazin	195—196	61	

2. Sonstige Reaktionen

a) *1,3,4-Oxdiazolone-(5)*

Die 2-[α-(Cbo-Amino)-alkyl]-1,3,4-oxdiazolone-(5) reagierten mit Wasser in der Hitze unter CO_2-Eliminierung zu symmetrisch cbo-aminoacyl-substituierten Carbohydraziden (*8*).

Tabelle 7. *Vorprodukte des [Azavalyl]^3-angiotensin II* (*4*)

Verbindung	Fp [°C]
Boc-Azaval-O-bzo-L-tyr-OC_2H_5	126—127
Azaval-O-bzo-L-tyr-OC_2H_5·HCl	137—138
Azaval-O-bzo-L-tyr-OC_2H_5	147—148
Cbo-Arg(NO_2)-azaval-O-bzo-L-tyr-OC_2H_5	157—159
Cbo-Arg(NO_2)-azaval-L-tyr-OH	116—126
Cbo-Arg(NO_2)-azaval-L-tyr-L-val-L-his-L-pro-L-phe-OCH_3	144—146
Arg(NO_2)-azaval-L-tyr-L-val-L-his-L-pro-L-phe-OCH_3	124—130
Cbo-Asp(O-CH_2—C_6H_5(β))-arg(NO_2)-azaval-L-tyr-L-val-L-his-L-pro-L-phe-OCH_3	136—142

Abkürzungen: tyr = tyrosyl bzw. tyrosin, arg(NO_2) = nitroarginyl, his = histidyl, asp = asparagyl, Boc = tert.-Butyloxycarbonyl, bzo = benzoyl

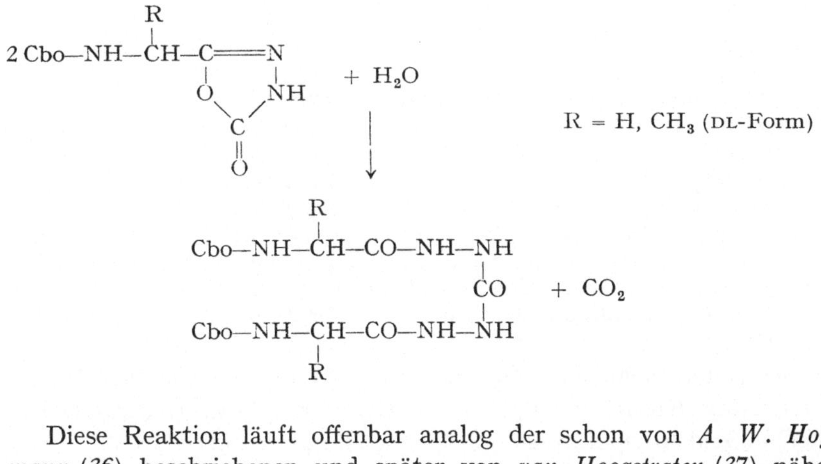

$$2\,\text{Cbo—NH—CH(R)—}\underset{\text{(Ring: C=N—NH—C(=O)—O—)}}{\text{C}} + H_2O \longrightarrow \text{Cbo—NH—CH(R)—CO—NH—NH—CO—NH—NH—CO—CH(R)—NH—Cbo} + CO_2$$

R = H, CH_3 (DL-Form)

Diese Reaktion läuft offenbar analog der schon von *A. W. Hofmann* (*36*) beschriebenen und später von *van Hoogstraten* (*37*) näher untersuchten Umsetzung der Isocyanate mit Wasser zu disubstituierten Harnstoffen ab,

$$2\,R\text{—}N{=}C{=}O + H_2O \rightarrow R\text{—}NH\text{—}CO\text{—}NH\text{—}R + CO_2$$

und sie wird verständlich, wenn man die Oxdiazolone als „maskierte" Isocyanate des Typus R–CO–NH–N=C=O ansieht.

ω,ω'-Bis-[Cbo-glycyl]-carbohydrazid (*8*)

80 mg 2-[N-Cbo-Aminomethyl]-1,3,4-oxdiazolon-(5) wurden mit 2 ml Wasser 1 Std. unter Rückfluß erhitzt, wobei farblose Kristalle ausfielen. Umkristallisieren aus 4 ml Äthanol/Wasser (1:1) ergab 35 mg (46 %) ω,ω'-Bis-[Cbo-glycyl]-carbohydrazid als Monohydrat vom Fp 208–209 °C.

b) *p-Nitro-phenylester*

Ähnlich wie bei den Oxdiazolonen entstand durch Einwirkung von Wasser auf Cbo-Glycyl-azaglycin-[p-nitro-phenylester] unter Abspaltung von p-Nitro-phenol und CO_2 ω,ω'-Bis-[Cbo-glycyl]-carbohydrazid (*16*).

Erhitzen der p-Nitro-phenylester in Äthanol – sowohl mit als auch ohne Zusatz von Natrium-äthylat-Lösung als Katalysator – führte nicht zu einer Umesterung zu den energieärmeren Äthylestern, sondern unter Austritt von p-Nitro-phenol und Ringschluß zu den 1,3,4-Oxdiazolonen-(5). Mit Natronlauge fand keine Verseifung, sondern der gleiche Ringschluß statt (*16*).

$$\text{Cbo–NH–}\underset{\text{R}}{\text{CH}}\text{–CO–NH–NH–}CO_2C_6H_4\text{–}NO_2\ (p) \xrightarrow{\Delta,\ NaOC_2H_5, NaOH}$$

```
            R
            |
Cbo—NH—CH—C═══N
               |     |
               O    NH
                \   /
                  C
                  ‖
                  O
```

R = H, CH_3 (DL-Form)

2-[N-Cbo-Aminomethyl]-1,3,4-oxdiazolon-(5) (*16*)

Eine Mischung von 0,273 g (0,70 mMol) Cbo-Glycyl-azaglycin-[p-nitro-phenylester], 3 ml Äthanol und 0,20 ml 1n frisch bereiteter äthanolischer Natrium-äthylat-Lösung wurde 10 min unter Rückfluß erhitzt. Zur erkalteten Lösung wurden 0,20 ml 1n HCl gegeben. Nach 24stdg. Aufbewahren im Kühlschrank und Abfiltrieren von Verunreinigungen wurde im Vakuum eingedampft, der Rückstand in 2,5 ml heißem gereinigtem Essigester aufgenommen, von Ungelöstem filtriert und mit 5 ml Petroläther versetzt. Das anfängliche Öl kristallisierte rasch durch. Ausbeute 0,135 g (78 %), Fp 117 bis 118 °C.

Der Heterocyclus entstand auch ohne Zusatz von Natrium-äthylat durch 2stdg. Kochen von 0,223 g Cbo-Glycyl-azaglycin-[p-nitro-phenylester] in 3 ml Äthanol. Ausbeute 0,066 g (46 %), Fp 117–118 °C.

c) *Cbo-Azaglycin-chlorid*

Cbo-Azaglycin-chlorid zeigte sich der acylierenden Reaktion mit Amino- bzw. Hydroxy-Gruppen zugänglich, so daß mit Cyclohexylamin und

Äthanol das Cyclohexylamid bzw. der Äthylester des Cbo-Azaglycins gebildet wurden (*24*). Mit Cbo-Hydrazin entstand ω,ω'-Di-Cbo-carbohydrazid, während Hydrazinhydrat doppelseitig zum ω,ω'-Di-Cbo-hydrazin-N,N'-dicarbonsäure-dihydrazid acyliert wurde.

Die Einwirkung von NaOH auf Cbo-Azaglycin-chlorid führte unter CO_2-Abspaltung zu ω,ω'-Di-Cbo-carbohydrazid.

Cbo—NH—NH—COCl —(H_2N—⬡)→ Cbo—NH—NH—CO—NH—⬡

Cbo—NH—NH—COCl —(C_2H_5OH)→ Cbo—NH—NH—$CO_2C_2H_5$

Cbo—NH—NH—COCl —(NaOH; Cbo—NH—NH_2)→ Cbo—NH—NH—CO—NH—NH—Cbo

Cbo—NH—NH—COCl —(H_2N—NH_2·H_2O)→ Cbo—NH—NH—CO—NH—NH—CO—NH—NH—Cbo

Cbo-Azaglycin-cyclohexylamid (*24*)

Zu 0,88 ml (7,8 mMol) Cyclohexalamin in 35 ml Äther wurde unter Rühren in 5 min eine Lösung von 0,89 g (3,9 mMol) Cbo-Azaglycin-chlorid (s. o.) in 16 ml Äther getropft, wobei ein Gemisch von Cbo-Azaglycin-cyclohexylamid und Cyclohexylamin-hydrochlorid ausfiel. Es wurde noch 10 min gerührt, der Niederschlag filtriert, mit Äther gewaschen, trockengesaugt und 2mal aus Äthanol/Wasser (1:2) umkristallisiert: 0,50 g (44 %) farbloser Nadeln vom Fp 152 °C.

Cbo-Azaglycin-äthylester (*24*)

0,90 g Cbo-Azaglycin-chlorid wurden in 5 ml Äthanol gelöst. Nach 2 Std. wurde von wenigen Verunreinigungen abfiltriert, mit 1 ml Äthanol nachgespült und das Filtrat im Vakuum zur Trockne gebracht. Das hinterbleibende Öl kristallisierte nach kurzer Zeit in farblosen Nadeln, welche mit Petroläther digeriert, abfiltriert, trockengesaugt und sodann 2mal aus Essigester/Petroläther umgefällt wurden. Nach 24stdg. Stehen wurden 0,35 g (37 %) vom Fp 88—89 °C erhalten.

ω,ω'-Di-Cbo-hydrazin-N,N'-dicarbonsäure-dihydrazid (*24*)

0,98 g (4,27 mMol) Cbo-Azaglycin-chlorid wurden mit einer Lösung von 0,32 ml (6,60 mMol) Hydrazinhydrat (100 %ig) in 5 ml Wasser gut vermischt. Der entstandene Niederschlag wurde nach 2 Std. aufgearbeitet und aus 130 ml Äthanol/Wasser (3:1) umkristallisiert, wobei von Ungelöstem abfiltriert wurde. Nach 2 Tagen wurde ein feinkristalliner Niederschlag isoliert. Ausbeute 0,49 g (55 %), Fp 166—168 °C (Sintern ab 162 °C).

ω,ω'-Di-Cbo-carbohydrazid (*24*)

0,72 g (3,12 mMol) Cbo-Azaglycin-chlorid wurden mit 3,2 ml 1n NaOH gut vermischt, wobei eine farblose krümelige Masse entstand, welche nach 2,5 Std. isoliert und aus 10 ml Äthanol umkristallisiert wurde. Ausbeute 0,22 g (39 %), Fp 175—176 °C.

D. Eigenschaften der Azapeptide

Die von uns dargestellten Azapeptide sind farblose kristalline Substanzen, die sich in den meisten organischen Lösungsmitteln und Wasser – zumindest in der Hitze – lösen. Wie bei den Peptiden nehmen Kristallisationsbereitschaft, Löslichkeit und Reaktionsvermögen mit steigender Kettenlänge ab. Die Azapeptid-hydrobromide sind stark hygroskopisch.

Wie eine Gegenüberstellung der Schmelzpunkte einiger Azapeptid-äthylester und der entsprechenden Verbindungen der Peptid-Reihe zeigt (s. Tab. 8), liegen die ersteren durchweg höher als die letzteren.

Tabelle 8. *Gegenüberstellung der Schmelzpunkte von Azapeptiden und Peptiden*

Azapeptid	Fp [°C]	Peptid	Fp [°C]
Cbo-Azagly-gly-OC_2H_5	138—141	Cbo-Gly-gly-OC_2H_5	83
Tos-Azagly-gly-OC_2H_5	167—168	Tos-Gly-gly-OC_2H_5	88
Cbo-Azagly-gly-azagly-gly-OC_2H_5	193—194	Cbo-Gly-gly-gly-gly-OC_2H_5	185
Cbo-Azagly-S-bz-L-cys-OC_2H_5	102—105	Cbo-Gly-S-bz-L-cys-OC_2H_5	80

Dieses ist wohl mit einer stärkeren H-Brücken-Assoziation der Azapeptide – bedingt durch die zusätzlichen NH-Gruppen – zu erklären.

Die IR-Spektren der cbo-geschützten Azapeptid-äthylester (*11*) weisen eine große Ähnlichkeit mit denen der entsprechenden Peptide auf. So zeigen sie vor allem starke N–H-Valenzschwingungsbanden um 3200 cm^{-1}, die Amidbanden I und II um 1700 cm^{-1} bzw. 1500–1550 cm^{-1} sowie C–O-Valenzschwingungsbanden um 1250 cm^{-1}. Wie bei den Peptiden werden die Absorptionsbanden mit steigender Kettenlänge immer undifferenzierter, breiter und zum Teil weniger stark ausgeprägt.

Literatur

1. *Curtius, Th.*, u. *K. Heidenreich:* Ber. dtsch. chem. Ges. *27*, 55 (1894).
2. *Diels, O.:* Ber. dtsch. chem. Ges. *47*, 2190 (1914).
3. *Stollé, R.:* Ber. dtsch. chem. Ges. *43*, 2469 (1910).
4. *Hess, H.-J., W. T. Moreland* u. *G. D. Laubach:* J. Amer. chem. Soc. *85*, 4041 (1963).
5. *Niedrich, H.:* Chem. Ber. *97*, 2527 (1964).
6. *Siefken, W.:* Liebigs Ann. Chem. *562*, 105 (1949).
7. *Goldschmidt, St.*, u. *M. Wick:* Liebigs Ann. Chem. *575*, 217 (1952).
8. *Gante, J.:* Chem. Ber. *98*, 540 (1965).
9. *Böshagen, H.*, u. *J. Ullrich:* Chem. Ber. *92*, 1478 (1959).

10. *Erlanger, B. F.*, u. *E. Brand:* J. Amer. chem. Soc. *73.* 3508 (1951).
11. *Gante, J.*, u. *W. Lautsch:* Chem. Ber. *97,* 983 (1964); vgl. Dissertation *J. Gante,* Freie Universität Berlin, 1962.
12. *Freund, M.*, u. *B. B. Goldsmith:* Ber. dtsch. chem. Ges. *21,* 1240, 2456 (1888). — *Freund, M.*, u. *F. Kuh:* Ber. dtsch. chem. Ges. *23,* 2821 (1890).
13. *Dornow, A.*, u. *K. Bruncken:* Chem. Ber. *82,* 121 (1949).
14. *Harris, J. I.*, u. *T. S. Work:* Biochem. J. *46,* 196 (1950).
15. *Anderson, G. W.*, u. *A. C. McGregor:* J. Amer. chem. Soc. *79,* 6182 (1957).
16. *Gante, J.:* Chem. Ber. *98,* 3334 (1965).
17. *Diels, O.*, u. *H. Okada:* Ber. dtsch. chem. Ges. *45,* 2438 (1912).
18. *Mohr, E.*, u. *Th. Geis:* Ber. dtsch. chem. Ges. *41,* 798 (1908). — *Mohr, E.*, u. *F. Stroschein:* Ber. dtsch. chem. Ges. *42,* 2521 (1909). — *Bergmann, M.*, *F. Stern* u. *Ch. Witte:* Liebigs Ann. Chem. *449,* 277 (1926).
19. Vgl. *Weygand, C.:* Organisch-chemische Experimentierkunst, 2. Aufl., S. 130, Verlag Johann Ambrosius Barth, Leipzig 1948.
20. *Bodanszky, M.:* Nature [London] *175,* 685 (1955).
21. *Glatthard, R.*, u. *M. Matter:* Helv. chim. Acta *46,* 795 (1963).
22. *Gante, J.:* Chem. Ber. *98,* 3340 (1965).
23. *Ishizuka, Y.:* J. chem. Soc. Japan, pure Chem. Sect. [Nippon Kagaku Zassi] *77,* 90 (1956).
24. *Gante, J.:* Chem. Ber. *97,* 2551 (1964).
25. *Leuchs, H.:* Ber. dtsch. chem. Ges. *39,* 857 (1906). — *Leuchs, H.*, u. *W. Manasse:* Ber. dtsch. chem. Ges. *40,* 3235 (1907). — *Leuchs, H.*, u. *W. Geiger:* Ber. dtsch. chem. Ges. *41,* 1721 (1908).
26. *Ben Ishai, D.*, u. *E. Katchalski:* J. Amer. chem. Soc. *74,* 3688 (1952).
27. *Curtius, Th.*, u. *W. Sieber:* Ber. dtsch. chem. Ges. *55,* 1543 (1922). — *Woodward, R. B.*, u. *C. H. Schramm:* J. Amer. chem. Soc. *69,* 1551 (1947).
28. *Ben Ishai, D.*, u. *A. Berger:* J. org. Chemistry *17,* 1564 (1952).
29. *Gante, J.*, u. *W. Lautsch:* Chem. Ber. *97,* 994 (1964).
30. *Du Vigneaud, V.*, u. *O. K. Behrens:* J. biol. Chemistry *117,* 27 (1937).
31. *Sheehan, J. C.*, u. *G. P. Hess:* J. Amer. chem. Soc. *77,* 1067 (1955).
32. *Curtius, Th.:* Ber. dtsch. chem. Ges. *35,* 3226 (1902).
33. *Boissonnas, R. A.:* Helv. chim. Acta *34,* 874 (1951).
34. *Lindenmann, A.*, *N. H. Khan* u. *K. Hofmann:* J. Amer. chem. Soc. *74,* 480 (1952).
35. *Fischer, E.*, u. *E. Fourneau:* Ber. dtsch. chem. Ges. *34,* 2868 (1901).
36. *Hofmann, A. W.:* Liebigs Ann. Chem. *74,* 13 (1850).
37. *van Hoogstraten, C. W.:* Recueil Trav. chim. Pays-Bas *51,* 414 (1932).

(Eingegangen am 10. Januar 1965)

ISBN 978-3-540-03511-4 ISBN 978-3-540-37156-4 (eBook)
DOI 10.1007/978-3-540-37156-4

Ursprünglich erschienen bei Springer-Verlag Berlin Heidelberg New York 1966.

Titel-Nr. 4881